暢銷
典藏版

漂亮家居編輯部 著

拒當菜鳥

我的第一本

裝潢計劃書

100 種裝潢事件
180 個裝修名詞小百科一次學會！

156 招
專業職人
的關鍵秘訣

100 個
屋主常見
迷思解答

一次聽懂
設計師、工班
講的話

CONTENTS

編|輯|手|記

做對計劃，裝潢不出錯

這陣子好友正準備裝潢，台北居大不易，買了房子預算有限，小倆口打算自己發包找工班，但因為是初次裝潢沒經驗，請我幫忙看看工頭來的報價單，這一看可不得了，內容十分簡單，計價單位通通都是一式，連浴室磁磚也沒註明是以哪腫材質估價，趕緊提醒他們記得多比較幾家工班，同時還要注意估價單的單價、材質等細節。

接著我又想起，如果是社區大廈裝潢，可得付履約保證金，以好友家的坪數來說，頂多3萬左右吧，沒想到他們的管委會竟規定要支付10萬元現金支票！

無論有無委託設計師，或是自己發包，曾經有過裝潢經驗的屋主們，其實仍有超過半數以上是不滿意的，特別在於新手屋主，因為裝潢涉及的事件實在過於複雜，打從究竟需不需要找設計師？找了設計師又該如何判斷好壞？以及如何讓設計師明白自己對於家的想法，免得做出來和想像的落差太大？光是在尋找設計師的階段，新手屋主們想必就有許多疑問。

更何況後續在於設計圖面、簽訂合約、材質挑選、監工、採購傢具、寢具與床墊挑選等種種過程，又該有哪些是必須注意到的？屋主最容易忽略的？

圖片提供 ©IKEA

圖片提供 © 馥閣設計

圖片提供 © 水相設計

圖片提供 © 寬月空間創意

圖片提供 © 力口建築

圖片提供 © 緯傑設計

這些通通別擔心，以符合新手屋主裝潢為主要訴求，《拒當菜鳥 我的第一本裝潢計劃書》便將各種裝潢事件設計成一個個的計劃，例如：預算計劃、找設計師計劃、契約計劃、監工計劃等多達26個裝潢計劃，再拆解出不同計劃最重要的過程，以預算計劃來說，屋主一定要知道的當然是「評估裝潢費用」、「其它裝潢費用支出」（舉例：很多人常常遺漏履約保證金、裝修許可申請費用）、「省錢裝潢的撇步」。

每個過程又包含：照著做一定會、裝修迷思Q&A、老鳥屋主經驗談，藉由淺顯易懂的文字、表格輔助、圖片說明，讓菜鳥屋主快速進入狀況，一本在手，輕鬆解答所有疑問，做到哪看到哪，就算是第一次裝潢也超安心。

責任編輯

許嘉芬

使用說明

本書針對菜鳥屋主量身打造，將裝潢過程必須面臨到的事件，歸納出26個計劃項目，整理出每個計劃的重點細節、施工、費用等Know how，解決首次裝潢屋主所有疑難雜症。

Project計劃

全書總共包含26個計劃項目，將裝潢過程中，新手屋主最迫切需要了解的事件以計劃書概念呈現。

職人應援團出馬

全書總計邀請20位室內設計師、結構公會、建材、寢具、傢具、節能、鋁門窗等各種領域的專家職人，傳授新手屋主們在每個計劃要注意的關鍵重點。

居家裝潢
計劃書

Project 02
預算
看緊你的荷包，絕不多花冤枉錢

第一次裝修的新手往往不知道該從何著手編列預算，對於裝潢中會面臨到的費用也一無所知，建議在找設計師之前，要有基本的裝修費用概念，包括裝修要花多少錢、設計師的收費方式，以及有哪些省預算的方式，了解這些重點之後才能避免多花冤枉錢。

重點提示！

PART 1 評估裝潢費用
裝修費依空間實際狀況、屋主需求和選擇材質而產生落差，屋型的不同，裝修重點也不一樣，新屋則重在機能的滿足，老屋則以硬體翻修為要。→詳見 P020

PART 2 相關費用知多少
別以為裝潢只有工程費，還需要支付設計費！如果你是六樓以上的住宅還有申請室內裝修許可的費用，裝修履約保證金也是屋主要自行支付喔。→詳見 P024

PART 3 小錢也能裝潢
薪水不漲，但是物價卻水漲船高！裝修預算有哪些省錢的方法？從建材、水電設備、泥作工程、木作工程、輕裝修工程、雜項工程逐一解析。→詳見 P026

018

職人應援團出馬

老屋職人
禾築國際設計 譚淑靜

1.15 年以上老屋管線一定要換。基礎工程正常抓預算的1／3，屋況越糟即要估1／2，攸關安全性問題，如管線超過 15 年就要全換，漏水壁癌也一定要處理，如果在意睡眠品質，隔音窗也不能省。
2. 老屋建材可選擇部分保留。在以降低預算為考量的前提下，不妨適度保留一些地／壁磚或其他可用建材、裝修，並視情況打磨、重整，一樣能達到極佳效果。

工程職人
演拓空間室內設計 張德良、殷崇淵

1. 採分段及重點裝修，分散一次支付高額預算。在預算有限的情況下，建議不妨跟屋主討論以分段及重點裝修的方式，分散一次到底的預算支付，例如先做基礎工程及公共空間為主，並預留未來擴充空間及設計，待有預算時再讓屋主慢慢補。
2. 善用小物增加居家 CP 值。其實裝修預算不應以省錢為思考邏輯，而是以CP值做思考才合理，而且除了整理空間規劃外，設計師也可以透過一些小物品及便宜好用的設備，為居家增添便利性及安全性，如捲把壁上收納夾及導煙機等等。

風格職人
摩登雅舍設計 王思文、汪忠錠

1. 減少木作工程，運用壁紙來省預算。喜歡鄉村風格的空間設計，往往會卡在木作施工費而被迫放棄，其實只要掌握重點做木作，並大量利用壁紙來取代刷漆，都是可以降低預算的好方法。
2. 尋找可以分期付款的傢具及家電，減緩現金壓力。在裝潢的過程中，有不少都要用現金支付，無論是設計費到木作、油漆施工等等，因此建議不妨利用一些可刷卡配合分期付款的部分，減緩裝潢期間的現金壓力，如傢具、衛浴設備及冰箱等家電等。

019

重點提示

條列每個計劃的章節摘要，方便讀者更快速獲得最想要的資訊內容。

照著做一定會

將裝潢過程多如牛毛的各個計劃化繁為簡，以Point1、Point2、Point3….等條列說明，首次裝潢的屋主一看就懂。

計劃索引

頁面右邊欄設有計劃關鍵字，方便讀者檢索查詢。

裝修迷思Q&A

提出屋主們經常產生困惑的問題，並整理出設計師、廠商的專業解答。

居家裝潢計劃書

PART 2 其他相關費用

照著做一定會

Point 1 設計費

Point 2 監工費

Point 3 裝修履約保證金

Point 4 室內裝修許可費用

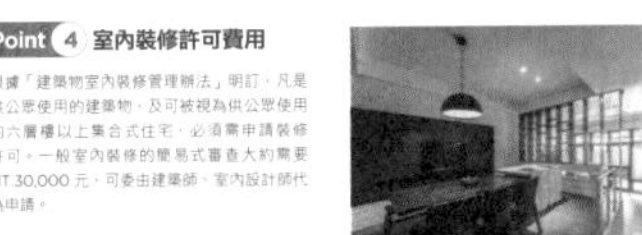

裝修迷思 Q&A

裝修名詞小百科

老鳥屋主經驗談

老鳥屋主經驗談

邀請20位過來人現身說法，針對各個裝潢事件提出建議與分享。

裝修名詞小百科

公開設計師、工班的專業術語，讓新手屋主聽懂行話，順利掌握裝潢過程。

Project 01

動工

順利裝潢起點，開心迎接新人生

不論有沒有找設計師，室內裝潢施工之前有一些必須申請的文件、規約一定要執行，如果有既存違建問題要修繕也得辦理登記才行，確實做好每一個環節，才能避免與左鄰右舍發生爭議，好讓整個裝潢過程能更加順利。

PART 1 動工前一定要做

裝潢施工之前需要申請什麼？申請了就能自由動工嗎？如果住家是社區型大廈，還必須確認管委會的規約有哪些，想把裝修建材放在公共區域也要再申請，這些通通缺一不可。→詳見 P014

PART 2 搬家打包整理

裝潢搬家最痛苦的就是打包整理，除了根據物品類別作打包分類，暫時租賃的地方擺不下，還可以尋求個人倉庫出租使用，更重要的是找搬家公司也要注意是否有合法三證。→詳見 P016

職人應援團出馬

材質職人

大涵空間設計 趙東洲

1. 要申請室內裝修審查許可才能施工。根據《建築物室內裝修管理辦法》，現在只要居家內部做裝潢施工，就應申請「室內裝修許可」，只要是合格且有良心的室內設計公司都應會協助屋主辦理，費用視案子大小來計算，從NT.2～5萬元不等，大約一星期工作天就可以下來了。

2. 張貼公告註明施工日期及連絡窗口。在施工前應由施工單位向管委會申請張貼告示及繳交保證金，若是大樓或公寓沒有管委會，最好在樓梯間及大樓住戶經常出入的地方貼上告示。告示上應註明開工日期、施工單位的連絡人電話，以便發生問題時，能找到負責人員提供協助。

圖片提供 © 大涵空間設計

工程職人

演拓空間室內設計 張德良、殷崇淵

圖片提供 © 演拓空間室內設計

1. 從門口開始，保護工程要做確實。無論工程大小，基本上只要涉及室內裝潢，最好還是從卸貨開始一直到室內，都應做好保護措施，以減少公共環境因搬運的不小心，而導致損壞的爭議發生，尤其是電梯、樓梯間、走道等等，都是包覆的重點。

2. 要求施工單位落實施工時間。室內設計裝潢的過程中，很多跟左鄰右舍發生的爭議，在於施工單位不在規定時間內施工。一般最佳的施工時間是早上九點開始，至下午五點就一定要收工。另外，週六、日及例假日也一定要停工，以免影響樓上樓下鄰居的休息時間。

風格職人

摩登雅舍設計 王思文、汪忠錠

1. 施工前最好跟左鄰右舍送禮告知及認識。裝潢自己夢想的家，是一件令人感到興奮的事情，但是在這之前最好還是準備小禮物，先拜訪左鄰右舍，讓鄰居認識即將搬進來的住戶長什麼樣子。並藉機告知工程會從何時開始，何時結束，做好告知動作，才能減少施工時的麻煩。

2. 打點大樓管理員及管委會。所謂「禮多人不怪」，除了左右鄰居外，其實管委會及大樓管理員也是必須事先打個照面，請對方多多關照整個工程施工。建議帶個伴手禮給相關單位，傳達自己的心意也打好關係，中間有什麼問題發生時，管委會或大樓管理員會事先告知，讓施工單位及屋主方便處理，也讓工程施工更順利。

圖片提供 © 摩登雅舍室內裝修

PART 1 動工前一定要做

照著做一定會

Point 1 確認是否需要申請審查許可

申請室內裝修許可最主要是要對室內裝修行為以及相關業者加以管理， 只是室內裝修行為的涵義廣泛，如果是「供公眾使用建築物」，都要依法申請建築物室內裝修審查許可。按「建築物室內裝修管理辦法」第 3 條規定，「室內裝修」是指固著於建築物構造體之天花板、內部牆面或高度超過 1.2 公尺固定於地板的隔屏，兼作櫥櫃使用的隔屏等的裝修施工或分間牆之變更。但不包括油漆、壁紙、壁布、窗簾、傢具、活動隔屏、地氈等之黏貼及擺設。

Point 2 請專業人員進行審查作業

申請審查許可依法規可向內政部指定的相關機構如建築師公會進行。雙北、高雄市均設有「社區建築師」，除了可代辦各種業務如變更使用執照，也提供諮詢服務，可替民眾解決裝修工程、法規相關的疑難雜症。

Point 3 注意公寓大樓是否有規約

如果你住的是社區型大樓，或者是設有「管理委員會」（簡稱：「管委會」）的大樓，那麼在裝修前要先確認是否有規約的制定。為了確保全體住戶能擁有良好的生活環境，公寓大廈的住戶可開會決議某些事項，像是大樓外牆、鐵窗設置等項目，都可經過住戶開會決議而生約束效力，全體住戶必須共同遵守決議之事項。

▼ 裝修前記得要和社區管理員提出申請，並在社區的公布欄刊登公告，盡到告知義務。

圖片提供 © 寬月空間創意

Point 4 施工前要於出入口張貼許可證

只要在台北市進行室內裝修都應出示施工許可證。所謂的施工公文，指的是「室內裝修施工許可證」。這是台北市政府為了強化市民辨認裝修場所是否依法申請審查許可，所以從民國95年6月15日起，規定只要是申請審查許可的室內裝修，都應該於施工期間張貼此證明，可以供人辨識。若不居住在台北市進行裝修時，也可以查詢一下各縣市政府的工務局看看是否也有這樣的規定。

Point 5 注意是否有「既存違建」需要重新修建

近年違章建築問題多，但買到中古屋已經有既存違建的時候怎麼辦呢？以台北市而言，由於有規定民國83年底以前興建完成的屬於既存違建，因此若需要修繕、修建，那麼必須委託開業建築師向建築管理處辦理登記，證明買到的房子有既存違建，而你只是進行修繕的工作。

? 裝修迷思 Q&A

Q. 只要和社區申請了，就可以自由的動工嗎？

A. 公寓大廈的某些部分可供特定的住戶來使用，但前提是需要經過其他住戶的同意。待住戶同意之後，你才擁有使用權，但此前提是得遵守相關法令規定，公寓大廈管理條例對於約定專有部份有特別列出項目。

Q. 如果有些裝修建材放在屋內很佔空間，可以借放在公共區域嗎？

A. 必須再提出申請，因為所謂共用部份，通常指的是就是全體住戶共同擁有、使用的區域，如基礎、樑柱、連通數個專有部分之共同走廊、樓梯、門廳…等（構造與性質上的共有部分），或者是法定空地、法定防空避難設施以及法定停車空間（法定共有部分）。這些地方不可私自佔有使用，以維護住戶的權益。

裝修名詞小百科

供公眾使用建築物：供公眾使用建築物顧名思義，就是供大眾使用的場所，其範圍除了電影院、遊樂場、百貨公司之外，也包含了六層樓以上之集合住宅（公寓）。因此，六層樓以下的集合住宅就屬於「非供公眾使用建築物」。

社區建築師：社區建築師可為社區居民提供「建築物使用管理」、「違章建築處理」、「公寓大廈管理維護」等諮詢項目，同時也可提供規劃、設計、檢查、簽證等服務，除了為民眾解答室內裝修與相關法規的疑難雜症，也可代辦多種行政業務。

老鳥屋主經驗談

蔡媽媽　在提出申請的時候，建議可以找專業人員鑑定，例如雙北、高雄市均設有「社區建築師」，除了可代辦各種業務如變更使用執照，也提供諮詢服務，可替民眾解決裝修工程、法規相關的疑難雜症。

樂樂　除了跟社區的管理委員會要事先通報之外，建議可以先跟鄰居們親自打聲招呼，因為未來施工會製造噪音或是髒亂，其實也是帶給別人不便。所以先打聲招呼，順便認識一下鄰居，彼此也會比較熟悉。

PART 2 搬家打包整理

照著做一定會

Point 1 估價前先告知搬家業者的事項

重點 01 ▶待搬運物品
最好詳細列出一張所有物品清單，例如項目、尺寸、特性（如特殊物品、易碎品）等，不要漏列。

重點 02 ▶告知是否按時辰入宅
和業者約定搬遷時間，如果已看中特定入宅時辰尤其應事先強調，好讓業者調度車輛。

Point 2 打包分類關鍵

重點 01 ▶一週內必用物品裝在一起
如公事用品、盥洗用品、衣物等，或者用小行李箱另外打包，且於箱外註明，以利找尋。

重點 02 ▶現金或貴重物品自行攜帶
以免因搬家忙亂忘記收藏地方或不慎遺失造成誤會。

重點 03 ▶急救物品和清掃用品分別打包
以備受傷不時之需，後者可在搬入新居之初即先清掃。

重點 04 ▶以空間為區隔分開打包
輔以顏色標誌區隔，如此不但搬進新家能迅速定位，也有利尋找。

重點 05 ▶以季節性用品、使用頻率為分類
可以先打包不常用的、或已換季的物品；至於日常必用物品（像盥洗用具、當季衣物、上學上班用品等）則須另行打包並註明清楚。

Point 3 打包小撇步

重點 01 ▶製作打包清單
將所有打包物品都詳細列入，以方便搜尋並不易遺漏。

重點 02 ▶上輕下重
將較重的物品放箱子底部。重心在下方比較不易傾倒。

重點 03 ▶注意重量
每箱不宜太重或太大，以一人可搬動為準。

重點 04 ▶箱外標示明確
才容易一目瞭然，並方便尋找。

重點 05 ▶塞滿紙箱空隙
以報紙、保力龍、氣泡布等緩衝材塞滿，以免箱內物品在搬運過程因晃動碰撞而受損。

重點 06 ▶黏貼固定紙箱時應力求牢固
例如使用黏性較強的透明膠帶；而且箱頂與箱底應以 H 字型黏貼；並加強箱底強度，以支撐箱重。

重點 07 ▶選擇堅固耐用的容器裝箱
建議選擇環保物流箱，不僅堅固防水，可保護物品，還能重覆使用，減少資源消耗，對環境友善。以一般家庭的所需箱數而言，使用環保物流箱的收送費或租金，比購買紙箱還划算。

▼ 搬家時，記得把同種類的物件放一起，日後不但好整理，東西也不容易不見。

圖片提供 © 雲墨空間設計

Point 4 二手傢具家電處理

重點 01 ▶洽各縣市環保局、清潔隊回收
民眾可逕洽各所在地的政府資源回收專線，約定委託清潔隊回收的時間、地點。各地官方資源回收網上亦有相關回收資訊。

重點 02 ▶委託搬家公司代為清運
但因無法進入公立垃圾場，必須運至民營垃圾回收處理場，因此消費者須再支付拆解、搬運，與運至民營回收處理場的清理費用。

Point 5 個人倉庫提供收納空間

特色 01 ▶倉庫尺寸選擇多
置物櫃有分小、中、大等尺寸規格，可依照物品容量選擇。

特色 02 ▶消防、監視設備
這些個人倉庫皆配有消防滅火器、基本的偵煙器、監視器等設備，確保防火與個人物品的安全性。

▼ 如果原本是自用住宅的房子出租營業場所，記得更改住宅登記。

? 裝修迷思 Q&A

Q. 該如何避免遇到搬家流氓？
A. 崔媽媽基金會提醒，合法搬家公司要有三證，也就是搬家三合一驗證，包括「搬家業者營利事業登記」、「搬家契約書」、「廣告宣傳物」，三者的公司名稱一致，另外一定要細讀契約書，檢查是否有工資另計或是搬遷地點上步行距離的限定，同時也最好先列清單、了解計價方式，避免發生估價糾紛。

Q. 迷你倉可以租賃的空間有多大？安全嗎？
A. 坊間有越來越多個人倉庫出租，這些倉儲公司多半提供大、中、小三種尺寸的空間，並且擁有完善的防火、保全監控系統，有的甚至還有除濕、除蟲服務，每個倉庫也都配有獨立的門鎖功能，環境、隱私方面皆十分安全。

裝修名詞小百科

便利倉／迷你倉：也就是客製化的小型便利倉庫，這種個人倉儲概念早在歐美國家十分盛行，台灣是近幾年才逐漸引進，主要在解決不同的居家、商業儲藏的難題，在房價高漲的年代，很適合採用這樣的方式解決收納。

搬家業者營利事業登記：民眾可到經濟部全國商工行政服務入口網，在商工登記資料查詢頁面中，進入公司登記資訊，輸入搬家公司的統一編號或是公司名稱，即可查詢此搬家公司的營利事業登記，網址為 http://gcis.nat.gov.tw/new_open_system.jsp。

老鳥屋主經驗談

阿元 不用的傢具我是交給中古傢具商收購，但是他會評估傢具的保存狀況去決定要不要收購，而且最近二手傢具太多，業者的收購標準也跟著提高，收購的價錢也不會太好，這點最好要有心理準備。

威廉 這次搬家因為很難找到短期租賃的地方，後來乾脆把行李家當拿去便利倉寄放，租金其實滿便宜的，只要帶著隨身會用到的物品、幾件衣服，然後自己再去找便宜的旅店暫住幾天。

Project 02

預算

看緊你的荷包，絕不多花冤枉錢

第一次裝修的新手往往不知道該從何著手編列預算，對於裝潢中會面臨到的費用也一無所知，建議在找設計師之前，要有基本的裝修費用概念，包括裝修要花多少錢、設計師的收費方式，以及有哪些省預算的方式，了解這些重點之後才能避免多花冤枉錢。

重點提示！

PART 1 評估裝潢費用

裝修費依空間實際狀況、屋主需求和選擇材質而產生落差，屋型的不同，裝修重點也不一樣，新屋則重在機能的滿足，老屋則以硬體翻修為要。→詳見 P020

PART 2 相關費用知多少

別以為裝潢只有工程費，還需要支付設計費！如果你是六樓以上的住宅還有申請室內裝修許可的費用，裝修履約保證金也是屋主要自行支付喔。→詳見 P024

PART 3 小錢也能裝潢

薪水不漲，但是物價卻水漲船高！裝修預算有哪些省錢的方法？從建材、水電設備、泥作工程、木作工程、輕裝修工程、雜項工程逐一解析。→詳見 P026

職人應援團出馬

老屋職人

禾築國際設計 譚淑靜

1.15 年以上老屋管線一定要換。基礎工程正常抓預算的1／3，屋況越糟即要估1／2，攸關安全性問題，如管線超過 15 年就要全換，漏水壁癌也一定要處理，如果在意睡眠品質，隔音窗也不能省。

2. 老屋建材可選擇部分保留。在以降低預算為考量的前提下，不妨適度保留一些地／壁磚或其他可用建材、裝修，並視情況打磨、重整，一樣能達到極佳效果。

圖片提供 © 禾築國際設計

工程職人

演拓空間室內設計 張德良、殷崇淵

圖片提供 © 演拓空間室內設計

1. 採分段及重點裝修，分散一次支付高額預算。在預算有限的情況下，建議不妨跟屋主討論以分段及重點裝修的方式，分散一次到底的預算支付，例如先做基礎工程及公共空間為主，並預留未來擴充空間及設計，待有預算時再讓屋主慢慢補。

2. 善用小物增加居家 CP 值。其實裝修預算不應以省錢為思考邏輯，而是以CP值做思考才合理，而且除了整理空間規劃外，設計師也可以透過一些小物品及便宜好用的設備，為居家增添便利性及安全性，如掃把壁上收納夾及導煙機等等。

風格職人

摩登雅舍設計 王思文、汪忠錠

1. 減少木作工程，運用壁紙來省預算。喜歡鄉村風格的空間設計，往往會卡在木作施工費而被迫放棄，其實只要掌握重點做木作，並大量利用壁紙來取代刷漆，都是可以降低預算的好方法。

2. 尋找可以分期付款的傢具及家電，減緩現金壓力。在裝潢的過程中，有不少都要用現金支付，無論是設計費到木作、油漆施工等等，因此建議不妨利用一些可刷卡配合分期付款的部分，減緩裝潢期間的現金壓力，如傢具、衛浴設備及冰箱等家電等。

圖片提供 © 摩登雅舍室內裝修

PART 1 評估裝潢費

照著做一定會

Point 1 依屋型編列重點預算

屋型 01 ▶預售屋先行變更省費用

預售屋雖然較無法如新屋有眼見為憑的真實感，但預售屋在裝修上有著新屋所沒有的優勢，預售屋透過建商進行客戶變更，可省下格局變更所花的水電管路移位費用，加上建材、設備都是新的，預算建議放在木作收納上。

屋型 02 ▶新成屋重在機能裝修

新成屋裝修想要省錢，在買屋時就要注意，建議盡量挑選格局與動線符合生活需求的空間規劃，可以省去不必要的拆除與管線更動費用，除非建商所附的設備及建材很差，需要更換，不然預算重點還是放在機能性工程如木作收納。

屋型 03 ▶舊屋以安全性工程為主

舊屋則可分為 10 年以上與 10 年以下的屋型，10 年以下舊屋可依實際狀況評估裝修需求，年限以上的舊屋，則以居住安全性為重，水電與管線則要全部更新，這一項花費會比其他屋型來的多，在預算編列時就得加重。

屋型 04 ▶小坪數量身訂作花費多

小坪數常是新婚家庭或單身男女的第一考量，小坪數由於與空間競賽，常有挑高或夾層情況，預算的花費部多是在樓梯、夾層施作與收納空間的規劃與設計。

裝潢費用簡易預估

房屋類型	裝修費用	施工重點
5 年以內	NT.30,000 元／坪	簡單木作、空調裝飾工程、傢具及傢飾搭配。
5 ～ 10 年	NT.40,000 元／坪	全室粉刷、固定木作、部分管線移位。
10 ～ 15 年	NT.50,000 元／坪	全室粉刷、固定木作、部分管線移位。
15 年以上	NT.65,000 元／坪	15 年以上管路重配、廚衛更新、門窗換新、改隔間、鋪地板、固定木作、全室粉刷、分離式空調、瓦斯管路重配。

▼ 新成屋格局若能避免大幅更動，以及保留建商附的材質，通常會比翻修中古屋來得便宜一些。

圖片提供 © 雲墨空間設計

Point 2 了解裝修預算概念

方法 01 ▶ 預留房價 1／10～2／10 的預算

很多首購者會掉入把預算全部花在買屋上的陷阱，等到交屋後才發現忘了留錢在裝修上，建議在了解自身經濟狀況後，預留房價 1／10～2／10 的預算做為裝修費用。

方法 02 ▶ 掌握裝修行情

了解設計師收費和屋型只能預估大約的費用，進一步了解裝修行情，才能能更準確掌握各項裝修費用細項；而裝修費用大致包含了材料費及施工師傅的工資，價格也會隨著材質的等級及工法而有所不同，每一個工程階段都有各自的計算標準。

拆除與清潔工程費用

工程項目	工資	備註
隔間磚牆拆除	約 NT.1,000～1,500 元／坪	隨工班拆除技術影響價格高低
地坪拆除	約 NT.800～1,200 元／坪／拆到表層	
	約 NT.1,700～3,200 元／坪／拆到表層	
衛浴設備全拆除	約 NT.15,000～200,000 元／間	
廚具拆除	約 NT.200,000～300,000 元／間	
全室垃圾清運	約 NT.3,500～6,000 元／車	

水電工程費用

工程項目	工資	備註
全室電線換新	約 NT.30,000～100,000 元	以一般 20～30 坪，3 房 2 廳 1.5 衛住家為基準，仍需依實際配線長度計算。
全室配線配管	約 NT.5,000～6,500 元／坪（老屋）	
	約 NT.3,000～4,000 元／坪（新屋）	
燈具插座與迴路	約 NT.900～1,200 元／1 只	
衛浴安裝	約 NT.3,500～6,000 元／坪	
全室垃圾清運	約 NT.3,500～6,000 元／車	包含浴缸、面盆、馬桶、淋浴間和龍頭安裝，不含材料費。

泥作工程費用

工程項目	工資	備註
防水工程	約 NT.1,000～1,500 元／坪	
貼地／壁磚	約 NT.6,500～8,000 元／坪／進口 約 NT.4,500～5,500 元／坪／國產	含工資及水泥沙料，不含磚，磁磚材料另計。
新增隔間	約 NT.5,000～7,000 元／坪	一般磚牆估價，含雙面粉光、打底。
衛浴隔間	約 NT.3,500～6,000 元／坪	
全室垃圾清運	約 NT.3,500～6,000 元／車	包含浴缸、面盆、馬桶、淋浴間和龍頭安裝，不含材料費。

木作工程費用

工程項目	工資	備註
平釘天花	NT.3,000 ～ 4,000 元／坪	角料結構支撐材，隨板材等級不同，價格會有所增減。
木作櫃體	NT.5,500 ～ 7,000 元／尺／高櫃 NT.2,500 ～ 5,000 元／尺／矮櫃	240 公分以上為高櫃；90 公分以下為矮櫃。不含漆、特殊五金，價格依設計難度、施工天數、人數和材料有所增減。
輕隔間	NT.2,000 ～ 3,000 元／坪	矽酸鈣板隔間
木地板	NT.1,200 ～ 1,400 元／坪	架高另計，純工資不含材料。依材質等級不同，價格會有所增減。

油漆工程費用

工程項目	工資	備註
刷漆	NT.900 ～ 2,500 元／坪	漆料為進口乳膠漆，以一般二次批土、三道上漆計算
木作櫃漆	只上透明漆／ NT.1,200 ～ 1,500 元／尺 烤漆／ NT.1,800 ～ 2,200 元／尺	
噴漆	NT.1,100 ～ 2,500 元／坪	漆料為進口乳膠漆，以一般二次批土、三道上漆計算；如果是施作在櫃體，則以「尺」計價，約 NT.800 ～ 1,100 元／尺

Point 3 依裝修手法作為預算考量

方法 01 ▶預算 2 ／ 3 用在硬體裝修，1 ／ 3 用在傢具

建議首購者，可先將預算分為「裝修」、「家電」、「傢具、傢飾」三大類，再依必要性進行分配比重，在硬體裝修部分，通常約佔整體預算的 2 ／ 3，家電及活動傢具約 1 ／ 3，因此建議首購者若有 50 萬的預算，至少要留 15 萬左右購買活動傢具及家電等。

方法 02 ▶傢具為主的裝修

另一種則是以傢具選購為主的裝修，若喜好的風格較為獨特如美式、鄉村或古典等，那麼在預算分配時傢具花費的比例較高，因為傢具才是空間風格的靈魂要角。

方法 03 ▶依需求做取捨

若不想那麼麻煩，裝修時希望硬體與軟體一併搞定，預算足夠的情況之下，風格與機能性的兼顧，呈現的住家樣貌較能符合理想，若預算實在差太多，可能必須在眾多條件中作某些取捨與平衡。

圖片提供 © 齊禾設計

▲ 裝潢夾層屋的木作費用會比一般房型高，如果預算不足，基礎工程必須要先完成。

圖片提供 © 齊舍設計

▲ 中古屋窗戶通常過於老舊，應先檢查有無漏水的問題，窗戶防水最好也要重新施作。

? 裝修迷思 Q&A

Q. 小套房因為坪數並不大，裝修費用應該可以比較省吧？

A. 小套房還是需要抓每坪大約 NT.5,000 元左右，因為很多傢具都必須量身訂作，加上施工空間小，工人施工較為困難，因此在裝修預算上相對會比一般新成屋來得高。

Q. 好怕設計師會亂哄抬價錢，一開始還是不要告訴設計師自己的預算底線。

A. 這是錯誤的觀念！一開始就應該讓設計師了解自己提出的預算是否合理，也能讓設計師針對預算提出可行的設計，節省溝通時間，真的怕被騙不妨多參考市面上一些居家相關雜誌。

裝修名詞小百科

硬體基礎工程：泛指拆除、泥作、水電、木作等等，硬體裝修在中古屋的裝修預算中，是必須優先處理的項目。

客變：又稱為變更設計，簡單來說就是依照客戶需求進行變更，通常見於預售屋，已經完工又改變設計也可算是「客變」的一種。

老鳥屋主經驗談

Lisa 老屋的基礎工程費用很高，而且是無法刪減的項目，只能以其他的室內設計材質來省預算，比如說可以使用移動式傢具，或是一般質感好，看起來美觀但經濟實惠的材質來代替。

Tina 新成屋裝潢想要省錢，買屋的時候建議挑選格局與動線符合生活需求的空間規劃，這樣就能省下不必要的拆除與管線更動費用，可以將預算重點放在機能性工程上。

PART 2 其他相關費用

照著做一定會

Point 1 設計費

Way 01 ▶用總工程來計算

通常出現在以工程為主、設計為輔的室內裝修工程公司。或者是設計師有承辦屋主的室內設計工程，因此其設計費是含在總工程款中，以目前市面上的行情來講，大約佔總工程的5%～20%都有，所以在洽詢時，一定要問清楚。

Way 02 ▶以坪數收費

指實際實做的室內面積來計算，而非權狀面積。但是也有的設計公司是用權狀面積來計價的，這點可能在諮詢時要特別留意。以目前來看，若用坪數來計算的設計公司，其設計費的收取，從收費 NT.6,000 ～ 12,000 元左右、另一種為NT.4,500～6,500元與NT.3,000～4,500元及 NT.3,000 元以下，4 種價格範圍，價格差異會依設計師的經歷、資歷與學歷而有所不同。一般來説，剛初入社會或剛創業的設計公司或工作室，設計費大約在NT.3,000～4,500元及 NT.3,000 元以下這兩個等級。若是知名度高的設計師，則收費在萬元以上。

Way 03 ▶直接開出定額的設計費

也有的設計案如外觀包覆、庭園設計、夾層小坪數等，因為工程複雜，設計問題多，因此較不適合用坪數計價的特例，所以這類的設計師會直接在估價單中，開出一個他覺得合理的收費金額。

Way 04 ▶僅收設計諮詢費

面對一坪上千元或上萬元的設計費來講，也有設計師採取不走主流的收費方式，而改以收取一次定額的設計諮詢費，內容包括協助屋主找到適合的風格設計、家具配置、並繪製簡單的設計圖供屋主參考及想像，協助處理整個裝潢流程進度，但不參與報價及工程施工。而諮詢費用每次 NT.5,000 ～ 9,000 元不等，因此建議屋主最好先行做功課，以方便省時溝通。

Point 2 監工費

Way 01 ▶只收工程費，不收監工費

這類比較像是裝潢工程公司出身的室內設計師，或是所謂的系統家具廠商之設計師，主要連工帶料收取一定金額的費用，至於監工費都含在裡面，並不額外收取，但這類的收取方式也較容易有爭執產生，要多加留意。

Way 02 ▶設計＋工程統一發包，監工費內含

當然也有設計公司是表明若是設計約及工程約都由該設計公司統一發包並完成，則監工費則含在工程費中，為以示負責便不收取。

Way 03 ▶按總工程費的 % 數計算

這類的收費方式，是目前較多設計公司所採用的方法，採設計、工程、監造分離來計算。一般來説，監工費會佔總工程費的 5%～10%，但仍要看工程的大小及複雜度；愈複雜工程愈多的，監工費的比例也會比較高。

Point 3 裝修履約保證金

裝修工程進行時，為了確保大樓不因此受到損壞，管委會會要求支付約 NT.30,000 ～ 50,000 元不等的押金，大坪數也有可能到 NT.100,000 元，若大樓因裝修而有所毀壞，就必須從中扣款賠償。這筆押金到底該由設計師支付，還是屋主買單呢？這部份可以事先先談妥，至於保證金是要押現金或票據，則視大樓管委會的規定而不同。

▼ 監工費通常會列在工程約內，大約佔裝修費用的5%～10%。

圖片提供 © 馥閣設計

Point 4 室內裝修許可費用

根據「建築物室內裝修管理辦法」明訂，凡是供公眾使用的建築物、及可被視為供公眾使用的六層樓以上集合式住宅，必須需申請裝修許可。一般室內裝修的簡易式審查大約需要NT.30,000元，可委由建築師、室內設計師代為申請。

圖片提供 © 懷特室內設計有限公司

▲ 設計費收費的價格會以設計師名氣、公司規模、所提供的服務內容及售後服務等細節有所差異。

? 裝修迷思 Q&A

Q. 現場丈量都不用付費？

A. 一般若只是丈量用來進行評估報告的話，是不需付費。只有屋主需要把丈量與設計資料帶走時，就必須付錢。收費標準多以每小時工時加車資計算，每一家的計費標準有異。但是也有設計師會一開始告知，若再至現場丈量必須支付計程車資，在第一次與設計師電話訪談或見面時，屋主最好先問清楚，以免發生糾紛。

Q. 設計師說只要簽工程約就不收設計費，有這麼好的事嗎？

A. 坊間固然常見設計及施工合約合併一次簽訂的作法，但如此將可能發生設計圖與設計圖說未完成、屋主僅拿到幾張平面圖，或屋主拿到設計圖說不滿意，實際上卻已經開工，甚至屋主已經支付頭期20%～30%不等款項之情況。因此，建議屋主，比較好的作法是先簽設計合約，待所有設計圖說確認符合自己需求後，再進一步考慮與設計師簽立工程合約。在設計合約的整個履約過程中，屋主也能「再次」充分思考這位設計師是否適合自己。

裝修名詞小百科

設計費：設計師規劃空間的費用，包括平面圖、立面圖、水電管路圖、天花板圖、櫃體細部圖、地坪圖、空調圖…等，還有義務幫屋主與工程公司或者工班說明圖面。

監工費：全名應叫「監工管理費」，是屋主委由設計師或統包工程的工頭，在工程施作業期間代為監看工程進行所必須支付的費用，監工費的支出主要用作為與工程進行之溝通、流程掌控、品質控管與車馬費等支出。

諮詢費：顧名思義就是業主拿圖面請設計師給予空間設計建議，但不進行設計時，所收取的費用，若是至現場丈量，也會有所謂的勘查費或車馬費。但目前台灣設計公司收諮詢費的情況不一，建議事先詢問是否收費較為妥當。

老鳥屋主經驗談

Sandy 在洽談的過程中，其實設計師都沒有提到設計費的部分，但我們本來就知道要支付設計費，畢竟設計師做的事情很多，後來他連同監工費是一起收總工程款10%，我們覺得也滿合理的，而且還送我們免費的3D模擬繪圖。

May 我覺得裝修履約保證金有存在的必要性，否則萬一裝潢過程中不小心破壞大樓地板還是其它地方，難不成要其它屋主負責修繕費用嗎？而且這筆押金最後也會歸還屋主，所以該執行的還是要執行。

PART 3 小錢裝潢術

照著做一定會

Point 1 材質替換

Idea 01 ▶特殊漆創造原石效果可省萬元以上

喜歡天然石材的質感，卻又苦於預算不夠，其實也能透過特殊漆料代替，一樣能達到類似效果。

省多少？ 頁片岩一才約 NT.750 元左右，石頭漆單坪約 NT.3,000 ～ 3,500 元，如果是 3 坪的牆面，前者大約要 NT.50,000 元，但是後者只需要 NT.15,000 元。

Idea 02 ▶複合式人造石材代替天然岩石

除了常見的文化石磚之外，還有各類型不同樣式可以選擇，雖無法達到無接縫石材壁面的氣勢，但以材質變化性而言，可達到一定效果。

省多少？ 仿城堡外牆石材感的城堡石或是仿層岩片感的層岩石，連工帶料每坪約 NT.8,500 元，相較動輒數上萬元的大塊石材，價差往往以倍數計算。

Idea 03 ▶薄石板替代板岩單片價格省一半

厚度僅有 1.5 ～ 3mm 左右的輕薄材質，施作流程與木作貼皮的方式相同，既能彎曲也可被廣泛使用在磁磚、混凝土、木板材、金屬板材等，靈活性相當高。

省多少？ 單品價格因不同大小、廠牌，而會有所差異。若以 1,220mm×610mm 的尺寸做估價，每片薄石板約為 NT.1,700 元左右，對比同尺寸大理石材，價差約 NT.1,700 元左右，推估一次即能省下一半左右費用。

▼ 運用特殊漆料也能創造出原石般的效果。

圖片提供 © 優尼室內設計有限公司

圖片提供 © 紀氏有限公司

▲ 薄石板能彎曲，可取代磁磚、金屬板材，價錢也相對較便宜。

圖片提供 © 馥閣設計

▲ 水泥粉光是目前很流行的地坪設計，比起磐多魔便宜許多。

Idea 04 ▶水泥粉光替代磐多魔，價格差 4 倍

喜歡好清潔又具自然簡約質感的無接縫地板，但磐多魔、EPOXY 造價都不便宜，這時候不妨採取水泥粉光。這類工法雖無磐多魔般色彩多變，但其不規則的色澤深淺變化和鏝刀施作痕跡，反使空間更具粗獷與質樸感。

省多少？ 磐多魔估計每坪約需 NT.13,000 ～ 15,000 元〔包含前期打底、整平的費用〕，相較水泥粉光方式，每坪則只需 NT.2,500 元。

▲ 廚房位置遷移，要注意排水和給水，省下管線遷移費用。

Point 2 水電設備

Idea 01 ▶ 做好基礎工程，以免日後變更麻煩

即使目前尚無迫切規劃需求的空間，還是建議屋主一開始就把所有的電源、音響、網路等管線基礎工程都做好，也可以預先進行一些基礎裝潢，如地板、壁面油漆等，以免日後需要用到時，再來敲敲打打，不僅影響居住品質，施作上也會相對麻煩許多。

省多少？ 省下日後局部裝修和電源管線施工的麻煩和費用。

Idea 02 ▶ 廚房大小、設備依需求而定，減少不必要浪費

若受限預算，加上廚房本身的使用率並不高，就不需要花太多預算在廚具和隔間規劃上面，適度藉由層板替代完整上櫃，或是直接沿用舊有廚具，再視情況針對表面門片、檯面進行局部更換，一樣能有舒適廚房。

省多少？ 省下額外隔間和上櫃櫃體費用；如果直接沿用舊廚具，則可省下所有廚具預算。

Idea 03 ▶ 浴簾搭配浴缸，省下淋浴間費用

乾式分離的淋浴間，雖然衛浴空間更加清爽，但整體施工下來也是一筆不小的金額；考慮預算有限，藉由浴缸搭配浴簾的方式，可以有效減少隔間施作費用，同時也具有適度乾溼分離的效果。

省多少？ 省下淋浴間金屬與玻璃工程，大約 NT.7,000、8,000 ～ 180,000 元［依材質不同而有價差］。

Idea 04 ▶ 冷氣離室外機愈近愈好，省木作又讓空間更輕盈

在木工施作前，會建議就應該先行考慮所有冷氣位置一併施工，並盡可能讓冷氣與室外機，被規劃在同一側的牆面上，距離愈近愈好，可縮減冷氣管線長度和降低木作〔包樑〕的施作面積，也省下更多工資和材料預算費用。

省多少？ 省下木作天花的材料費，同時也縮短工時，一併省下工資。

Point 3 泥作工程

Idea 01 ▶水泥板牆面省下牆面重整

施工方便的水泥板，既不需要針對牆面先行粉光、打底，施作上以木作封板，再釘掛或黏貼，不僅能模擬水泥牆面的視覺質感，也能有效掩蓋舊有牆面的瑕疵或髒污，達到整齊劃一的視覺效果。

省多少？ 省下牆面重整的粉光、批土等費用。

Idea 02 ▶局部衛浴牆面以防水漆替代貼磚

在規劃衛浴隔間時，為達到更好的防水效果，通常會將浴室牆面貼上磁磚；這時，若想從中節省預算的話，不妨針對經常碰水區域進行局部貼磚方式就好，其他空間則改為防水漆做替代，雖價差或許不多，卻也能在豐富空間表情的情況下，有效省下一些預算。

省多少？ 省下部分貼磚的工資與材料費。

圖片提供 © 緯傑設計

▲ 廚房牆面用烤漆玻璃，好清理又省錢。

▼ 水泥板可直接以黏貼方式貼在牆面，模擬出水泥牆面的效果。

圖片提供 © 白金里居室內設計

Idea 03 ▶烤漆玻璃取代壁磚，好清理又省錢

將廚房牆面以大面烤漆玻璃替代傳統壁磚，既不怕油煙且美觀俐落，也能解決傳統磁磚溝縫卡污的問題，更利於日常清潔；同樣的設計，也能適度使用在衛浴壁面。

省多少？ 牆面貼磁磚＋防水，光工資單坪就需要約 NT.6,000 元，並且工時較長；而烤漆玻璃每才 NT.200 ～ 300 元，並且不同於玻璃隔間強調使用的安全性，此處裝飾性成分較重，玻璃厚度可從一般 8.5 ～ 10mm 縮減到 5mm 就好，費用又會隨之降低。

Idea 04 ▶舊牆面直接打毛，省下所有泥作成為另類裝飾

舊有磚牆除了重新粉光、整平一途之外，有時也不妨嘗試逆向操作，將牆面打毛後，直接保留施工的鑿痕，對應旁側粉光後的平整牆面，更顯其豪放不羈的姿態，再打上一、兩盞燈光，有時反較貼了滿滿的磁磚更具特色。（只限完全的乾區使用）

省多少？ 將牆面打毛後，就不上任何裝飾，省下後續所有泥作費用。

Point 4 木作工程

Idea 01 ▶局部天花造型隱藏管線，省錢又有型

如果預算有限，卻又希望天花有點設計感，不妨採取局部施作的方式，配合燈光、管線位置做造型變化，既能豐富空間表情，也讓空間更加簡潔。

省多少？ 省下絕大部分天花施作的工資與材料費，一般平釘天花價格為每坪NT.3,000～4,000元。

Idea 02 ▶隔間搭配層板做收納檯面

施作木作隔間的同時，稍稍加深隔間厚度做一內凹區域，再搭配簡單層板設計，即使不需要做到一整座櫃子，依然能創造足夠深度作為DVD、VCD錄放影機等放置區，也讓空間看來更加俐落。

省多少？ 一般木作電視櫃，不含漆、特殊五金一尺為NT.5,500～7,000元，若再搭配造型電視牆，則省下額外木作和油漆費用，整座電視牆預估下來，至少能夠省下台幣好幾萬元。

Idea 03 ▶專門地板公司貼地板省材料費成本

一般專業地板公司因為採取大批叫料方式，可有效降低建材成本，並且內部人員也因為長期專職於同一工程，拼貼手法和技術上，往往比一般木工師傅更快速、俐落。

省多少？ 具有商品保固，並能降低材料費，有些廠商還會額外提供施工保固。

▲ 隔間搭配層板做收納檯面，省下機櫃木作。

Idea 04 ▶木皮表層面漆，道數愈少愈省錢

考慮預算和木工處理程序的便利性，可以直接選擇具明顯凹凸紋理的木皮，再直接塗上防水塗料就好，既能做色彩變化、展現木皮自然紋理，也相對節省不少預算。

省多少？ 一般來說，木工實木貼皮會因為表層面漆上漆次數愈多，價格相對提高，並且若要做烤漆或染色處理的話，也都會提高費用。

Idea 05 ▶隔間牆面直接做櫃子省下櫃框價格

直接藉由隔間牆作為櫃框，再簡單規劃軌道及門片的這類型櫃子，也能適度被運用在居家使用，以節省櫃體施作的費用。即使非畸零區，只要算好櫃體寬度做邊側木板，依然能夠達到同樣效果；牆面可選擇上漆或以壁紙、壁布做表面包覆。

省多少？ 只需花費門片和軌道費用，省下木作高櫃（每尺NT.5,500～7,000元）或是系統櫃NT.3,500元（單純櫃框，不含五金、層板），內部則視使用需求進行五金、層板或是移動式抽櫃等設計。

▼ 使用隔間櫃做隔間，能直接省下隔間的費用。

Point 5 輕裝修工程

Idea 01 ▶壁面以塗料做變化，不需多花費用

想為居家白牆進行一些風格變化，又不喜愛黏貼與日後清潔更換的麻煩，還有一種做法就是直接藉由油漆在牆面彩繪出造型變化。同時，若想創造更豐富的視覺效果，也能貼上一些造型壁貼做裝飾，既好看又不需大筆費用。

省多少？ 不需再花費其它金額。壁貼一張 50 公分 ×50 公分，進口與國產價格從 NT.200、300 ～ 3,000 元以上都有。

Idea 02 ▶磁性漆替代鋼板，單價變低

含有磁性的特殊塗料—磁性漆，能被塗刷在任何可上漆的材質表面，替代過往常見的金屬板牆。使用彈性卻更好，並能依照使用者喜好再塗上不同顏色塗料做變化，讓家中能輕鬆擁有一面風格留言板。

省多少？ 磁性漆一桶 NT.4,000 ～ 5,000 元（約 3 坪），相較之下，同尺寸鋼板往往都要 NT.16,000 元以上，若再上漆，整體施作下來，價格相差 NT.12,000 ～ 13,000 元。

Idea 03 ▶搭配織品軟件，輕鬆變換居家氛圍

若預算有限，無法針對居家每項細節進行大規模裝修，那不如就在基礎工程做完之後，把大部分預算留給居家窗簾、抱枕等織品軟件，做佈置規劃吧！

省多少？ 省下所有多餘木作造型天花、壁面，或泥作貼磚和各類裝飾材費用。

圖片提供 ©IKEA

▲ 搭配織品軟件，不花大錢輕鬆變換居家氛圍。

Idea 04 ▶用捲簾替代蛇形拉簾省布料費用

蛇形拉簾因為具有柔軟飄逸感，同時具有一定吸音、隔音效果，但在設計上，卻同樣需要花費更多布料，並為了達到良好遮光效果，多會做兩層。以線條俐落的捲簾替代，不僅布料費相對節省，也能進行如大圖輸出訂製方式，創造個性風格。

省多少？ 一般國產捲簾一才約 NT.150 元上下，相較國產窗簾一碼則約要 NT.200 元，並常會做兩層設計，若想選擇質感較好的進口傢飾布，整體下來更往往動輒台幣上萬元。

Point 6 雜項工程

Idea 01 ▶拆半牆，以玻璃做通透隔間，降低隔間和拆除費用

嫌舊有隔間讓空間看來過於狹隘，又沒錢重整隔局應該怎麼辦？不如善用一些具穿透效果的玻璃材質，搭配部分拆牆處理，既能在達到寬敞空間感也不破壞舊有天、地建材，有效省下一筆預算。

省多少？ 省下局部拆除和強化玻璃（清玻璃）材料與施工費用。（清玻璃：一才約 NT.50 ～ 150 元）

Idea 02 ▶小塊廢料或二手木拼貼個性風格，比原始建材省 3 ～ 5 成以上

一些裁切後的邊緣廢料，品質等級雖然相同，價格卻往往可以差上一倍。在規劃上，藉由這些相對細小的廢料或二手木材，為自己拼貼一面造型主牆，既能活潑空間表情，也能有效降低金額。

省多少？ 以卡拉拉白大理石為例，雖工資相同整面完整的大理石與尺寸較小的廢料，材料費就相差了約一倍以上，而二手木材雖處理上會較全新木材麻煩，但價格也能便宜 3 ～ 5 成。

Idea 03 ▶直接沿用舊有建材不花錢也很好看

有時全部換新也並非就是最佳選擇，尤其在以降低預算為考量的前提下，不妨適度保留一些地／壁磚，並視情況打磨、重整，一樣能達到極佳效果。

省多少？ 省下地磚拆除、清潔和泥作貼磚等費用，以及磁磚本身的材料費。

Idea 04 ▶拆舊地壁磚直接覆上新材質，省拆除、清潔等費用

如果地坪許可的話，不妨直接在舊有地磚上，直接進行木地板工程就好；而同樣的手法也常見於廚房壁面，採取直接在傳統磚牆上，貼上烤漆玻璃。

省多少？ 省下地磚拆除、清潔和地坪「整平」的費用。若是廚房則省牆面打底費用如果要（上油漆，還有粉光費）。

裝修迷思 Q&A

Q. 想變更地面材質，一定要把舊地面材料拆除才可以嗎？

A. 如果原有是磁磚面想換成木地板，大可不用將原磁磚拆除，而是可以直接鋪設木地板，但假如是磁磚要換上新磁磚，就一定要拆除重鋪，把原本的地板挖起來去除整平，然後再鋪上新的地板建材，一般多用在地板已有損毀或不平的老房子裡，或是想鋪設新的大理石或拋光石英磚等建材。

Q. 我家走的是極簡風格，為什麼天花板的費用還是很高呢？

A. 要看選用的建材及設計而定。天花板的價格從 NT.2、3000 元～6、7000 元不等，甚至更高，光是材料就有價差，看你選的是一般的夾板、氧化鎂板，還是矽酸鈣板。如果預算有限，卻又希望天花有點設計感，不妨採取局部施作的方式，配合燈光、管線位置做造型變化，既能豐富空間表情，也讓空間更加簡潔。

裝修名詞小百科

打毛：也就是打密集小洞，當舊牆或地面過於平滑不易咬合黏著，預新作水泥粉光或貼磁磚所用的步驟。

見底：就是拆到看見建築體的結構層為止，如拆牆見底，指的是拆到看見紅磚結構；同理，拆除地坪見底，意思就是要拆到看見混凝土結構層。

▼ 磁磚想換成木地板可直接平鋪，無須再拆除。

圖片提供 © 隱巷設計顧問有限公司

老鳥屋主經驗談

Lisa 不堅持使用高價建材，改以價格相對低，但兼具質感的替代性建材，仍可創造很好效果，例如多數人使用木地板，我就用木紋塑膠地板，同樣都有木紋溫潤效果，可是價錢便宜好多。

Tina 購買傢具傢飾，不一次將所有物品買齊，而是以「慢慢買、分批買、多比價」原則再進行採購，就這樣找了不少物美價廉的傢具傢飾品。

Project 03

找設計師
溝通無障礙，實現夢想好宅

找錯設計師、無法與設計師溝通，這些關於設計師的挑選問題，一直都是裝潢過程最重要的課題，找一個和自己默契、個性相合的設計師，屋主願意信任、設計師願意傾聽，更能讓裝潢順利圓滿。

重點提示！

PART 1 找設計師的管道

網路、雜誌、親友推薦、仲介介紹都是尋找設計師的管道，然而不同的管道都有其需要注意的細節，還是必須以和設計師見面討論，或是親自看過實際案例再來決定為佳。→詳見 P034

PART 2 和設計師溝通

應該先了解設計師的服務項目、提案流程，同時屋主自己也要先做一點功課，大致上知道自己喜愛的風格，以及其它需要的收納、家電、傢具等等越詳細且完整越好。→詳見 P036

PART 3 判斷設計師的好壞

除了觀察過往的設計作品，設計師是否有針對你的想法提出適當的建議、是否能夠耐心詢問生活細節，而非一昧談論價格、風格，這些都是辨別設計師的方法。→詳見 P038

職人應援團出馬

材質職人

大涵空間設計 趙東洲

1. 請設計師出示相關證件及營業執照。現在找室內設計師的管道很多，包括電視、雜誌及網路是主要的管道之一。但是無論透過什麼管道，最好要求設計師出示相關證件，如建築物室內裝修專業技術人員登記證及中華民國建築物室內裝修專業技術人員協會證明，並有實際作品展示，對屋主而言比較有保障。

2. 建議最好親自到辦公室走一趟。在挑選室內設計師協助處理居家設計時，建議最好還是至辦公室走一趟，除了可以了解公司運作正不正常外，同時也可以檢視公司的作品及資料充不充足，讓設計師與屋主在溝通居家設計時，能提供正確的資訊參考。

圖片提供 © 大涵空間設計

風格職人

IS 國際設計 主持設計師陳嘉鴻

圖片提供 ©IS 國際設計

1. 尋找風格相似的設計師。無想要找對設計師幫忙協助打造自己夢想居家，首先就是要找到合自己口味的設計師，例如喜歡現代風格的，就找擅長現代簡潔風格的設計師；喜歡鄉村風格的，則鎖定鄉村風格見長的設計師，在溝通及經驗上才能省去很多不必要的時間。

2. 多看多聽多比較。畢盡居家裝潢設計，動輒都要百萬元以上，因此建議屋主不妨多看多聽多比較，以便找到與自己理念想符合的設計師。並建議屋主自己也要做功課，才不易因貪小便宜而被不肖業者騙。

格局職人

王俊宏室內裝修設計工程有限公司 王俊宏

1. 從了解自己要什麼開始，找到的設計師才會貼近需求。大部分屋主無法快速又具體地將自己的居住習慣，及夢想中的居家設計用説的表達出來。因此建議不妨屋主可以先將自己想到的需求，及想改善的生活不便或不順手處等寫下來，交給設計師一起思考如何透過空間設計來解決。

2. 可用圖像式與設計師溝通。當心中有了改造居家空間時的想法後，建議可以三不五時參考坊間的室內設計雜誌或網路，將自己喜歡的圖像用手機或另存新檔記錄起來。當跟設計師溝通時，就可以將之拿出來討論，再經由設計室的專業協助及去蕪存菁的溝通方式，會讓家更貼近居住者的個實用機能及個人風格。

圖片提供 © 王俊宏室內裝修設計

PART 1 找設計師的管道

照著做一定會

Point 1 網路海選設計師

類型 01 ▶作品照片篩選
在蒐尋過程中，作品照片風格、設計理念以及案子背後的小故事，都可以列入評量重點，也能充分明白自己所要的設計風格大致上會需要多少預算與時間。

類型 02 ▶部落格面試
大部分的設計公司都有自己的網站或部落格，透過發布的作品，了解作品風格的延續性、作品品質的穩定度，以及常作的房型，並了解該服務的價位區段大致上是否符合自己的預算。

類型 03 ▶論壇發文討論
許多大型網站的居家分類，都會提供網友論壇討論居家設計的區塊，由於是從消費者角度出發，可以從論壇文章中看出每件作品背後的真實面貌，不論是與設計師溝通過程的心得、解決問題的方式等，更可獲得裝修上的專業知識。

Point 2 從雜誌書籍了解設計師專長

Step 01 ▶用標籤歸納分類
翻閱雜誌時，看到喜歡的作品就用標籤貼起來，等累積到一定數量，再回頭去歸納是哪幾位設計師的作品。

Step 02 ▶讀出設計師個性
當鎖定目標設計師後，從定期出刊的雜誌作品中至少持續3至6個月，去觀察該設計師的「作品風格穩定性」，和「品質完整度」，並在案例的描述中，觀察設計師的設計理念、解決問題的經驗，結合其背景專長，進一步的判斷設計師是否是自己所需要的。

Step 03 ▶屋案欄目幫助篩選
專業的居家設計雜誌，都會幫讀者設計不同的空間案型分類，並有清楚的解說與註記，建議可多看幾期、不同作品的呈現，更可比對不同設計師的擅長處，對應自己最介意、重視的地方，找出最對味的那一個。

▼ 透過設計師專業的空間、色彩比例規劃，能讓住家呈現出舒適、穩定的視覺感受。

圖片提供 © 奇逸空間設計

Point 3 找人推薦：眼見為憑　小心人情壓力

類型 01 ▶親友推薦

一旦要裝修，總會有親朋好友熱心推薦他的「私房設計師」，因為他們跟設計師親身接觸，清楚設計師的施工品質、設計規劃、收費標準及售後服務；會想要再推薦給別人的，表示對設計師也有一定的信任、彼此互動良好才可能。此時別忘了到住家去實際看看，觀察風格與細節是否符合需求。

類型 02 ▶仲介配合

仲介公司常會有配合的室內設計師，對於各式合作流程會比較熟悉。但是仲介通常會跟設計師收取佣金，所以推薦也未必就是好的，最好能請他們帶看推薦設計師裝修過的房子，或是介紹曾經配合過裝修的屋主，實地探聽設計師的口碑。

類型 03 ▶建設公司實品屋、樣品屋

若買的房子是新屋，多有實品屋及樣品屋可以參觀。參觀後，如果喜歡樣品屋的風格，可以透過建商找到該位配合的設計師。而實品屋則是看中了，就連同房子一起買下來。兩種方式跟一般比起來，裝修費用會比較便宜，但同個設計師、同一棟大樓，風格上難免無法跳脱；實品屋更要仔細確認施工品質。

? 裝修迷思 Q&A

Q. 要裝修新家，直接找親友推薦的設計師簽約準沒錯！

A. 親友推薦的確是選擇設計師中的一個選項。但是在簽約前，還是得多跟設計師聊聊，觀察他的表達能力、解決問題的積極性與態度，加上親身參觀幾個實際案例，搭配自己多看雜誌、上網做功課，多管齊下再作決定。

Q. 找設計師到家裡來只是進行丈量和繪製設計草圖，就要跟我收錢，我一定是被坑了。

A. 有些設計公司的確會針對丈量勘查收取費用，算是「提供服務收取合理費用」，但前提是每個環節進行前，設計公司都需要事先清楚告知消費者。

裝修名詞小百科

動線：指人在空間中移動、往來的路線，動線必須經過考量和規劃，才能讓居住者在行經各空間時，不受到阻礙並保有足夠的走動空間。

坪效：在居家設計中，可解釋為「每一坪的使用效益」。

坪數：指室內空間的大小，一坪＝ 3.3058 平方公尺＝兩張榻榻米，一平方公尺＝ 0.3025 坪。測量的方式為長（公尺）× 寬（公尺）×0.3025 ＝坪數（坪）。

樣品屋：指房子還沒蓋，預售時的展示屋，最後是會拆掉的。

實品屋：房子蓋好後，實際裝修完成的居家空間。

老鳥屋主經驗談

Sandy 當初裝潢的時候也有朋友推薦熟識的設計師，可是談過幾次覺得他的態度不是很好，多問一些裝潢的事情就有點不耐煩，所以就趕快踩剎車換設計師，因此就算是親朋好友介紹的設計師，最好要先見面溝通看看是不是和自己合得來。

Tina 在裝潢新房子時要多找幾位設計師，把自己想要的「預算」和「風格」先跟設計師溝通，若設計師同意你們的想法，那也代表著雙方彼此有配合的默契，簽約以前的每一次接觸，都可以觀察設計師專業之外的人格特質（願意傾聽、溝通）。

PART 2 和設計師溝通

照著做一定會

Point 1 了解設計師服務與資格

需知 01 ▶服務項目

設計師的工作不但要出設計圖，還必須幫屋主監工、發包工程、排定工程及工時，連同材質的挑選、解決工程大小事等，此為設計師常見案型。完工後還要負責驗收及日後的保固，保固期通常為一年，內容依雙方簽定的合約為主。

需知 02 ▶提案流程

Step1：溝通需求，彼此感覺評估。

Step2：設計師前端提案（提供 2 ～ 3 張平面圖＋ PPT 意象圖）

Step3：反覆修改 3 ～ 6 次

Step4：簽設計約付款

需知 03 ▶具備資格

找室內設計師或裝修工班時，要先了解該公司是否聘有專任的「室內裝修業專業（設計、施工）技術人員」並具備合法的「室內裝修業登記證」，才能申請「室內裝修許可」。

設計師服務流程

流程順序	工作內容
1	現場勘察及丈量空間尺寸
2	平面規劃及預算評估
3	簽定設計合約
4	進行施工圖／設計並確認工程內容及細節
5	確認工程估價，包含數量、材料、施工方法
6	簽定工程合約
7	訂定施工日期及各項工程日期
8	工程施工及監工
9	完工驗收
10	維修及保固

你應該找設計師的八種狀況

屋齡太老	超過三十年以上老屋，壁癌、漏水嚴重。
結構有問題	建物偷工減料或採光有問題。
大動格局	格局不符需求、需大幅度改變。例如二房改三房、三房改四房等。
坪數太小	小空間須包含所有機能。若不是專業設計者，在空間利用上會比較無法掌握。
特殊建物	如挑高或夾層。因為涉及結構，最好找設計師做專業的規劃。
有風水問題	像門對門、穿堂煞、中宮等，最好找設計師協助處理，以免愈弄愈糟。
問題空間	複雜的樑柱已影響空間規劃、或是天花板太過低矮等。
特殊格局	有多角型、倒三角型及不規則型的空間，建議還是找設計師處理比較踏實。

Point 2 額外請教設計師長知識

需知 01 ▶了解建材

了解建材，更能掌握設計裝潢重點，甚至更能掌握預算。建材是設計師構建住家的主要素材，設計師在解說時都會拿出樣本來讓屋主選擇，若是能對建材先有基本的研究與常識，便能當場與設計師討論，更清楚掌控對居家設計走向。

需知 02 ▶傢具搭配

若是把傢具的搭配全部委由設計師，有些設計師還會再加收傢具搭配費用。但如果屋主自行蒐集相關資料與廠商、選購傢具，鑒於設計師會希望整體設計能趨一致，其實會樂於提供尺寸、空間風格等建議。甚至雙方若互動良好，還會陪同前往挑選。

Point 3 討論過程必做

項目 01 ▶ 共同丈量

丈量時，建議屋主應該要陪同解說屋況。例如房子是否有漏水的情形、電壓配置狀況、是否曾經重新配過管線、排水管路走向、瓦斯管路、房屋受潮情形；尤其老屋問題多多，更是應該要詳細解說。這樣設計師才能夠將這些都列入規劃的考量，對於設計師在掌握預算上也有實質的幫助。

項目 02 ▶ 預算討論

要清楚告知設計師預算上限。新屋坪數約 20 ～ 30 坪，沒有格局問題及嚴重壁癌，預算低於 50 萬，也會有設計師願意接手。若 30 年以上老屋，50 萬恐怕很難找到設計師，或是會有追加預算問題。建議找設計師討論或在裝修前，找到符合設計預算並願意配合的設計師。

項目 03 ▶ 提供詳細需求

完成丈量後，應該將需求告知設計師，例如收納、傢具、風格、家電、建材、預算等，越詳細而完整的告知，設計師更能掌握屋況、圖面設計會更精確。甚至可以將需求列成一張清單，請雙方簽名保存，可以更保障日後設計圖有依照需求做規劃。

? 裝修迷思 Q&A

Q. 找設計師一定要精打細算，免收設計費的一定是最划算的！

A. 羊毛出在羊身上，先用便宜的價格吸引消費者上鉤，簽約後就用劣質的材料、便宜的工班搪塞，這樣最後住家施工品質堪慮，如此一來吃虧的還是自己。所以簽約前除了價格考量，還需要評估其它的項目，才能找到真的適合自己的設計師。

Q. 看不懂設計師的平面圖，他繪製 3D 圖給我看，但卻要另收費用，這樣合理嗎？

A. 除非合約上有註明 3D 免收費，不然通常百萬以下的案子，都是得另加費用的喔！在要求提供 3D 圖之前，先行詢問清楚，免得造成雙方誤會。

裝修名詞小百科

壓樑：因建築結構間設計的關係，臥房空間常會出現橫樑經過的問題，樑經過床位都不是很好，其中最忌諱的就是床頭橫樑壓頂的問題，除了風水上的考量，躺在床上就看見粗大的樑，有被壓迫到的感覺，容易影響心理和睡眠品質。

格局：簡而言之就是建築物在整體空間上的形式配置，例如常聽到的「三房兩廳」格局，指的就是客廳、餐廳加上三間房間。

老鳥屋主經驗談

Lisa 在與設計師溝通前，先要自己做功課，了解自己想要呈現的居家風格（北歐風、中國風、美式鄉村風……等）與格局呈現，並把照片拍下來提供給設計師參考，明確表達「這樣的效果就是我想要的」。

May 跟設計師的相處是「在於互動、而非監督」，當初我裝潢時也並不完全聽設計師，他挑的餐椅皮料跟我要的不一樣時，我立即堅持當場替換，一起再找到滿意的。

PART 3 判斷設計師的好壞

照著做一定會

Point 1 準備問題、聽取經驗

準備 01 ▶找好問題請教設計師

事前先做好功課，例如請問設計師不同施工工法的優缺點，或他打算用何種工法、材料施作？若是設計師當下的反應不明確，或許可以判斷出設計師對施工上的經驗程度。

準備 02 ▶詢問經驗者的裝修體驗

例如對設計或施工的整體滿意度、設計圖面與施工結果有無落差、遇到困難的解決方式等，以及住進去一陣子之後的感覺，都能從蛛絲馬跡中衡量出該設計師的專業與人品，是否能滿足自己的期望。

準備 03 ▶確認公司組織

打電話去設計公司詢問，最好鎖定 2 ～ 3 家設計公司，了解公司組織與營運狀況，以及設計師的專業背景與經歷。透過設計師部落格留言、e-mail 信件往返等方式，觀察設計師回覆狀況的積極度，可以看出該設計公司組織編制的大小與工作流程是否流暢；或是該設計師本身對客戶要求的重視程度，來判斷設計師是否適合。最好能親自到設計公司觀察環境，再談後續的合作，會比較有保障。

Point 2 當面表現是否專業積極

表現 01 ▶設計師可否到現場討論

與設計師第一類接觸不外乎電話或是見面溝通，但是如果能直接到施工現場討論，不但能準確表達出雙方的意見，在當面觀察設計師反應的同時，也算展現出設計師對每個案子的誠懇、重視態度。

表現 02 ▶釐清必要的裝修項目

對於自家的裝修問題，在做好功課後，可以詢問不同設計師，聽取不同的解決方式。或是描述自家的狀況，請設計師提出應該注意的地方以及解決的方式、初步預算等。如此一來便能很快釐清哪一位設計師的做法比較符合期待。

表現 03 ▶作品分享與參觀實際作品

在初步跟設計師接洽時，可請他分享作品的照片、圖面。最好能到實際的案例空間參觀，感覺空間尺度的拿捏、色彩比例的搭配、格局動線配置、建材選用等級、拉門與抽屜施工的細膩度等，看出是否具備合宜的人體工學尺度，以及設計是否符合自己的喜好。

表現 04 ▶初步設計圖細節

當收到設計師繪製的初步設計圖，首先檢查丈量尺寸的內容是否正確、內容圖説是否清楚、設計內容是否符合屋主要求。

圖片提供 © 翎格設計

▲ 詢問裝修上的工法問題，能夠看出設計師對施工經驗是否充分。

Point 3 觀察設計師與工班＆業主的互動

態度 01 ▶觀察與設計師互動的過程

大部分在第一次溝通後，設計師會提出初步的規劃想法，這時可確認當時自己特別強調的部分，設計師是否有顧慮到？是否有解決空間既有的問題？而看圖的時間是否一再拖延？進而判斷該設計師是否具有專業、誠懇的基本態度。

態度 02 ▶觀察設計師與工班互動的情形

設計師與旗下工班的互動、更關係到施工品質。到設計師正在進行案子的工地，看設計師與工班的熟悉度與默契，若是設計師現場要求工班作小幅度的修改，從工班的反應大約可以判斷出，後續請設計師到現場監工的品質。

圖片提供 © 采荷室內設計工作室

▲ 請設計師提供自己的作品照片，再進行判斷是否喜歡這樣的風格。

? 裝修迷思 Q&A

Q. 傢具雖然不包括在設計費中，可是也算是佈置的重要環節，設計師應該要陪我去挑傢具吧？

A. 如果雙方互動良好，屋主有需求的話，設計師通常會陪挑傢具。不然除非合約中註明傢具挑選配置項目，設計師是沒有義務「一定要」陪你去選傢具喔。其實全權交由設計師規劃，或是自己蒐集資料、找品牌，最後再請設計師幫忙評估風格與尺寸，都能達到預期效果。

Q. 我不是建材專家，要怎麼確認設計師都是用合約中的材料呢？

A. 設計師使用合約中註明的材料、設備時，都要檢附相關檢驗資料與證明文件，附上品牌、規格、型號等資訊，提供屋主樣本以備驗收。

裝修名詞小百科

輕裝修：以不變動原建物的格局、弱電線路、給排水管路為原則，取而代之以較低成本之物件或材質來替代使用，盡量節省人工成本的裝修工程。

按圖施工：就是一定要照圖面來施工，若師傅沒按圖施工，但案子由設計師統包，變更費用必須由設計師吸收。

老鳥屋主經驗談

Max

我覺得一個專業的設計師應該要能針對屋主的困擾提出解決方式，可以具體的給屋主詳細的解答，我的設計師就是這樣，而且他會提出二種以上的設計修改，然後告訴我們這二種的差異是什麼、預算會差多少，讓我覺得很放心。

Sandy

決定不用朋友推薦的設計師之後，我從雜誌上學到一招，去看設計師正在進行的工地現場，發現他們的工班品質還不錯，工地現場也管理得很好，沒有吃檳榔、亂丟菸蒂的狀況，門口也有貼裝潢許可證，感覺比較有保障。

Project 04

自己發包
找工班好順利，不怕受騙上當

全球景氣陷入低迷，小資屋主們更想要透過自己發包方式，完成人生的第一間房子，但是往往與工班之間的糾紛問題也層出不窮，還不見得省到錢！準備裝潢的你，最好先瞭解自己究竟適不適合發包，發包方式有哪些，再來決定自行發包與否。

PART 1 哪些情況適合自己發包

可別以為人人都適合自己發包找工班，最好是工作時間自由可以配合監工時間，避免只能用電話溝通，屋主本身也要對平面規劃、建材、監工等有初步了解，遇到突發狀況、紛爭的時候才知道如何處理。→詳見 P042

PART 2 了解發包方式

決定自己發包之後，想要找單一工班好？還是個別發包好呢？簡單來說前者較為簡單，至少有工頭幫你顧前顧後，後者則是要花費較多時間，但也會比較省錢。→詳見 P044

PART 3 發包注意細節

想要自己裝潢要怎麼找工班？又要如何挑選好工班？和工班之間的互動眉角又有哪些？所有發包關鍵完全揭露！→詳見 P046

職人應援團出馬

工程職人

嘉德空間設計 許祥德

1. 找工頭帶工班統包比自己分包好。室內裝修其實是一件很專業的事情，若是不想找設計師協助，想自己來的話，建議最好找認識的工頭，帶領專業的工班來施工是最好的，無論在時間上或成本控制上也比較精準。未來想維修也比較容易找得到人。

2. 圖示、材料及尺寸都要註明清楚。如果業主要親自發包、監工，除了對流程十分清楚外，同時建議所有的圖面說明也要標示清楚，包括平面圖、立面圖及施工剖面圖等等，另外用什麼材料及尺寸也要註明，才能避免施工時的紛爭。

圖片提供©許祥德

格局職人

王俊宏室內裝修設計工程有限公司 王俊宏

圖片提供©王俊宏室內裝修設計

1. 最好可參觀案場及了解其售後服務。一般承接工程的工頭多為木工出身，因此建議最好能至這個工頭的案場參觀，或有做過大型設計公司的經驗等，並實際了解完工後半年的使用情況是否良好，以決定其技術及工程技術是否專業及成熟。

2. 發包工程別太過複雜。業主若要自己發包，最好要能了解這是一場十分花費血汗及金錢的工作，中間有太多經驗值問題。若真的礙於種種原因，必須自己發包監工，建議其發包工程別太過複雜，如櫃體決定用系統櫃，便系統櫃走到底，或統一由木工師傅統包到底，以免又是木工又是系統交錯，最後責任分工不清，容易導致糾紛。

色彩職人

養樂多_木艮 詹朝根

1. 清楚每個工程的銜接，才不易花大錢。自己監工發包最好要清楚每個工種的銜接，像是拆除後，鋁窗、水電及空調進場，接下來泥作進場、之後是木工、油漆等，在對的時間做對的工程，就可以掌握預算及時間不浪費。

2. 五金、燈具提前準備，可隨現場一起施工安裝。自己叫料發包並不划算，但若真的對工頭的材料不放心，也是可以在施工前跟工頭講清楚，由自己叫料，但要記得估算損耗的部分。另外，建議像一些衛浴或廚房五金及燈具，可以提前準備，在水電退場之前，請他們幫忙安裝。

圖片提供©養樂多_木艮

PART 1 哪些情況適合自己發包

照著做一定會

Point 1 看懂平面圖&了解工程流程

功課 01 ▶多看居家設計雜誌參考

自己充分搜集資料、培養設計美感，搭配裝潢師傅的實務經驗與施作技術，才能將心目中的設計化為真實。平常透過多看居家設計雜誌，隨手剪貼、蒐集自己喜歡的圖片作品；當與師傅溝通時，無論是關於造型與色彩、材料等問題，直接拿出雜誌上的圖片輔助，雙方便能更有效率地達成共識。

功課 02 ▶找專業設計師諮詢

一開始想到要自己設計規劃、發包、甚至建材採買，繁雜的工序流程著實令人頭大。其實即使是自己要發包，現在已有設計師提供諮詢服務，針對需求提供規劃和工程的專業意見，因為不用丈量、考慮細節和畫圖、也不介入發包，整體而言諮詢費會較設計費來得低，幫助屋主在一開始就能抓住重點。

功課 03 ▶平面規劃能力

除了會畫圖以及看得懂各式設計圖，還需要有空間配置的基本概念。例如客廳面寬最少要四米以上；抽屜面寬跟深度不能有誤差，否則師傅跟著做的結果、就是會出現卡住無法使用的窘境。

功課 04 ▶裝潢流程掌握「先破壞後建設」原則

從拆除工程開始，再來是水電配管工程，木作、泥作、鋼鋁、空調等工程搭配進場；最後是油漆、窗簾、傢具進入。要熟悉工程流程才能清楚掌握各項工班進場時間。

功課 05 ▶防出錯、多看監工書籍

每項工程的「眉角」各異，雖然自己不若設計師專業，但總是要在預防師傅出錯或提出疑問前，事先做功課以具備、基本概念，才能迅速找出解決之道。若有可信任的工班可以協助是更好的，坊間目前也有一些監工的專書可以參考。

功課 06 ▶認識建材及計價單位換算

自己發包當然得先對建材有初步的認識，和師傅才能有共通的語言。建材的認識，除了透過坊間書局裡的資料外，最好要到建材行走走，實際體會建材的質感、厚度、計價方式，藉此監督是否使用正確或偷工減料。

Point 2 簡單施工&局部裝修

須知 01 ▶簡化設計降低失誤

當自己不懂施工技巧，卻要硬要進行圓弧型書櫃、異材質的結合等高難度工程，加上工班無法得到詳細的施工計畫而不施作，無論原因是怕麻煩或真的不會做，此時工程就陷入僵局而延宕工時。為避免這種情形發生，除非自己能教師傅怎麼做或是找到會作的人，不然千萬別找自己麻煩、一開始規劃時就要力求簡化設計。

須知 02 ▶局部裝修省預算

若是居家空間的局部裝修，例如說改個門、或是把次臥房改成兒童房之類的小工程，很多設計師都不接受這種 case，但其實只要自己找工班即可搞定。值得注意的是，廚房、浴室很多工程比較複雜，最好找專業廠商幫忙。

圖片提供 ©Patricia

▲ 裝修工程大抵上是「先破壞後建設」原則，要熟悉工程流程才能清楚掌握各項工班進場時間。

Point 3 充裕的監工時間＆工程時間

必備 01 ▶時間自由配合監工

裝潢大小事相當繁瑣，少一根把手都要自己張羅，更不要說監工、驗收、挑建材等花時間的大件事。尤其監工必須每天到場，遇到突發狀況要當面跟工人溝通。當工人上下班的時間跟你差不多，你下班他也下班，無法當面說清楚就容易有紛爭，導致成本提高，所以監工期間，時間能充分自由使用是很重要的。

必備 02 ▶充裕工程時間防延宕

居家裝修的時間壓力也是能不能自行發包的關鍵。裝修工程通常得花上二 ～三個月、甚至半年或一年的時間；尤其是自己是外行，花的時間自然比設計師更久。因此要考量各種情況，如工程延宕期間的租屋問題，或借住親戚家則要事先告知，以及工程時間拉長所增加的預算等。

? 裝修迷思 Q&A

Q. 裝修師傅都很專業，自己要什麼設計直接跟他們口頭告知即可。

A. 裝修師傅具備的是技術領域上的專業，如果過於天馬行空的溝通模式，只怕最後做出來的結果不如你的預期！若要避免這樣的情形，工程前提供設計相關的精確材質、顏色、尺寸圖面，輔以參考書籍照片，加上充分的溝通，才能降低認知誤差、實現符合期待的設計。

Q. 工作實在太忙了，現場工程有什麼狀況、麻煩電話裡頭解決！

A. 自行發包的監工階段，就是要常在現場，監督工程是否順利進行、所使用的建材工法是否正確，以及遇到問題要能跟師父馬上溝通、尋求解決之道，這都是在電話裡說不清楚的。如果真的沒時間，建議找專業的監工或是直接請設計師，才能避免後續的工程糾紛。

裝修名詞小百科

連工帶料：師傅工資與建材費用合在一起計算，對一般人來說會比較省事，尤其是對於沒有太多時間比較建材價格與品質的人來說，這樣比較方便。

點工點料：由屋主自己去找建材，然後請工人來施工，建材的費用可實報實銷，工人的費用就以一天工資多少錢來計算。但點工點料過程花費較多時間，且沒有專業人員全程監工，完工品質不一定會比較好。

老鳥屋主經驗談

Emily

因為當初裝修的時候，也是自己找木工，依照我的想法做出鄉村風的空間，彼此配合得很愉快，油漆可以自己 DIY，為節省經費，同時更符合自己的理想，才決定自己設計、監工、發包加 DIY 完成改造。

大白鯊

因為是新成屋，所以其實不需要花很多錢來裝潢，買了房子之後裝修預算也不是很多，所以只有樓梯間的拉門與收納找木工師傅來施工。如果工種項目少，建議可以自己發包。

PART 2 了解發包方式

照著做一定會

Point 1 單一工班或個別發包

類型 01 ▶單一工班－工頭是關鍵

工程工班，也就是由木工師父、油漆師父、泥水師父、水電師父一起組成的團隊，其中有一個統籌的人當窗口去做連繫、溝通的工作，進而收款去支付下游的費用等，稱為「工頭」。一般來說，屋主都沒有經過專業訓練，建議還是找單一工頭做窗口會比較輕鬆。工班通常會有習慣合作的夥伴，所以只要找到工頭，就能幫你找齊其他工班，通常工頭還會負責監工，如此一來還省下了監工的時間與費用。不同工班合作，必須有默契，各工種的銜接更要訂定時間表，所以居中協調的工頭扮演著非常重要的角色。

類型 02 ▶個別發包－自身能力很重要

個別發包建議需要有基礎概念的屋主使用。其中條件包括對工班非常熟悉，具備基本的繪圖能力、看懂各工種圖式，也了解各個工班的品質與收費方式，並且有時間與專業可以自行監工、協調各工班的進場時間，遇到問題也要能完善協調、尋求解決之道。此外，如果家中要局部裝修，只需單項工種，那自己個別發包找有口碑的師傅，會是相對有效率的方式。

▲ 連工帶料看起來資料繁雜、總價感覺也比較高，但事實上卻省下其找建材與確認師傅施工方式的時間。

工程款支付方式

類型	付款方式	附註
小工程	分 2 次訂金 5 成、完工 5 成	統一付款方式即可
較大工程	分 3 ～ 4 次 （訂金、進材料、工程到 70%、驗收）	以 NT.20 萬元泥作為例，先付 NT.2 萬元訂金 確定東西、材料貨有進來再付 2 ～ 3 成，工程進行到 70%接著付 2 ～ 3 成完工驗收付尾款 2 成。

Point 2 連工帶料 or 工料分離

類型 01 ▶連工帶料施工有保障

特殊建材例如大理石、人造石等，這些高單價材料必須經驗老到的師傅才能完美施作，建議最好透過建材商找有經驗的工班，以連工帶料方式進行，比較划算、也不易出錯。連工帶料是常見的發包模式，材料眾多、工程繁瑣，找個可靠的工頭、清楚註明各種材質單價與施作細節，可省去許多麻煩事，品質也能多份保障。舉例來說，拋光石英磚連工帶料的價格是 NT.5,000 元／坪；若是自己買材料、找工人來貼，可能一坪可以省大約 NT.500 元，但繁瑣的點工點料過程不但賠了自己的時間，沒有專業人員全程監工，完工品質不一定會較好，這樣是否划算，得靠屋主自行判斷了。

類型 02 ▶工、料分開較省錢

直接找單一工班就是為了省錢，而包工不帶料最節省預算，記得貨比三家不吃虧，及以天計資的包工方式將可以幫你省下低於別人三成的裝潢費用。工、料分開的方式，是由屋主自己去找建材，然後請工人施工，建材的費用可實報實銷，工人的費用就以一天工資多少錢來計算。

Point 3 搭配產品的另類裝修

服務 01 ▶免費裝修諮詢

大型連鎖傢具店，例如 IKEA；大型修繕材料商，例如特力屋；系統傢具廠商，如歐德、三商美福、綠的傢具、易得系統傢具……等等，都有提供關於房子裝修的諮詢服務，有的還甚至提供免費丈量，但設計算是附加的整合服務，因此設計費需要另外支付。

如果不像老屋有很多基礎工程要解決，以傢具商品做搭配的輕裝修方式、或是找大型連鎖傢具商進行全屋裝修的設計，都是符合預算與省時的好選擇。

服務 02 ▶局部修繕提供保固

大型居家修繕材料廠商，通常都提供單項工程、連工帶料的修繕，甚至目前也有含水電管線等多項工程的局部裝修，最重要的是還享有保固，費用有時甚至比單一尋找工班更便宜，日後的維修服務也有一定的保障，非常適合對工班不熟悉，也沒有時間監工的人。與找設計師進行局部裝修相比，則可省下設計與監工的費用。

? 裝修迷思 Q&A

Q. 好擔心自己能不能做好監工的工作，要交給別人又不放心。

A. 專業的監工人員經驗值通常比一般屋主高上許多，所以在面對瑣碎的工班連繫和銜接，以及突發狀況的處理上，如果擔心會耗費超乎預期的精力和時間，可以請監工串聯工班、但是不碰錢，發包與金流經過屋主；工程串接、驗收等，請監工負責。

Q. 預算吃緊、又沒能力時間自己發包，看來住家裝修仍然是遙遠的夢想。

A. 其實也無須如此悲觀。現在大型居家修繕材料廠商，也有提供單項工程連工帶料修繕的服務，甚至包含水電工程！費用有時還比自己找工班來的划算省時，加上售後服務也相對有保障，是預算不足的裝修消費者的另一種選擇。

裝修名詞小百科

工班：由木工師父、油漆師父、泥水師父、水電師父一起組成的團隊。

工頭：工班統籌的窗口，負責連繫及溝通，甚至收款去支付下游的費用等等。

老鳥屋主經驗談

大白鯊 發包前一定要貨比三家，可以多透過幾個管道去了解產品細節跟估價，尤其是在木作部分價差真的很大。另外，找個別廠商發包雖然麻煩，但單品報價會比統一由木工發包來得實惠。

Tina 準備一本裝潢用小本子，專門記錄每個工班的報價和目前繳款進度，只要有確實記錄每個工班的繳款狀況，妳就不會覺得麻煩了。

PART 3 發包注意細節

照著做一定會

Point 1 找工班的好方法

Focus 01 ▶預售屋團購
購買預售屋時建商通常會有合作工班，具備一定的施工水準，和其他購屋者以團體方式與之合作，或許能在價格上取得好折扣。

Focus 02 ▶親友口碑款
無論是自己的親朋好友，或是受介紹推薦來的工班，在一開始便要確認雙方能夠溝通，對方也能了解自己想法並配合工程內容；最好能親眼看到一年以上的實例，再決定是否要正式合作。千萬不要以為會比較便宜、或不好意思堅持己見，不然吃虧的一定是自己。

Focus 03 ▶由工班找工班
如果有確定或信任的工班， 可以請其介紹習慣合作的其他工班，例如由水電介紹泥作和冷氣工班。因為工班間本來就是合作夥伴，若已經具備一定的默契，在工程需要密切銜接的部分可以省去許多屋主聯絡和協調的心力。

Focus 04 ▶實體店面
有實體店面的工班好處是較不用擔心半途落跑，也可透過門面、展示案例來判斷其功力；日後也容易維修保養。另一個考量，則是師傅每天的交通、施工時間總合起來就要給一天工錢，若能減短來回距離， 無形中加快工程進度降低預算。

Focus 05 ▶是否有營利事業登記證
工班良莠不齊， 檢查是否為合法廠家就多一層保障。

Focus 06 ▶和設計師配合過
比起毫無經驗的工班， 有與設計合作經驗的團隊，也能較快進入狀況。

Focus 07 ▶看過工班完成作品
實際看過案例，可以直接確認是否有達到自己的標準。

Focus 08 ▶能提出細目清楚的估價單
好的工班能提出清楚的工程細項、數量、單價與金額。簡略的估價單乍看很划算，但通常很容易在事後追加費用。

Focus 09 ▶水電工必須出示證照
水電工直接涉及居家用電安全，需有乙級電匠與甲級技術士的證照才能執業。

▼ 主臥房以白水泥打造無接縫磨石子地板，毫無贅飾的白色牆面，搭配藤編、木頭材質，清爽卻又溫暖。

攝影 © 沈仲達

▲ 屋主很在意細節、工程品質，只要牽涉到尺寸的部分，例如：書房木作隔間、電視櫃、廚具，都是手繪草稿並標註尺寸大小讓師傅參考。

Point 2 與師傅的交陪術

方式 01 ▶一定要打破砂鍋問到底

身為非專業的外行人，提問是很合理的，此時「為什麼？」會是你的好朋友。所有的工法都有可偷工減料的方法，但仍然還是有跡可循。舉例來說，廁所牆壁貼磁磚，當原牆壁拆除時，有的只將壁面磁磚剔除，而不是拆除至紅磚表面，雖然看似省了拆除與打底的費用，但不拆至紅磚＝再貼上去會更厚＝感覺變小，加上不打底、磁磚也無法鋪平，所以看到跟書上不一樣的步驟，繼得提出疑問再繼續。

方式 02 ▶適時讚美、飲料伺候

任何人都喜歡讚美，當然工班師傅也不例外囉！適時地讚美，與三不五時飲料點心伺候，對工班師傅來說是很貼心的，心情當然好，也會不由自主的想幫你做得更好、注意小細節，這比你在後面板著晚娘面孔、瞪大眼睛監視還有用！

方式 03 ▶勤作筆記

方便逐步驗收。其實工班會出現的問題，是在於最初洽談時，一般都不會訂定契約，尤其是局部工程。因此往往在驗收時，出現不符合預期的問題。不妨從一開始就用心紀錄工班所做的承諾，施工過程時再依工程進度逐步驗收，以確保工程品質能達到所期望的結果。

方式 04 ▶剛柔並濟，法外施恩

在不影響施工進度與結構安全的前提下，對於工程中出現的小失誤，請師傅馬上修正完成即可，以和為貴，維持施工期間輕鬆的氛圍。遇有重點工程就預先提醒、嚴格要求，如此張馳有度的管理方式，相信師傅更會謹慎配合。也不用擔心在斥責與扣錢的處罰威脅後，廠商在施工時暗中進行報復，造成更大損失。

Point 3 提高發包效率

原則 01 ▶不做更省錢

每個項目最好都能從「為什麼要做這個？」開始發想，如果泛用性真的不強、C／P值太低，除非能想到更經濟的替代方案，不然刪掉會是你不後悔的選擇！

原則 02 ▶報價單工料項目清楚

一分錢一貨在裝潢的領域裡是真理，不合理的殺價是日後偷工減料的起因。議價之前先要求清楚的報價單，數量單位一定要有，例如幾個、幾坪、幾才，最好有列出材料品牌。若是連工帶料的報價方式、工序難分割與估價，反而導致高估的情況，所以以油漆為例，請工班紀錄油漆用什麼漆、批幾次土（幾底）刷幾層（幾度），而不是報刷多少瓶就好。

原則 03 ▶盡量不做固定裝飾

當你開始想把複雜的裝飾做在裝修上時，這意味著工程將會變得複雜、難以控制。例如泥作的文化石牆、假壁爐的電視牆，若是用簡單掛畫、現成傢具代替會較省事。而且在沒有精確設計圖的狀況下，要靠師傅在現場即興發揮，要得到理想中的裝飾效果實在太靠運氣了！如此一來省工就省事，還可以省溝通、省監工、更省錢。

原則 04 ▶工班訂金不要給太多

不要給超過工程款四分之一的訂金。最好將大部分款項在驗收後付，這也表示工程期間，工班會因為「你欠他們錢」而繃緊神經，希望盡快做完、趕快驗收拿到錢，而且也不會發生工班拿了大筆訂金而不見人影的情況。

原則 05 ▶連工帶料省時省事

工班有兩種計費方式，連工帶料是最常見到的發包模式，優點是工程繁瑣、材料眾多，如果不是很熟悉，常會搞得焦頭爛額；若能找到可靠的工班，請他們註明材料數量等細節，即可省去很多瑣碎的事，兼顧品質，對於沒有太多時間比較建材價格的人來說是一大利多。

▼ 音響視聽櫃是女主人手繪，選用貨櫃拆箱板搭配鐵件製作而成，可移動茶几則是男主人花了三週手作打造，加上水泥粉光地面、裸露明管的自然天花板，營造獨特的工業風。

攝影 © 沈仲達

? 裝修迷思 Q&A

Q. 實在看不出來工班的好壞，只好看運氣隨便選一個。

A. 在決定工班之前，不妨透過親友介紹有口碑的工班，或是拜訪住家附近有店面與合格執照的專業人員；從交談、到實體工作案例，並觀察其工作時的習慣，了解是否符合自己的工班條件。

Q. 監工期間，對於師傅施工的方式與細節，一定要一絲不苟地糾正與扣款，才能保障自身權益。

A. 施工過程中的失誤難免，如果判斷為立即修正即可的問題，其實及時重作就好，工期漫漫、以和為貴。平時再略施小惠、送送飲料咖啡，只要事先在重點工程嚴格要求，相信師傅都會盡力完成工作。如此一來也不用擔心工班懷恨、在暗中做手腳，徒增困擾。

▲ 屋主不愛大量木作櫃體，且木作一尺就要 NT.5500 元～ 7000 元不等，於是她選擇利用鐵板作為書架，以堆疊方式收納豐富的藏書更省錢。

裝修名詞小百科

工班聯絡網：監工與工班為縱、工班與工班之間為橫，具備暢通的連絡方式，成為一個交流良好的交流網路。

預售屋：無須準備大筆的簽約金與頭期款，可依照自己喜好調整格局、裝潢。但看不到實際房屋風險較高，並需等待完工方可入住。

老鳥屋主經驗談

大白鯊 其實如果想要遇到所謂的自動自發好工人，真的是可遇不可求。在有限資源下，也不好去要求太多，但是監工是一定要做的事情，以便時時刻刻驗收、糾正，當然也有訣竅，但又不能讓師傅們覺得被監視的感覺。

Tina 有些室內設計師有諮詢的服務喔，不出圖但是給意見，比設計費便宜；也可以請他介紹工班或請工班介紹工班，但自己接洽發包。

Project 05

設計圖

尺寸符號一看就懂，吻合生活型態

委託室內設計公司裝修，光是設計圖面就高達 20~30 張左右，包含平面圖、立面圖、剖面圖等等，每一個符號、尺寸都有其意義與價值，而且是完全依據屋主的需求重新規劃，對於設計圖的了解越多，設計出來的機能、動線也更能符合自己的生活型態。

PART 1 看懂設計圖

從一開始丈量的原始隔間圖，到設計師根據家庭結構、生活習慣重新配置的平面圖，進一步甚至還有水電、櫃體、強弱電、燈具配置圖等等，一次教會你看懂圖面細節。→詳見 P052

PART 2 檢視 · 修改平面圖

縱使每一個空間的設計圖配置是因人而異，然而針對不同場域也有一些基本原則概念，例如走道最好有 80 公分以上，玄關要有放置鑰匙的地方，這些設計圖面的細節檢查通通不能遺漏。→詳見 P058

職人應援團出馬

風格職人

IS 國際設計 主持設計師陳嘉鴻

1. 要畫出一張完整平面圖，事先丈量要確實。無論是設計公司或裝修公司，第一步就是要到現場丈量，丈量的內容包括：空間牆面的長寬高、樑的高度、深度，窗的高度、台度，以及天花總高、陽台寬度等，都要詳細記錄下來，以便未來在畫平面圖的依據。

2. 設計案完成，不單單只有平面圖而已。其實室內設計是一門複雜的學問，因此當然設計圖不會只有平面圖而已，這只是方便屋主與設計師在初步溝通的工具而已，一般而言還會有各式立面圖及剖面圖等林林總總有 30 多張圖，在簽設計約時要留意。

圖片提供 ©IS 國際設計

工程職人

演拓空間室內設計 張德良、殷崇淵

圖片提供 ©演拓空間室內設計

1. 檢視動線及空間格局夠不夠用。當屋主及設計師在第一次溝通時，主要針對自己當初要求的房間數及空間是否都有設計在裡面為主。並檢視一下從門口到這些空間是否順利、要求的收納是否有做到等問題。

2. 沒辦法想像就用 3D 吧！如果業主對於空間很難聚焦，即使設計師拿出那麼多圖也沒有辦法具體想像，甚至給設計師答覆。建議不妨花點錢，請設計師畫成 3D 圖來呈現，可能會比較佳。但也非所有空間都需要 3D 圖，建議挑選重點，如客廳主牆或主臥等。

材質職人

大涵空間設計 趙東洲

1. 拿圖到現場比對最實在。屋主拿到平面圖，要對尺寸有感覺，否則容易漏了東西而不自知。因此建議最好拿著平面圖及立面圖一一到現場比對實際格局，並用尺寸量一次，確認設計圖無誤，也會很清楚地看出空間的樣子。

2. 解說確認了解才簽名，彼此保障。在看圖時，設計師會針對每一張圖講解，確認了解並無誤後，建議屋主在圖說上簽名，證實的確看過並了解圖說，這對雙方都有保障，也可減少日後紛爭的產生。

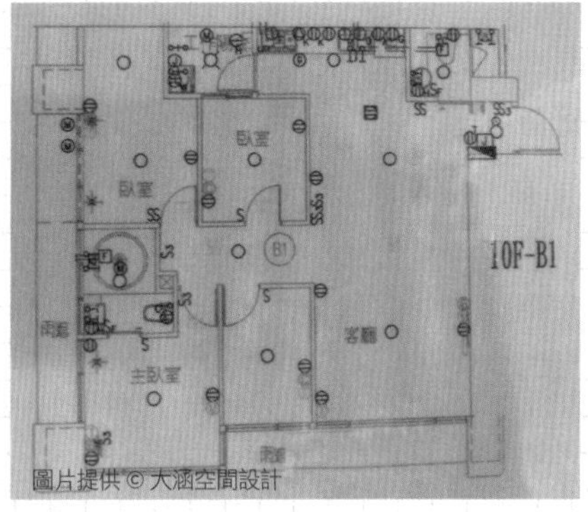

圖片提供 © 大涵空間設計

PART 1 看懂設計圖

照著做一定會

Point 1 認識設計圖

種類 01 ▶原始隔間圖

設計師在完成丈量後，會先給空間原始平面圖，上面會標示管道間位置及門窗位置，屋主可以先找到出入口、確定方位，了解整個空間格局現況。

圖片提供 © 緯傑設計

種類 02 ▶門窗＋樑尺寸圖

通常設計師會在門窗位置標上尺寸圖，要知道門窗的尺寸，就要先認識一下圖上標示的代碼。樑會影響到空間的規劃，要先確認樑的位置，通常樑是以虛線表示。

圖片提供 © 緯傑設計

種類 03 ▶天花板照明圖

確認天花板的位置及高度，照明的方式包含燈具的的位置及型式。

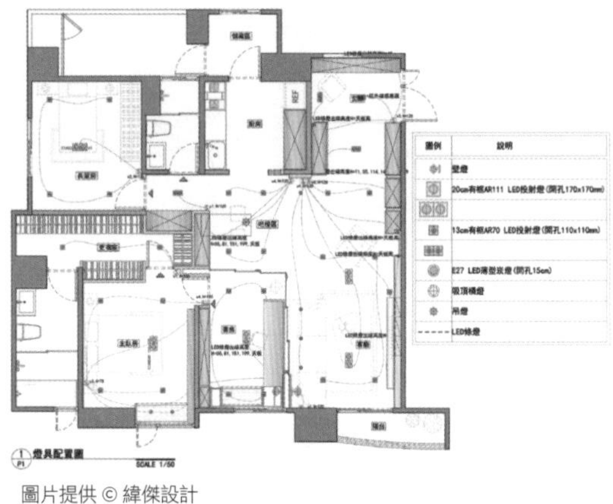

圖片提供 © 緯傑設計

種類 04 ▶水電配置圖

包含插座、電話、網路、電視出線口的位置及出線口的高度，還有數量。

圖片提供 © 緯傑設計

圖片提供 © 緯傑設計

▲ 電腦 3D 擬真圖能模擬規劃後的視覺效果，讓屋主更能預先判斷每個細節的好惡。

種類 05 ▶櫃體配置圖

確認櫃體包含衣櫥、收納櫃等等位置是否符合需求。

圖片提供 © 緯傑設計

種類 06 ▶木作立面圖及木作內裝圖及側面圖

木作立面主要是要確認櫃子的形式、寬度、高度及材質；木作內裝圖則是確認櫃子內部的設計包含抽屜或層板等等。木作側面圖則是確認櫃子的深度。

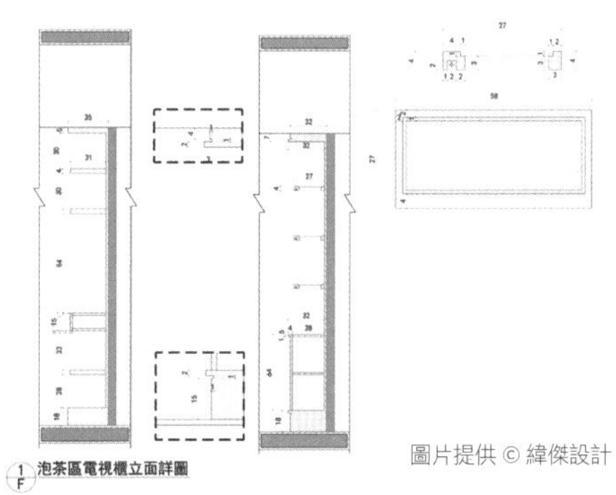

圖片提供 © 緯傑設計

Point 2 看懂平面圖步驟＆細節

看圖順序這樣做：

步驟 01 ▶先找到入口位置

很多人拿到平面圖不知從那裡開始看起，建議先找到入口位置。從入口位置出發，找到接下來的空間，像是客廳→餐廳→廚房→主臥……等，循序比對每個區域在整體空間的位置。

步驟 02 ▶了解空間之間的關係

每個區域空間的關係如：入口到客廳之間有個玄關，餐廳規劃為客廳的一部分，廚房緊鄰餐廳，後面就規劃洗衣間；再來回頭看看主臥和公共空間的位置，或者小孩房和主臥的關係，有助於建構區域關係的概念。

步驟 03 ▶觀察空間區域比例大小

從平面圖可以觀察各空間區域的比例大小關係。先找出核心區域，像是喜歡全家在客廳聊天看電視的，客廳比例就要大一些；習慣在家用餐或者在餐桌看書的，餐廳區域就寬一點。

步驟 04 ▶注意跨距尺寸

平面圖上會標明大跨距尺寸，可從總長寬去對應了解各空間的尺寸關係。

步驟 05 ▶注意設計說明

設計師會在平面上拉說明線，作為解釋各項設計的功能。

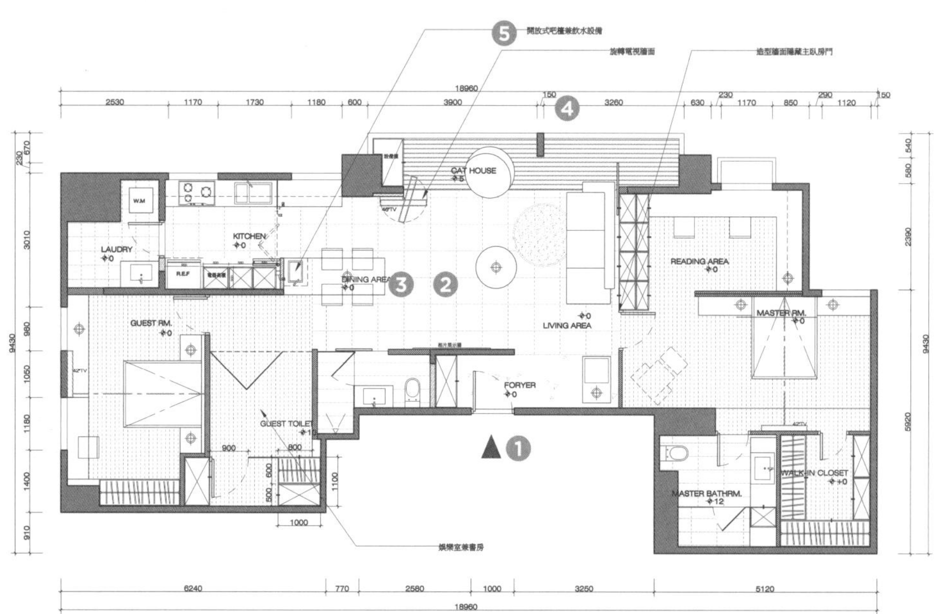

圖片提供 © 隱巷設計顧問有限公司

常用平面圖標示圖示

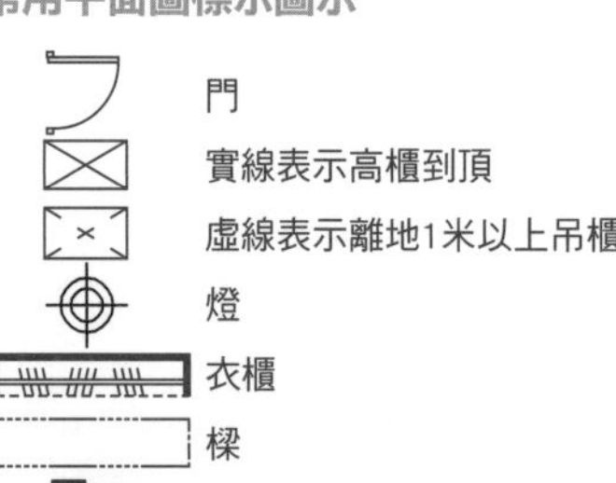

圖片提供 © 隱巷設計顧問有限公司

▲ 減少過多的高櫃設計，創造出舒適的空間感。

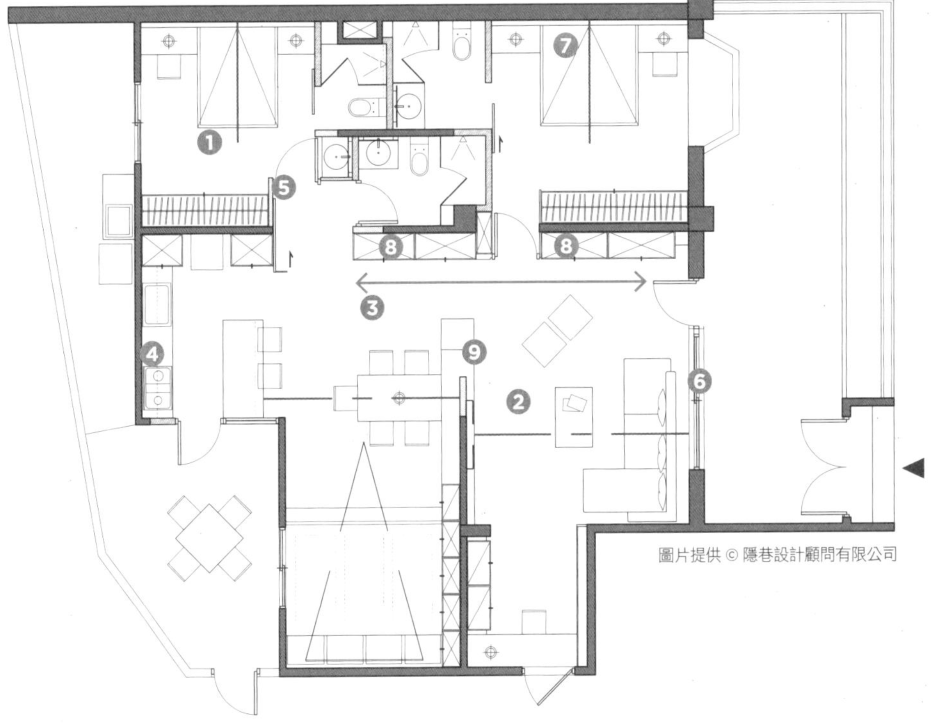

圖面細節這樣看：

Tip 01 ▶先以家庭結構規劃空間格局

空間最好依據居住成員考量規劃。可以將長親房離衛浴近一點；如果家中小朋友還小，就將兒童房規劃在主臥旁邊；喜歡在家工作又希望和家人互動，就把書房與客廳規劃在同一區。

Tip 02 ▶從生活習慣分配坪數

空間坪數固定，那個空間該大，那個空間該小，就必須有所取捨；如果貪心規劃太多隔間，就會造成每個空間都很小而顯得擁擠。評估自己和家人最喜歡待在什麼區域，就規劃大一點的坪數，居住起來才會舒服。

Tip 03 ▶規劃主要動線

能直覺思考的移動動線，才不會覺得是人牽就空間，而是空間牽就人；歸納主要軸線構成主動線，主動線再串起其他空間，便能將移動到各區域的路徑縮短，移動更為直接而不迂迴。

Tip 04 ▶通風與廚房位置

台灣家庭有熱炒的習慣，雖然有安裝除油煙機，但仍建議將廚房規劃在通風良好的地方。並注意瓦斯爐前不要開窗，避免爐火被風吹熄、造成瓦斯外漏危險。

Tip 05 ▶開門方向

一般分為左開、右開。開的方向是以人站在門外為基準，面對門左右手的開門方向。方向應該以需求與使用習慣考量，也要考慮到會不會影響到邊櫃設計。

Tip 06 ▶採光窗與主要活動空間的位置

將空間的主要採光面留給主要活動空間。因為主空間通常最寬敞、也是全家最常駐留之處，讓這個區域充滿自然光，整個居家空間也會顯得明亮舒適。

Tip 07 ▶居家風水位置

若在意居家風水，從平面圖可以看出一些常見的禁忌應對。比如說.大門不正對陽台、沙發與床避免在樑下、床頭避免放置在窗戶。

Tip 08 ▶空間收納櫃配置規劃

從平面圖可看出各空間收納櫃體的規劃，如客廳除了收納、還需要展示櫃；廚房需要大量的電器收納；臥房則需要足夠、好整理的衣櫃等。

Tip 09 ▶避免過多高櫃、保視野

盡量避免太多高櫃區隔空間，保持視野上的開闊，打造開闊而不擁擠的空間感。

Point 3 居家照明圖面

Space 01 ▶玄關設置客廳燈開關、設置雙開關
住家在玄關最好設有客廳燈光開關，避免總要摸黑回家。關要設置客廳開關，但為了方便、客廳端也應該設一個。雙邊開關都能同時控制，省下每次都得來回走動的麻煩。

常用燈具開關標示圖示

小白地（又叫電子式層板燈，類似光燈但較細小，可作為間接照明）

石英嵌燈（固定）

嵌燈（固定）

單切開關

雙切開關

嵌入式燈盒

Space 02 ▶獨立設置客廳開關、照明需充足
廳空間大，使用光源也比較多，建議全部的燈不要使用同一個開關控制。客廳照明最重要的是明亮，可用嵌燈搭配間接光源，提昇亮度。

Space 03 ▶臥房床頭要有開關、間接燈光為主
臥房燈光設置，要進臥房能順手開燈、躺到床上一伸手便能關燈；這也方便半夜起床時能方便點亮空間。臥房主以休息睡眠為主，可以設計間接光源，營造休憩情境氛圍。

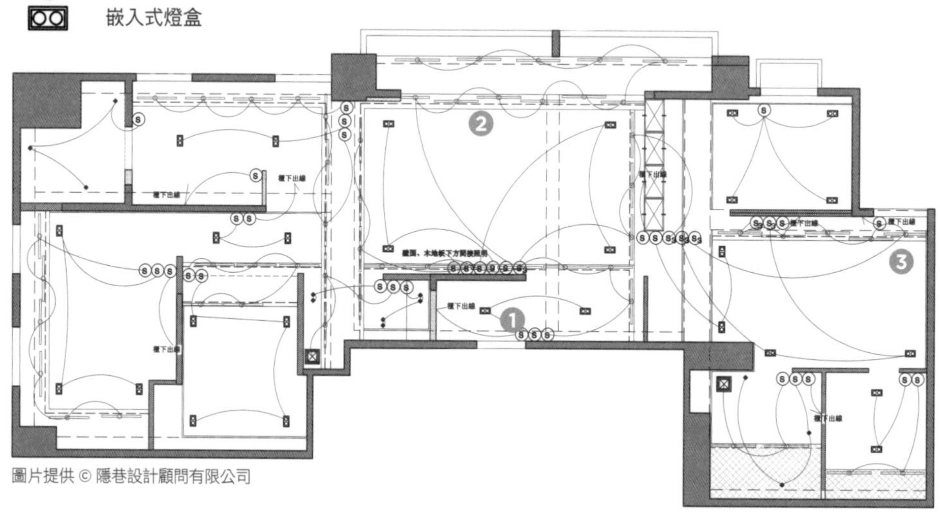

圖片提供 © 隱巷設計顧問有限公司

Point 4 配電圖面

Space 01 ▶廚房
廚房是家中電器設備最多的地方。除了預先決定好要使用的電器設備，高耗電電器最好都各自配有專用插座；其他較少使用的電器可共用插座。這些都要經過事先規劃，避免煮飯時，高電壓電器同時啟動卻跳電、或是插頭不夠。

Space 02 ▶客廳
要記得規劃視聽設備、電視遊樂器的使用需求，也要預想有那些器材需要安裝，事先保留好足夠插座。

Space 03 ▶臥房
考量到梳妝檯的功能，就應該要有電捲棒、吹風機使用的插座規劃。

Space 04 ▶廁所
習慣洗澡完在浴室吹乾頭髮，也可在浴室安裝插座，但要注意不要安裝在離水源太近的地方。若要安裝免治馬桶前，別忘了提醒設計師，也在馬桶後方預留插座。

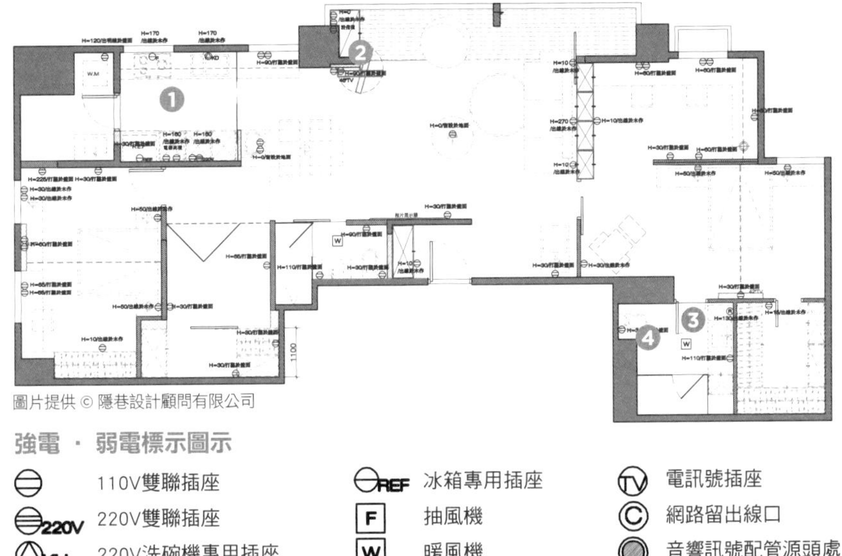

圖片提供 © 隱巷設計顧問有限公司

強電．弱電標示圖示

圖示	說明	圖示	說明	圖示	說明
⊖	110V雙聯插座	⊖REF	冰箱專用插座	TV	電訊號插座
⊜220V	220V雙聯插座	F	抽風機	C	網路留出線口
△KH	220V洗碗機專用插座	W	暖風機	◉	音響訊號配管源頭處
△KD	烘碗機專用插座	R	除霧線電源	◎	音響訊號配管出線
⊖F	廚房除油煙機專用插座	T	置式電信插座		

? 裝修迷思 Q&A

Q. 怕東西沒有地方放會亂七八糟，一定要請設計師多多規劃整面收納櫃。

A. 多的高櫃會切割空間，視覺上會變得狹小喔！若是有很多的物品亟需收納，可以請設計師在樓梯下的畸零角落、走道旁等位置，在不影響動線的情況下，規劃收納櫃體，一樣能夠維持居家整潔。

Q. 對設計師規劃的空間配置不滿意，反正是自己發包、找工班，只要自己調整、調換就好。

A. 建議告訴設計師你的需求、更改圖面。設計師規畫的圖面會牽涉到動線、水電配置等，自行更動配置，怕施工時會遇到管線遷移問題，或完成後卻發現動線不順，反而更麻煩。所以有問題，一定要在圖面繪製期間解決。

裝修名詞小百科

中介空間：所謂的「中介空間」，是指一種介於隱蔽及開放之間的區域，也可以延伸為具有此兩種功能的空間， 像是和室、迴廊，都是屬於這種形式。

面積的計算：看看你畫好的方格紙上有多少個「中格」（即1公分 ×1公分），每｜個「中格」表示的面積約 0 .76 坪。假設你的房子共 500 個中格，則面積約 38 坪（500÷10 × 0.76 = 38）。

老鳥屋主經驗談

Max

有些地方的做法從平面圖上比較難懂，設計師就詢問我需不需要 3D 圖，不過他也有補充 3D 圖必須另外收費，我心想與其無法想像做出來的樣子，不如多花點錢也讓自己更安心。

Sandy

剛開始拿到設計圖都不知道怎麼看，經過設計師解釋後，先從找入口開始，連結客廳、餐廳的相對位置，再對照之前的空間，就能有粗略的概念了。

PART 2 檢視．修改平面圖

照著做一定會

Point 1 平面格局配置原則

原則 01 ▶確認需求與順序

家人的需求是空間配置最重要的關鍵，如：家中有小朋友，就需要配置讀書空間；喜歡在家唱卡啦 OK，就要在視聽空間作良好的隔音規劃。並針對每個人所列需求，依其重要性作順序排列，就能清楚了解，坪數有限的狀況下，只能依照自己居家習慣、調整適當的比例大小。

原則 02 ▶使用上的合理性

空間與空間之間亦需具備連貫與合理性。如餐廳與廚房相鄰；家中有長輩，長輩房間就要離浴廁近些、廚房要注意通風等。

原則 03 ▶一室多用的概念

居家空間有限，若能將部分空間賦予兩種以上的功能，便能充分提升坪效，比如說：和室可以兼做書房、衣帽間可以兼當儲藏室，而開放式廚房則可以節省與餐廳間的走道面積等。上述這些做法都可以增加很多空間運用的彈性。

空間功能分類

空間特性	施工重點
公共空間	指一般可供客人活動的空間，例如：客廳、餐廳、玄關、和室、開放式書房等
私密空間	具有隱私、不宜任意進出的空間，例如：主臥室、小孩房、客房、書房等
附屬空間	非主要、且具特定用途的空間，例如：廚房、浴室、更衣室、儲藏室、衣帽間等

Point 2 平面規劃重點檢查

Space 01 ▶客廳檢查：採光與預留電路配置

客廳通常為住家的核心空間，所以要將自然光線充足、景觀最佳的地方留給主空間。現在電視數位化正蔚為風尚，建議除了在一般會使用網路的地方配置網路出口，會安裝電視的位置也要事先預留。

Space 02 ▶廚房檢查：動線需提升烹飪效率

廚房是最需要收納機能的地方。尤其是開放式設計型式，更需要足夠的收納櫃來安置電器、碗盤，以免散置在外顯得凌亂。廚房功能特別複雜，動線設計更顯重要。烹飪流程大致為：從冰箱拿食材→清洗→處理食材→烹調。

圖片提供 © 緯傑設計

▲ 檢視設計圖面最重要是觀察格局的合理性，以及空間的安排是否符合需求比例。

Space 03 ▶臥室檢查：櫃體好整理、不妨礙走動

若沒有額外的更衣間，就需要足夠櫃體收納私人用品，讓臥房保持整潔。臥房收納要注意以舒適整潔為設計重點。以傢具尺寸來說，有櫥櫃的走道距離應該為櫥櫃單扇門片加 40 ～ 60 公分，床邊離衣櫃至少要 70 公分，才不會影響走動。

Space 04 ▶玄關檢查：合理小物放置規劃

一進門就要知道鞋子、雨傘、鑰匙要擺哪，如何規劃能同時具備機能與美觀，在櫃體的規劃上就要格外用心，亦可以考慮衣帽間收放雜物。

Space 05 ▶衛浴檢查：順手好用的衛浴

衛浴空間最少要 1.5 坪才有迴轉空間，動線以圓形為主要考量，將主要走道留在洗臉檯前。此外記得除了衛浴設備，還有許多大大小小的盥洗用品，因此衛浴空間的收納也不能忽略。

Space 06 ▶走道檢查：寬度充分不侷促

雖然要善用空間，但必須要留出基本的走道寬度，才不會在移動時感覺侷促。以男生肩寬為基準，走道寬度不能小於 80 公分，90 ～ 120 公分最舒適。

舒適空間坪數對照

小空間區域	合理坪數
客廳	5 ～ 6 坪
餐廳	3 ～ 4 坪
廚房	1.5 ～ 2 坪
走道空間	1 坪
臥房	3 坪
衛浴	1.5 坪

圖片提供 © 雲墨空間設計

▲ 平面圖的間距尺寸必須特別注意，像是走道最好能留至少 80 公分。

? 裝修迷思 Q&A

Q. 每個家的房間應該要各自規劃、做獨立隔間，越多間才有賺到的感覺

A. 過多的隔間規劃將會讓每個空間變得狹小、有壓迫感，光線也因為被隔絕而顯得昏暗。適當的開放空間設計，或賦予同一房間兩個以上的功能，彈性的規劃方式才能真正提升居住環境品質。

Q. 裝修千頭萬緒，根本來不及想廚房要添購哪些設備，反正請設計師靠經驗幫我配就好。

A. 最好是能確認設備種類與數量，例如：可以先考慮原有使用的電器，視情況將可能增加的產品預先保留管線，再整體配置相對應強弱電與插座位置，減少日後使用上的困擾。

裝修名詞小百科

丈量圖：又稱為測繪圖、現況圖，為設計師第一次至現場所需繪製的初始圖面，也是為屋況進行體檢，並訂出方位與格局，必須繪製此圖，才可能有之後的其他設計圖面產生。

大樣圖：又稱為細部圖，是將剖面圖或立面圖中的細節再拉出來說明，一般約在 1 ／ 10 或 1 ／ 1 等比例，但目前在居家空間設計中，除非是特殊設計，已經漸漸少用此類型圖面。

施工圖：為立面圖、大樣圖、剖面圖的總稱。

老鳥屋主經驗談

ayen

插座的位置真的很重要。當初自己發包的時候，忽略插座的高度，結果工班做完之後發現竟然離地將近 100 公分，根本無法使用，所以最後又請水電師傅重拉。

Sandy

建議拿到所有設計圖面之後，最好花一個禮拜的時間自己先消化過，動線和插座、收納等一些機能，不妨先模擬一遍自己回家後的習慣，然後再將有疑問的地方寫下來和設計師討論，最後修改出來的平面規劃更能符合全家人的需求喔。

Project 06

契約

確認合約內容，保障雙方權益

確認設計約內容的完整性，能免除後續的施工爭議，與設計師簽附設計約除了可以明訂計費用的計費方式外，對於設計內容的完整性也多了一層保障，同時也替自己保留了對施工廠商的多一層選擇性。

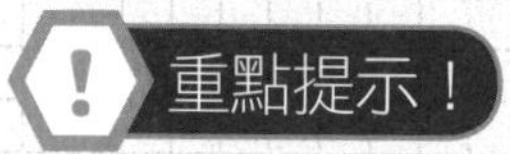

PART 1 看懂估價單

為了清楚自己的每一分血汗錢花在那裡，怎樣看懂估價單就顯得格外重要。通常設計公司都是以工程順序方式估價，逐條列出施工內容所需的費用，當需要增減預算時，便能一目了然和設計師討論。→詳見 P062

PART 2 修改・簽訂裝潢契約

找設計師裝修，拿到的合約會有哪些？簽約時又該確認哪些重點？15 個合約簽訂守則一定要仔細核對。→詳見 P066

職人應援團出馬

攝影 © Sam

法規職人

反詐騙裝潢監督聯盟講座律師 吳俊達

1. 設計及工程合約可分開簽約。受限於屋主各種狀況，因此設計約及工程約是可以分開簽立，設計師不得以此為由綁住屋主，或減少圖面設計。另外，也建議屋主最好事先溝通，以免產生誤會。

2. 多多利用合約附件達到彼此共識。除了簽制式的合約外，建議屋主若還有一些特殊要求，不妨可以跟設計師討論用附件方式備註。例如附上屋主當初的需求表、估價單，或在相對應的工項上加註施工方法及說明等等，甚至數位相片都具法律效應，以免未來有糾紛時無依據。

格局職人

王俊宏室內裝修設計工程有限公司 王俊宏

圖片提供 © 王俊宏室內裝修設計

1. 設計與工程分開給人做時，要留意設計約的解說期限。當設計合約及工程施工合約分開時，屋主要留意一下，雖然設計師有義務協助屋主將所有設計圖再向施工單位解說一次，但若是屋主因故更換工班或施工延宕時，要留意合約是否有註明設計師解說的次數及期限，以免造成困擾。

2. 追加工程也應白紙黑字寫明。裝潢的過程中有許多情況是無法在畫圖或估價時能預估的，因此往往等施作拆除後，才發現壁癌或白蟻、管線腐蝕情況，而必須做預算追加動作。設計師建議這時跟屋主溝通好，最好還是白紙黑字寫下來，並雙方簽署，以便未來有依據。

工程職人

演拓空間室內設計 張德良、殷崇淵

1. 客變服務應含陪同驗收。一般與設計師簽客變合約時，通常會有一項陪同驗收的服務含蓋在裡面。是因為客變驗收項目非常繁雜，若設計師沒有陪同驗收，屋主很難發現建商是否有做對。

2. 建商回覆的客變圖要細看。建商依照屋主的客變需求，會回覆一份修正後的客變圖，因為是多張濃縮成一張，因此圖面很亂，這時一定要跟設計師仔細檢視，以免未來因圖面標示不同而有認知上的差距，進而產生糾紛。

圖片提供 © 演拓空間室內設計

PART 1 看懂估價單

照著做一定會

Point 1 了解估價方式

市面上常見的估價方式有「工程順序」和「空間區域」，如果是整個空間裝修，建議以工程順序方式估價，逐條列出施工內容所需的費用，當需要增減預算時，便能一目了然和設計師討論。

Point 2 清楚裝修項目與價格表

設計公司追加預算超過10%，即代表有問題，多留意一般容易被隱藏及漏報的工程項目，老屋較常會遇到瓦斯管移位、抽水馬達更新等漏報問題；此外，空調、衛浴與廚房設備報價也常特意被遺漏，看報價時都要注意。

Point 3 看懂裝潢工程的計價單位

估價單若均以「一式」報價，沒有説明「一式」代表多少數量或面積，屋主既無法尋價比較，亦可能被不肖業者從中賺取高額價差。盡量減少估價單中以「一式計價」的情況，且需針對「一式計價」物份作更詳盡規範，並了解各項工程使用的計價方式。

遇到建材缺貨別亂了陣腳，建材也可以不追加或「追減」換成其他樣式。

圖片提供© 隱巷設計顧問有限公司

常見的計價單位

計價單位	換算說明	運用在哪裡
才	1才＝30.3公分×30.3公分＝918.09平方公分＝0.03坪	①用在木作工程裡，如衣櫃、書櫃等計量單位 ②櫥櫃的油漆計價（包括特殊油漆，如烤漆） ③鋁窗的計價單位 ④少部分會運用在磁磚的計價上
坪	1坪＝3.3平方公尺 有的估價單會簡寫成英文字的「P」	①地坪的計價單位，如木地板或地磚 ②壁面建材的計價單位，如磁磚 ③壁面油漆的計價單位 ④地坪的拆除工程計價，如木地板或地磚 ⑤天花板工程的計價單位
片	60公分×60公分＝3600平方公分＝0.11坪 80公分×80公分＝6400平方公分＝0.19坪	大理石或特殊磁磚的計價單位
支	一支＝53公分×1,000公分	國產壁紙的計價單位
尺	1尺＝30.3公分＝0.303公尺	①木作櫃體的計價單位 ②玻璃工程的計價單位，如玻璃隔間、玻璃拉門 ③系統傢具的計價單位
口		①部分泥作工程，如冷氣冷媒管及排水管洗孔的計價單位 ②水電工程之開關及燈具配線出線口的計價單位
組		電工程的計價單位
樘	類似「一組」的概念	①門窗的拆除工程計價單位 ②門或窗的計價單位
車		①拆除工程的運送費 ②清理工程的運送費
碼	1碼＝3呎＝36吋＝91.44公分	窗簾及傢飾布料的計價方式
式	「一式」的計算方式很模糊，泛指一些比較難估算的項目可用「一式」帶過，因此建議最好附圖說明	幾乎所有的工程都可以用

Point 4 了解目前常見的居家裝修估價報價單

類型 01 ▶ 裝修單位所提供的報價單

一般裝修工程公司或工班常用的報價單，因為是重材料的購買，相對上工程部分的報價就比較簡單，此時屋主就必須與裝潢單位再進一步溝通安全考量問題與細節部分，最好白紙黑字再做一份備忘錄附在合約後面，比較有保障。

類型 02 ▶ 設計師提供的報價單

一般設計師或設計公司使用的估價單與報價方式會較為詳盡，且專業項目有不了解之處，可請教設計師，對於所包含之項目內容、數量以及單價核對清楚後，較不會發生後續問題。

Point 5 掌握估價單的確認重點

Check 01 ▶確認公司名稱、地址與聯絡電話

核對是否為一開始所接洽的設計公司名稱，以及認明公司地址與聯絡電話。

Check 02 ▶確認客戶名稱是否正確

防止設計師拿錯估價單。

Check 03 ▶確認工程項目

最好逐項確認每個工程項目，目的原因以及是否有遺漏。

Check 04 ▶確認單位

裝潢常用的計算單位也必須知道，不同工程進行與建材有不一樣的單位計算，才不會落入估價單裡的陷阱而渾然不知。

Check 05 ▶確認數量

如果有明確數量，像是開關、插座等，可以對照平面圖的數量；地板或者磁磚就要確認坪數，但會多估一些作為備料。

Check 06 ▶確認規格

同一項工程所使用的產品規格會影響到價格高低，這也是容易被偷工減料的部分，一定要仔細看清楚。

攝影 © 江建勳

Check 07 ▶確認建材等級

備註欄通常會標明建材的尺寸、品牌、系列及顏色，請要求設計師備註清楚，預防建材被調包，作為日後驗收的依據。不同的建材會產生不同的價格，如果想要壓低預算，可以從建材這部分著手。

Check 08 ▶確認執行工法

價格也會從施作工法反映出來，例如上漆批土或者面漆上幾道也都要了解，一般來說批土至少要 2 次，面漆 3 ～ 4 道以上會比較精細。

Check 09 ▶確認施作範圍

拆除要拆到什麼地方、地板要鋪到那裡，施工的範圍也都需要在備註欄寫明，以免日後有糾紛。

工程項目		合約金額			
		單位	數量	單價	複價
壹	前置工程	式	1		8,800
1	一樓大廳、電梯廳及廚房地坪夾板+防潮塑膠布保護工程、電梯車廂內保護工程	式	1	-	-
貳	拆除工程	式	1		20,900
1	浴室及廚房局部地壁磚拆除見底	坪	8	1,100	8,800
2	和式房架高木地板及浴室天花板拆除	式	1	2,200	2,200
3	垃圾車車資及垃圾清運工資（含搬運工資）	車	2	4,950	9,900
參	水電工程	式	1		52,020
1	客廳，浴室，廚房燈具出口配管配線	組	5	440	2,200
2	電燈開關出口配管配線	組	3	440	1,320
3	開關面板含按裝(國際牌星光)	組	3	440	1,320
4	壁面雙孔插座出口配管配線	組	5	440	2,200
5	壁面雙孔插座面板含按裝(國際牌)	組	5	440	2,200
6	電視出口配管配線	樘	1	1,650	1,650
7	電視出口面板含按裝(國際牌)	組	1	550	550
8	電話出口移位配管配線	組	1	1,320	1,320
9	網路出口移位配管配線	組	1	1,320	1,320
10	電話+網路出口面板含按裝(國際牌)	組	1	550	550
11	浴室、廚房冷水pc管更新	組	4	1,100	4,400
12	浴室、廚房熱水不銹鋼管更新	組	3	1,320	3,960
13	浴室、廚房地排水pc管更新	組	4	1,100	4,400
14	浴室-糞管更新	組	1	2,750	2,750
15	強弱電開關箱整理	樘	1	6,600	6,600
16	燈具、衛浴設備安裝工資(含抽風機)	式	1	5,500	5,500
17	打鑿處修補	式	1	4,400	4,400
18	現有開關及壁面插座更新，依現場數量實作實算(國際牌)	組	0	440	0
	燈具				
1	PL嵌燈-23W(附玻璃罩)(含燈孔開鑿)	盞	2	440	880
2	客廳造型燈具(依挑選樣式調整)	盞	1	4,500	4,500
肆	衛浴設備(凱薩)	式	1		21,610
1	單體式馬桶CF1375含一般便座	組	1	8,750	8,750
2	面盆LP2140S含磁腳	組	1	1,020	1,020
3	面盆龍頭B262C	組	1	2,070	2,070
4	浴缸SV1140 (140*70*40cm)	組	1	4,900	4,900
5	浴缸龍頭S643C	組	1	4,100	4,100
6	抽風機(阿拉斯加換氣扇)	組	1	770	770

資料提供 ©patricia

▲ 一般裝修工程公司或工班常用的報價單，除了材料的購買，也要多注意工程部分的報價。

? 裝修迷思 Q&A

Q. 估價單的工程項目有的會有安裝工資，像是「衛浴設備及安裝工資」，工資另計合理嗎？

A. 需要另外計價的工資部 分有：木作工程、泥作工程、空調裝設、衛浴與廚具安裝、燈具安裝與系統櫃安裝等。但是大多木作與泥作工程報價皆為含工帶料，這點需先釐清。

Q. 估價單居然有一條透明漆項目，合理嗎？

A. 很多估價單的項目經常容易被遺忘，例如油漆工程裡的透明漆，多了這項的好處是有助於物件使用年限與清潔。「廢棄物拆除清運車」和空調費用也常被遺忘，要多仔細看才好。

裝修名詞小百科

一式：估價單中無法準確計算的品項，會以此作為單位，這也是最常出現爭議的部份，因此一定要有適當圖面佐證，必須有清楚的依據，才不會造成模稜兩可的誤解。

一才：估價單中玻璃、噴漆、烤漆會以「才」為計算單位，一才＝ 30×30 公分，36 才＝一坪。

老鳥屋主經驗談

Max

原本跟設計師挑定的進口建材缺貨時，可以請設計師找出不增加預算為前提下的替換方案，以不追加或「追減」換成其他樣式，並先以合約方式記錄下來，備註「若有缺貨或無法供應時，應以提供同價的同等級木地板取代之」。

Emily

一般設計師都在簽暑完工程約才會讓屋主挑材質，可是他拿出來的東西我們都不喜歡，後來就退掉其中幾項自己發包，但記得必須設計師同意。

PART 2 修改、簽訂裝潢契約

照著做一定會

Point 1 了解合約種類

01 ▶設計合約：設計委託契約

設計合約是屋主委託設計公司針對案件規劃及設計所簽訂的合約。

02 ▶工程合約：工程承攬契約書

工程合約就是屋主已經準備把工程發包給該設計公司或工程單位所簽訂彼此保障的合同。

03 ▶統包合約

若有部份工程是委外外進行，像是廚具和衛浴設備，則不包含在內；如果是自行發包，則意指跟不同工種所簽訂的合約。

Point 2 15 個合約簽定守則

守則 01 ▶簽約流程要清楚

在設計師初步解說平面規劃圖說後，確認整體規劃無誤，才會開始進入簽約的程序，簽約後也才會再針對細節部分提供更多的圖說及工程解說，若要將工程委託設計師要再簽工程約。

守則 02 ▶注意簽約時間

通常在簽了設計合約之後，開始繪製「完整的設計圖」。設計圖樣經過與屋主溝通確認，設計師會詳列估價單，在工程發包前就會簽訂「工程合約」。如果設計還未確認，或者估價還沒確定，就不要簽訂任何工程合約。

守則 03 ▶簽訂完整合約

建議最好先簽訂「設計合約」再簽「工程合約」，如果合併一次簽定，形同錯失再次評估設計師的機會。

守則 04 ▶充裕時間詳讀

合約書面不需要當天馬上簽訂，屋主有權逐一確認、檢視條款，再與設計師簽訂，一般可以有 7 天的考慮時間（審閱期間）。

守則 05 ▶確認合約內容是否完整

一份完整的合約包括估價單、設計相關圖樣、工程進度表……等各種附件，加上契約條款共同組成，才算一份完整的裝修合約。這些附件都應該要標明尺寸、建材估價單以及各項工程款表格等，屋主必須仔細核對各項工程的單價與數量計算是否合理，設計費及監管費是否都包含在其中。

守則 06 ▶設計合約應明訂提供那些圖樣

在委託設計師規劃，簽訂設計合約時通常只會附上平面圖，等簽訂合約後設計師才會繪製更詳細的圖樣，要能夠施工至少也要 20 張以上的圖樣； 甚至更可出到 70 ～ 80 張，以達精準施工。圖要出到什麼程度、有幾張圖都應該在合約中寫清楚。

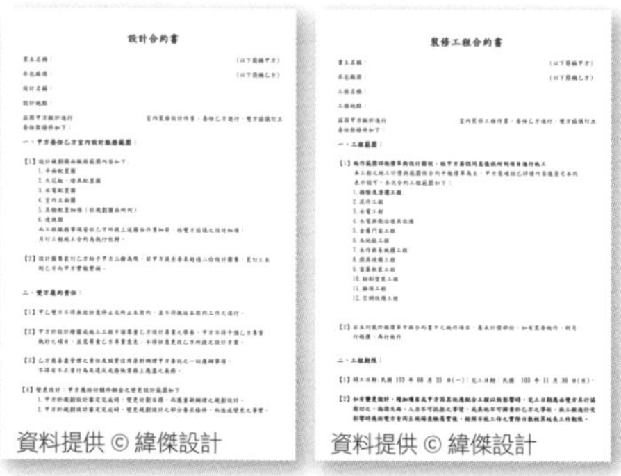
設計合約書
資料提供 © 緯傑設計
裝修工程合約書
資料提供 © 緯傑設計

▲ 口頭承諾即視同簽約，但這合約沒有具體內容可依循，不如紙上白紙黑字的合約。

守則 07 ▶加註在乎的事項

因此除了詳讀合約之外，最好把自己在乎而合約上沒有條列的事項要求加註進去，對自己多一份保障。

守則 08 ▶任何追加都應入約

契約中應說明如果有任何工程追加，一定要經過雙方書面同意，以免日後引起爭議， 其他如付款方式、整體設計表現與驗收標準等項目，最好都有文字簽署， 才有依據可證明。

守則 09 ▶合約中標示建材等級

在訂定合約前，就要確認所有建材用料等級。由於屋主對於建材多半不了解，需要在事前多與設計師溝通。

守則 10 ▶付款階段與比例應明訂

工程付款有一定的階段，通常伴隨著「階段性驗收」來付款，分別在完成簽約、泥作、木工及完工後，一般常見付款比例為 3：3：3：1。每階段付款金額多少，必須要在合約中註明清楚，尾款通常在「總完工驗收通過」再付。且合約應該註明「各階段驗收無誤」才付款。

守則 11 ▶附進度表掌握工期

工程合約上要明訂開工日期與通過總完工驗收之期限，內容也列出發生何種狀況影響工程進度（例如：天氣、不可預期屋況……等），經過雙方同意可以延長工期，以及未依約定通過總完工期限的逾期罰款。

守則 12 ▶完工驗收定義要寫明確

合約上註明「工程驗收後」支付尾款的地方，最好寫「驗收通過之後」，避免設計師和屋主對「驗收標準」的定義不同產生糾紛。

守則 13 ▶訂定保固期

裝修完成驗收交屋後，一般設計公司在合約中都會註明給予一年保固期。但要注意的是，保固不代表大小事情設計師都會免費處理，非人為造成的損壞才在保固範圍內，如果是不當操作的損壞，還是需要支付部份費用。

守則 14 ▶合約章要完整

簽約時必須要核定合約上簽約人或公司的大小章，保存正本合約並檢查公司的營利事業登記證，如果發現有違反自身利益的條款，可請設計公司重擬。

守則 15 ▶保存合約保障權益

所有的合約資料，屋主都要保存，甚至日後有變更而簽署的任何資料，都要一併增加進來，讓合約完整。

? 裝修迷思 Q&A

Q. 如果只是請設計師畫平面圖，一定要填寫這份合約書嗎？

A. 一般設計公司只畫平面圖，基本上是沒有收費，但是有些設計公司會依照自己的工作性質或作業方式而要求畫平面圖要簽訂合約，還有另一種做法是圖面修改不超過規定次數，則不收取任何服務費，反之如果平面圖修改次數超過合約上所載明的次數，則會酌收服務費。

Q. 如果只請設計師監工也要簽約嗎？合約需注意什麼？

A. 建議要簽訂「監工合約」，例如在整個工程的施工期間，監工是做重點監造，還是全程監造；所謂的重點監工是不是彼此可以在合約上約定施工期間來工地的次數。再來就是監工合約的責任歸屬，必須在合約上載明和釐清，這才是對屋主比較有保障的做法。

裝修名詞小百科

設計更改：與變更設計（客變）不同，業主在拿到設計圖後約 7～10 天內，工程還未開始前，可與設計師討論需要修改之處，此時進行更改不需收費，但若是等到進場後才要改變原有設計，則需以坪計費。提醒屋主設計變更也需要在合約上簽約註明喔！

統包合約：通常包含了設計約與工程約，但若有部分工程是委外進行，像是廚具和衛浴設備，則不包含在內；如果是自行發包，則意指跟不同工種所簽訂的合約。

老鳥屋主經驗談

威廉 設計合約中要約定「業主可以要求改圖的次數、幅度」，同時紀錄討論需求的過程，日後若設計圖調整超過約定次數，便可釐清是業主或設計師的問題。

竹竹 簽訂合約的時候，口頭備註事項建議可在合約內加註，有白紙黑字記錄下來才能保障屋主權益、預防糾紛。

Project 07

監工

住的好安心，不怕偷工減料

無論是委託設計師或是另請監工人員，屋主除了可要求現場監工提供監工日誌、工程日報表等資料，同時應對於工程施作細節有基本概念，就算是裝修菜鳥也能簡單上手。

重點提示！

PART 1 拆除工程

拆除工程最重要的就是避免打到結構牆、載重牆，拆除之前也必須要先斷水斷電。→詳見 P070

PART 2 水工程

排水管的坡度取決於管徑大小，管徑越小排水坡度越大，設置水管前要先確認。→詳見 P074

PART 3 電工程

廚房內的電器設備因為所用線徑較粗，通常需要獨立的配線以及無熔絲開關。→詳見 P078

PART 4 泥作工程—磁磚

為了讓溝縫材質可以和牆面確實結合，貼完磁磚隔天再進行抹縫，溝縫採用的顏色也最好要配合磁磚色彩。→詳見 P082

PART 5 泥作工程—水泥粉刷

粉光使用1：2或1：1的水灰比，水灰比越高密合度較好，相對透水性也降低。→詳見 P086

PART 6 泥作工程—石材

填縫時，地板與壁面都要注意防水性是否足夠；打矽力康要注意貼條以及美觀。→詳見 P090

PART 7 木作工程

櫃子要注意接合處施工：大型櫃如衣櫃、高櫃等，皆具有載重功能，在著釘、膠合以及鎖合的時候都要確實、加強，否則日後可能因為易變形而使得使用的壽命減少。→詳見 P094

PART 8 油漆工程

油漆前記得要先檢查天花板是否平整，釘子是否都有確實釘進角材，浴室或潮濕處是否都為不鏽鋼材質的釘子。→詳見 P098

PART 9 衛浴工程

要更改浴室的位置，要先考慮到各種管徑排水系統、汙廢水系統，最大的重點就在於馬桶管徑的遷移，將會牽涉到地面墊高而產生載重性以及防水的問題。→詳見 P102

PART 10 廚房工程

廚房在水泥泥作粉刷前，在現場要先確認將會進駐的電器種類、數量、位置，再進行水電配置，須保證管線足夠負擔。→詳見 P106

職人應援團出馬

監工職人

嘉德空間設計 許祥德

1. 採購建材要注意進貨時間。一種是請設計師或工頭代購，另一種是屋主自行採購，但無論是哪一種方式，在施工流程中最好跟工頭或設計師確認採購的建材或物品何時進場才比較好，否則因時間無法配合而導致延遲施工進度，屋主要自行吸收損失。

2. 漏水壁癌要先處理。若是屋況本身就有漏水及壁癌，或是蟲害，建議最好趁著拆除工程完畢，泥作工程開始時先把這部分處理完。像是處理壁癌或漏水，要先檢測一下水氣是否從外牆或樓頂來，若是要先處理這部分，之後才來處理室內壁癌才會有效。

圖片提供© 許祥德

工程職人

演拓空間室內設計 張德良、殷崇淵

圖片提供 © 演拓空間室內設計

1. 木作貼皮要確實才不會掀角。 木作貼皮要經過裁切→貼皮→修邊→打磨等，每個步驟都要確實，日後才不易產生掀角的情況。尤其是上膠部分，要塗佈到位，推膠要均勻壓實，千萬不要自行上膠貼皮，容易發生膨起狀況。

2. 不同材質交接的封板要確實。像木作隔間與隔間牆交接處或是木板跟水泥交接處，建議封板一定要將原隔間牆面全面覆蓋，而非只針對洞口或小塊面積封面，才不會因不同材質交接問題而產生裂縫。

鋁門窗職人

昌翊鋼鋁有限公司負責人 張盛偉

1. 鋁門窗應與泥作師傅配合。現今鋁窗或門的結構設計都在水準之上，因此只要施作確實，漏水機率幾乎不太會發生。尤其在安裝鋁窗時更應與泥作師傅協調好，像是立框做好、確認窗戶位置、防水填充料要密合等，讓窗及牆、門與牆結合在一起，遇到地震就不易裂開。

2. 鋁門窗也是要保養的。想要鋁門窗用得長長久久，其實平時也要保養的。因為鋁窗在雨水澆淋下，很容易與含在空氣中的鐵質氧化而吸附在鋁窗的軌道上導致腐蝕，因此強烈建議最好每1～2個月用清水擦拭一次即可。

圖片提供 © 昌翊鋼鋁

PART 1 拆除工程

照著做一定會

Point 1 拆除前審慎評估

要點 01 ▶專業評估後再動主結構

樑、柱、樓板、樓梯皆為房屋的主要區塊，尤其是剪力牆、載重牆等重要結構，隨意更動的後果都非常嚴重。如若非更動不可，則須專業結構技師的鑑定，費用通常由屋主負擔。至於一般的隔間牆，1／2B(1B=24 公分、8 吋磚牆)以下都可拆除；此外輕隔間亦能拆除。

要點 02 ▶斷水斷電事先協調

拆除過程中，格局的變動意味著管線遷移，尤以水、電最為常見。水分為家用水與消防用水，後者不能隨意切斷，需注意總開關以及跟大樓相關單位的協調。家用電切斷時要配具備安全保護裝置的臨時電；消防電如緊急照明、感熱器、偵煙器等則要做好保護裝置，拆除時務必小心，事後記得恢復原狀。

▲ 拆除工程塵土、噪音難免，除了事前公告、防塵做足，施工期間更要遵守施工時間規定，盡量降低左鄰右舍的困擾。

要點 03 ▶拆除、打洞注意管線分布

基本上在不影響排水功能、或總開關供電位置的前提下，管線可依空間做遷移。天花拆除時，內藏的管線有可能是屬於樓上的管線，例如中央空調、消防灑水管。管道間、牆壁拆除要小心水泥、磁磚掉落，導致破壞電線、水管。為了裝設瓦斯、排油煙機等管線預先鑽孔時，除了嚴禁破壞結構層外，工具操作時亦要小心內藏管線。

要點 04 ▶謹記大門最後拆

拆除順序一般是由上而下、由內而外、由木而土，現場可依情況彈性調整。原則上大門是拆除的最後步驟，除了避免施工期間小偷入室竊盜，更是要防止非施工人員進入，造成施工意外。另外可將大門內側的木門、紗門等先拆除。在不影響排水與清潔的前提下，馬桶亦可最後拆除，以便現場工作人員使用。

拆除順序

順序	施作項目
1	做防護
2	公告
3	斷水電
4	配臨時水電
5	拆除木作
6	拆除泥作
7	拆除窗戶
8	拆除門
9	垃圾清除

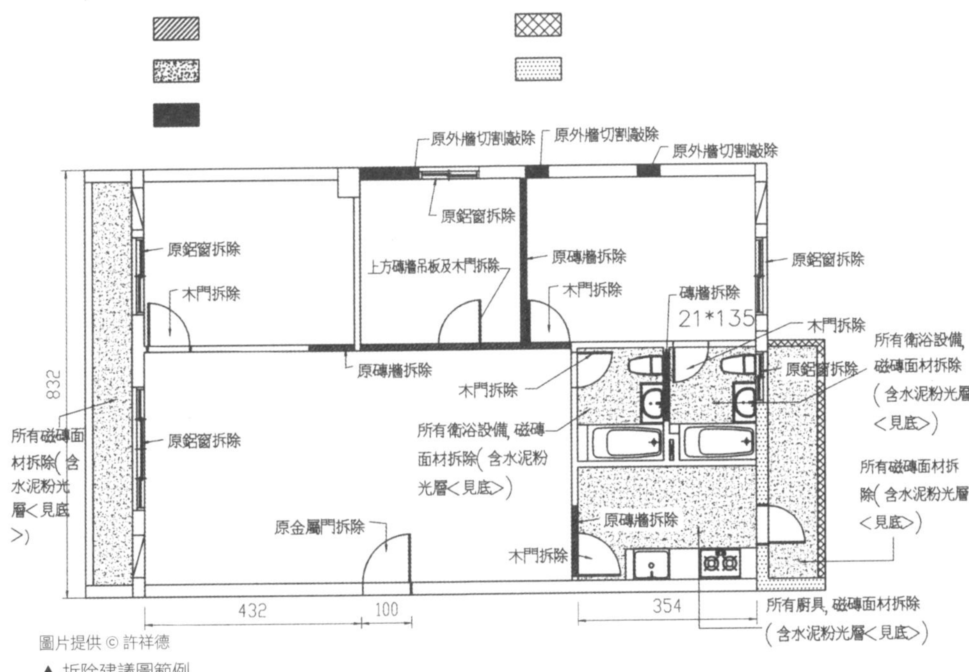

圖片提供 © 許祥德

▲ 拆除建議圖範例

Point 2 做個好鄰居之拆除公關術

方法 01 ▶簽署施工切結書

管理委員會是大樓住戶選派的管理組織，所以在拆除之前，要先到管委會簽署施工切結書，載明施工時間、清潔費用、人員進出管制、保護措施等相關事項。通常施工期較長時，管委會會要求保證金，保證金可由業主從工程款中代墊，或是業主與設計師雙方協調分攤。

方法 02 ▶張貼施工公告

務必在電梯、出入口等顯眼處張貼施工公告，並留下聯絡電話。若在外牆有搭設鷹架，記得做好防護與防塵，並且掛上警告燈具。注意外施工時外觀要與當地環境相符，保持安全與美觀；同時在走道區要特別小心，減少破壞性的搬運。

方法 03 ▶禮貌性拜訪鄰居

大興土木就是為了未來美好的生活，敦親睦鄰是絕對必要的！俗話說：見面三分情，在拆除工程前先做禮貌性的拜訪，讓鄰居預先了解可能造成的困擾與不便。如果工程期間有造成飛灰情況時，室內要有防塵網等措施。此外，拆除工程的噪音很大，盡量避開休息時間，控制在早上 9 點到中午 12 點、下午 2 點以後進行，避免影響鄰居安寧。

施工時間規範

	可施工時間
平日	08：00 ~ 12：00 13：00 ~ 17：00
假日	全面禁止

圖片提供 © 許祥德

▲ 用破壞機將破壞原有的磁磚、粉刷層，直到見到紅磚。要注意釘子、填充層等雜物是否都完全清除，以便日後裝修工程順利進行。

Point 3 優化細節　免除拆除的後顧之憂

Tip 01 ▶做好防水避免堵塞滲漏

排水系統要做好防護以避免施工期間造成堵塞，如浴室、陽台的排水管。地面工程若見底要先做好防水，避免滲水到樓下；尤其是在颱風來時，事先做好地面防水層，排水孔則要將栓子確定拔除，徹底防範淹水危機。

Tip 02 ▶徹底拆除預防裝修困擾

為了未來工程的順利，徹底拆除是重要關鍵。拆門窗時，原有的門窗填充層要清乾淨，否則會影響新門窗裝設時的尺寸大小以及防水處理的完善程度。踢腳板拆除則要注意所有的釘子都要拔除；石材類壁面則要打到見底。另外壁紙不要使用過酸的水如鹽酸刷除，不然會將水泥劣化，日後上油漆時會產生裂痕或沙化。

Tip 03 ▶垃圾小心清運避免堆放

拆除工地的垃圾不能堆放在公共空間，並且都要當天處理乾淨。搬運垃圾通常採用吊車運送或人工徒手搬運，若以人工清運，玻璃等破碎物品要小心裝袋，更忌將垃圾從高樓層往下丟，因為除了巨大噪音聲響外，更會產生安全問題。吊車與廢棄物清運人員都要具備專業證照，吊車的交通動線要特別注意；垃圾車計價方式是以噸數或載重量不同計算，要事先詢問清楚。

圖片提供 © 演拓空間室內設計

▲ 施工期間要將不施工的空間門窗緊閉，否則就要用防塵網、塑膠布完整遮蔽，不然拆除的灰塵、油漆等汙染，日後清潔相當困難。

▼ 將磁磚打掉的工程項目稱之為「去皮」。

圖片提供 © 許祥德

▼ 舊天花板的不鏽鋼天花板材質以手提磨機切割。

圖片提供 © 許祥德

▲ 拆除的磚石、水泥塊等廢棄物要當日清除完畢，不可以堆放在公共空間。人工清運時更要小心裝袋，嚴禁從高樓拋丟。

? 裝修迷思 Q&A

Q. 我好愛開放式設計，直接找工人來把隔間打通最省錢？

A. 在更動格局前，最好能有原始設計圖，或請室內設計師、結構技師現場丈量勘驗，這樣才能清楚判定拆除牆面是否影響建築安全，進而保障居家安全。

Q. 家中隔間是磚牆材質，想裝設透明玻璃提昇明亮，但時間緊湊，就直接大面積拆除最快。

A. 由於磚牆是由磚塊交錯堆砌而成，經由切割再拆除才能精準掌握開挖尺寸、與新裝設門窗完美契合；切割時遇到大面積部分，則要分成小區塊分次切除，以利之後的設計裝潢步驟。

裝修名詞小百科

剪力牆：通常位於外牆，主要功用在於連結與傳導而非支撐，讓力量通過與剪力牆連接的屋頂、牆壁和地基、土壤，得於均勻分散，並提供水平方向的抗拉、推力，是使用於較早期樓層較低的結構工法。

切割：針對樓板的局部開挖，或是對室外門窗的部分開孔，以不傷及結構或破壞大廈整體外觀為原則。

老鳥屋主經驗談

大白鯊 「施工前一日」就應該要用塑膠布將所有要遮蔽的地方，或是已經完工的地方都鋪好隔開，有窗戶口也要先封起來，這非常重要，遲了就來不及。

Tina 拆除時水管被敲破，應該要敲牆的負責，水電當初在施工結束後，其實也應該要試水。可以請他們負責，再看看責任歸屬的問題，看是誰來出錢！

PART 2 水工程

照著做一定會

Point 1 認識家用排水系統

類型 01 ▶家用廢水匯集雜排水系統
雜排水就是一般廢水系統，日常洗滌所產生的洗碗水、洗菜水、洗澡水、洗衣機水等，皆屬於雜排水，經由廢水集中後，直接排入政府公用的排水系統。當雜排水混雜到汙水系統後，汙水系統的生菌數就會減少，導致地下室與汙水排水孔出現異味。

類型 02 ▶汙水系統集中分解污糞水
居住者所製造出的排泄汙糞水，經過管線集中在化糞池與汙水沉積池當中，經過一段時間的生菌分解之後，會進入公共排水系統中。如果汙水如果排到雜排水系統中，房屋前後的馬路就會出現未經分解的糞便並產生臭味。

類型 03 ▶雨水系統排除降雨積水
雨水系統位於頂樓、陽台，下雨天時做為排水系統使用。現在更出現雨水貯留供水系統概念，利用屋頂做為雨水蒐集面，再把雨水貯存起來，分開自來水與雨水供水管線，將貯藏雨水做為廁所用水、景觀池水等用途，能有效降低水費。

水工程流程

順序	施作項目
1	確定進排水位置
2	測水平與排水高比
3	配管
4	測進水壓
5	裝進排水龍頭排口
6	放水與排水測試

▼ 從冷熱水管的材質、洩水坡度、預留維修孔等種種細節，水工程跟我們的生活息息相關。

圖片提供 © 隱巷設計顧問有限公司

圖片提供 © 演拓空間室內設計

▲ 浴室洩水坡度屬於功能性的泥作工法，做出一個將水引流至落水頭的坡度，避免積水。

Point 2 選對水管材質保障用水品質

管材 01 ▶不鏽鋼管耐水壓力高

居家熱水管通常使用不鏽鋼材質，解決一般 PVC 管不耐熱、溶出人體有害物質的問題；建議在熱水管上加上保溫披覆，減緩溫度在輸送過程中降低的速度。此外，冷水水管在預算許可下亦可使用不鏽鋼管材，因為不鏽鋼管的耐水壓力比一般水管好。管線接合處如若使用不鏽鋼車牙管，要確定接頭部分是使用不鏽鋼接頭，以避免日後鏽蝕而導致漏水。

管材 02 ▶便宜 PVC 管使用廣泛

PVC 材質是冷水管主要的使用材質，其中大致分為 A、B、E 三種，不得混合使用。A 管為電器管，B 為冷水進水管，E 管為排水或電器用管。PVC 管在火烤彎管時要小心避免燒焦情形。

▼ 熱水管建議使用不鏽鋼管，保溫效果和耐水壓力都比較好。

圖片提供 © 相即設計

Point 3 管線裝設小撇步

撇步 01 ▶善用明、暗管

明管的好處在於維修方便，但若為熱水管線要小心高溫燙傷，另外更要思考如何融入整體設計的美觀問題。暗管則是為達到室內裝修美觀的首選，要注意位於結構中的固定措施；在位置定位後，用水泥將之固定，避免後續使用時因加壓而產生的震動、進而發出噪音聲響。

撇步 02 ▶確認排水管徑與坡度

排水管的坡度取決於管徑大小，管徑越小排水坡度越大，設置水管前要先確認。施工過程中則要小心廢棄物或有機溶劑、泥漿倒入，造成阻塞或管壁溶解滲水。地、壁面排水的平整度距離，應避免太遠或太近，尤其是安裝水龍頭時會影響排水系統與美觀。此外，浴室、廚房要使用壁面或檯面出水，一定要在施工前先確認好，嚴禁事後更動。

撇步 03 ▶管線接合要牢靠

熱水用金屬管分為兩種常用的結合方式，一種是車牙式、一種是壓接式。車牙式要注意不要車得太深，牙紋深度要控制，止水帶纏繞要確實。壓接式在壓接時要確實不能過壓，不然容易內凹而造成滲水。

撇步 04 ▶預留維修孔、定位接合座標

各種進排水系統都要預留維修孔蓋，蓋子要盡量密合，預防滲水或異味產生。在管線設置過程中，在各接點都要記下定位座標，方便日後尋找漏水維修點。進排水配管完成後，冷、熱進水管要測試水壓，確認接點是否確實；排水系統則可以透過開啟水龍頭、馬桶多次沖水，與洗臉盆的蓄、放水步驟，確認是否順暢。

▼ 走在陽台等位置的明管，是露於結構之外的管線設計，要注意熱水管要妥善包覆，避免燙傷危險。

圖片提供© 演拓空間室內設計

? 裝修迷思 Q&A

Q. 我家水龍頭最近流出混著雜質的黑色汙水，一定是家裡管線有問題！

A. 當然可能是因為舊式管線生鏽、或是漏水前的徵兆。不過若水的顏色是黑色並帶有雜質，更可能是水塔髒汙，或是自來水公司水管破裂，導致抽水馬達抽到汙水，此時應盡速找專業人員進行檢查。

Q. 廁所在裝修後，沒有使用卻老是出現異味？

A. 可能原因有很多。例如因為馬桶孔徑沒有對好，排水管接到汙水透氣管；抑或是沒有存水彎、管道間或屋頂通氣孔被堵塞等原因。此時要找專業人士進行各種測試、檢測，看是哪裡出了問題。

▼ 給排水管線若有移位或調整，設計師通常都會拍照存檔，日後有問題也比較方便。

圖片提供 © 演拓空間室內設計

圖片提供 © 許祥德

▲ 冷水管使用ＰＶＣ材質水管；熱水管使用不鏽鋼水管，另可再加上保溫披覆，減少熱水運送途中溫度散失過快。

裝修名詞小百科

存水彎：一般都做在樓板下層，利用 U 型與水平衡的排水原理，加上液體阻絕氣體的特性，避免化糞池氣體外漏。

明管、暗管：管線外露、眼睛看的到的稱為明管；反之內藏於天花、牆壁、地坪的稱為暗管。

老鳥屋主經驗談

King　發現管線損毀，造成水溢出等損害，若確定非修繕前損壞，雖然很天兵，但所有損壞應該概由「廠商負責」，記得要據理力爭。

樂樂　洗澡時發現水很慢熱，檢查後又發現不是熱水器的問題，詢問過後才發現可能是管線配設過長，加熱過的水熱量在傳送過程中流失掉，導致出水口那端熱量不夠，後來師傅建議我們換承保溫較好的熱水管，沒想到真的解決了！

PART 3 電工程

照著做一定會

Point 1 配合空間做線路規劃

空間 01 ▶客廳：不同電器需量身規劃線路

配合居住者的生活習慣，客廳存在著多樣的電器設施，例如：電視、網路線、電話線、冷氣線等，不同的需求與注意事項，線路都需要獨立配置。

空間 02 ▶廚房：多高壓電器要獨立配線

廚房內的電器設備如烤箱、微波爐、電磁爐、熱水器，為了提昇烹飪效率，幾乎個個都是高電壓界的佼佼者，同時開啟，總要擔心面臨跳電的窘境。因為所用線徑較粗，通常需要獨立的配線以及無熔絲開關。

空間 03 ▶浴室：怕漏電注意防潮

如果浴室要裝設電話、電視或音響系統，記得選用防潮配備與工法，防止器械損壞以及漏電問題。電熱水器部分絕對不能採用經驗法則隨意安裝，否則容易發生電線走火或漏電等的居家安全威脅。

電工程流程

順序	施作項目
1	確定插座開關等出口位置、高度
2	測水平線
3	拉管
4	固定出線盒
5	拉線
6	固定面板與配件
7	固定面板與配件

裝潢費用簡易預估

電器	注意事項
冷氣	1. 若冷氣為分離式，確認供電系統是由內機供電或外機供電。 2. 以一機使用無熔絲開關為原則，切勿多機串接。
電視	1. 注意電視線品質。 2. 每條電視線的接點是否確實。 3. 盡量減少電視線出口過多，造成訊號衰減、畫面不清楚。
網路 · 電話	兩者外觀看起來一樣，但電話線可以串接，而網路線是屬於獨立接線。
對講機	對講系統最好經由專業廠商進行維修更新，防止自行拆裝造成損壞。

▼ 分離式冷氣拉管線的時候，要配合牆柱角度作彎管處理。

圖片提供 © 許祥德

圖片提供 © 隱巷設計顧問有限公司

▲ 客廳空間存在各種不同功能的電器，裝設電線時要特別注意不同功能各自的需求。

Point 2 掌握電線特性保安全

方法 01 ▶採用政府認證電線材質

電線有分為戶外使用，或活動式供電的活動纜線。檢查所用電線是否為經由政府認證、符合不同供電線徑的電線材。嚴禁使用再製、回收或用過的舊電線。

方法 02 ▶絕緣膠帶防搭接漏電

線材遇到接線情況，如果使用搭接方式，要確定使用電器膠帶確實纏繞以避免漏電。並且預防多線造成接觸不良、或功率、電壓下降，造成電器用品的損壞。

方法 03 ▶順時鐘繞線確保電流順暢

電線不能逆時針繞，因為電流是照順時針方向運行，若以逆時針方向纏繞就會發生電組或電桿作用，導致電線過熱發生危險。在拉遷線路、配線孔時，注意不要穿越或破壞樑、柱。

方法 04 ▶開關箱要清楚標示功能區

確認每個無熔絲開關分別代表的區域，以便重新啟動電源，或是檢修時能正確辨認。在圖面上標示各供電種類，比如説屬於哪個開關、插座等等，並寫上符號説明，以利未來維修能順利理解，輕鬆避免觸電危險。

圖片提供 © 許祥德

▲ 電錶箱要標示清楚各個開關的作用。

Point 3 保護電路避免感電

措施 01 ▶出線盒鏽損盡快更新

根據位置的不同，出線盒的材質也各異。在室外需使用具備防水功能的出線盒；浴室則使用不鏽鋼製品；一般室內空間則使用鍍鋅處理。一旦出線盒生鏽就要盡速更新。此外，出線孔若做在非支撐牆面如：木板隔間、輕隔間，一定要做好出線盒的支撐，否則易鬆脫，造成危險與使用上的不方便。

措施 02 ▶戶外線管務必採 PVC 材質

因為戶外面臨風吹日曬所造成的線管老化，記得採用 PVC 材質，禁用軟管。另外在泥作結構中也要使用 PVC 硬管來做保護。而活動配線則要套上軟管保護、適度固定住，以避免晃動導致軟管脫落。

措施 03 ▶導線管慎防異物

出線盒中有導線管，必須做好防護處理，可防止異物如小砂石等掉入、造成漆包線破損或拉線不順，進而發生電線走火等危險。地面線導管、保護管一有皺摺、破損，要盡速更新，以免影響後續的拉線。

圖片提供 © 許祥德

▲浴室要使用防水的不銹鋼製出線盒。

圖片提供 © 許祥德

▲結構內的電線皆要以 PVC 硬管做保護。

▼ 更改電視線要確定每個線的接點有沒有確實，也要避免電視出口過多，造成訊號的衰減。

圖片提供 © 雲墨空間設計

▲ 電源照明開關迴路位置必須注意，免得造成使用上的不便。

裝修迷思 Q&A

Q. 每次煮菜都好容易跳電，要趕快加裝能接受更高負載的無熔絲開關才行。

A. 跳電是一個重要的用電警示，主要是因為使用的電線過載或但電器發生漏電跡象，出現跳電狀況需要徹底檢修，找出主要原因，絕對避免加裝過大的抗負載無熔絲開關，否則很容易發生火災。

Q. 住家的每個場域線路配置不同，開關與插座要配合做出各自不同的高低設計。

A. 開關插座在每個出線孔的位置與高度，的確都要配合現況調整，比方說地坪高度增加、插座開關也要跟著提高，避免無法使用。然而全家的開關位置亦要隨之調整，確認在同一水平線上以免影響整體美觀。

裝修名詞小百科

出線孔：又稱為集線盒，為各種開關、插座的出口，透過面板做為集中點。安裝時注意需牢牢固定以及蓋板要密合。配置集線盒的時候，可在牆面註明尺寸，並確認水平整度。

弱電：電視、網路、電話等此類電器所需電源通稱為弱電，屬於低伏特（12、24V）。

漏電裝置：通常設置在浴室、廚房、洗衣間或是室外、頂樓陽台，反應速度比無熔絲開關快，是保護人員的安全裝置。

老鳥屋主經驗談

King 施工圖面都會看到插座的預留數量，當工程執行到木作時，就要再仔細去檢查一次，才可避免粗心遺漏。而除了基本配額外，要注意依個人需求不同，插座數量也必須提前預留，如廚房設備和視聽設備即需獨立插座。

Tina 工程進行時，不管是自己發包還是請設計師來協助，如果有圖面資料讓所有的廠商按圖施工，在溝通以及執行方面，都會事半功倍。而且就算有人亂搞，會比較容易釐清誰是老鼠屎，這種狀況通常是設計師或統包出面處理。

PART 4 泥作工程—磁磚

照著做一定會

Point 1 磁磚仔細驗收、小心存放

要點 01 ▶小心核對編號尺寸

首先要先確認批號、編號、顏色、尺寸，以及包裝有無破損等細節，經過點收後，通常在產品品質無虞的情形下是不能退貨的，其中限量品、促銷商品、馬賽克磚等尤其需要格外小心。在檢查磁磚是否平整時，可拿兩片磁磚以面對面的方式，比對看看有無翹曲情形，施工前要記得事先檢查。

要點 02 ▶到貨後慎選存放地點

因為磁磚重量不輕，加上數量一多，移動起來就相當不容易，所以一旦到貨就要直接放到預先計畫的工地放置地點，嚴禁堆放在大樓的公共區域或是房屋外頭，不僅造成公共通道阻塞，更避免遺失、毀損。

要點 03 ▶磁磚立放避免刮傷釉面

在施工前，拆箱將磁磚一片片拿出來時不應平放，否則非但不好拿取，釉面與背後粗面層層堆疊、加上磁磚本身重量，非常容易刮傷表面。若需要標識記號，也要記得不要使用油性筆，避免透心式材質汙損。

▼ 選擇磁磚要視空間需求與風格而定。室內設計手法中，地坪的轉換通常暗示著居家功能的區隔。

攝影 ©Sam

Point 2 地、壁、外牆的磁磚工法

工法 01 ▶壁磚－硬底工法：

Tip01. 確認天花板高度：尤其浴室會放置多功能抽風機、蒸氣機等，要注意磁磚鋪貼高度。

Tip02. 地、壁磁磚盡量採同尺寸：這樣地、壁放線時，對線之後可呈現整體感。

Tip03. 大、小壁磚貼法順序不同：若同一牆面有不同尺寸的磁磚，大片磁磚務必由下往上貼、小片磁磚則由上往下貼。

Tip04. 鋪貼完成後記得檢查：確認花紋方向、磁磚是否色澤平整，並把表面的水泥汙漬擦掉。

工法 02 ▶地磚－濕式、乾式工法：

Tip01. 多做一層水泥漿地：增加磁磚貼著力。

Tip02. 注意排水坡度：觀察原有表面水的流向，再作坡度調整。

Tip03. 排水孔塞孔：避免水管堵塞。

Tip04. 施工前多灑一層水泥粉：避免水泥漿因放置過久產生水化現象。

Tip05. 剛完工嚴禁踩踏：提醒人員避免出入踩踏、與放置重物。

▶乾式工法（多用於客廳與臥室）：

Tip01. 水泥砂要混合均勻：乾拌兩次以上。

Tip02. 地面片與片的水平確認：可用灰誌方式測量。

Tip03. 將適當的水泥砂量放置地面：並且刮平。

Tip04. 灑上白水泥漿。

Tip05. 試鋪磁磚：先試鋪、再拿起來，確認背面水泥有無接面，再做適當的水泥填補。

地面磁磚濕式工法流程

順序	施作項目
1	地面清潔
2	地面防水
3	測水平線
4	水泥砂拌合
5	地面水泥漿
6	修水平
7	置水泥砂
8	置磁磚
9	敲壓貼合
10	測水平

▲ 壁面貼磚使用硬底工法。

工法 03 ▶外牆－硬底工法

Tip01. 搭鷹架使用防塵網避免灰塵四散：注意感電事故，做好交通警示。

Tip02. 按照磁磚計畫圖鋪貼：確認防水是否完成，清除泥渣。

Tip03. 施工期間防止人員不慎墜落：依勞工安全相關規定執行。

Tip04. 窗框的收邊轉角：要依圖面規定收尾。

地面磁磚乾式工法流程

順序	施作項目
1	地面清潔
2	地面防水
3	測水平線與高度灰誌
4	水泥砂拌合
5	地面水泥漿
6	置水泥砂
7	試貼磁磚
8	取高磁磚檢視磁磚底部
9	修補砂量
10	置水泥漿
11	放置磁磚
12	敲壓貼合
13	測水平

Point 3 磁磚施工細節

細節 01 ▶貼完磁磚隔天再抹縫

讓溝縫材質可以和牆面確實結合，避免日後剝落龜裂。溝縫所採用的顏色也要事先溝通，記得要配合磁磚色彩，讓最後呈現出來的大面磚面能符合自己的期待。抹縫劑要依標示比例調配，抹縫時較注意厚度均勻；調色要用無機質的染色劑。

細節 02 ▶打底要平整

檢查牆壁打底粉刷面是否垂直，避免貼好後才發現大小片或貼斜的情況。常用的磁磚貼著劑為海菜粉，作用在抑制水泥發熱、乾涸的時間速度，減少水化現象；使用時要注意廠牌不同調整比例。另外還要視尺寸大小、使用年限做考慮，因為環境、氣候與人的影響，會造成不同程度的剝落。

細節 03 ▶收邊避免高低差

磁磚收邊使用 PVC 角條、收邊條時，要配合磁磚厚度，由於磁磚規格不同，沒注意細節的話會出現高低差的現象。另外，任何開口如門、窗做壓條收邊時，要以 45 度切角為準，不能有過度離縫、搭接或破損情形。

細節 04 ▶配合排水孔要用完整磁磚切割

遇到地面排水孔或開關，千萬別以零碎磁磚拼湊，使用完整磁磚切割會比較安全與美觀。並注意磁磚與排水孔高低差的坡度，鋪設好後要仔細檢查，才不會發生日後局部淤積的狀況。

▼ 浴室盡可能保持通風乾燥，避免磁磚溝縫發霉損壞。

圖片提供 © 演拓空間室內設計

圖片提供 © 許祥德

▲ 將磁磚間的縫隙以水泥或填縫劑填滿，強調縫隙的紋路感，稱為「填縫」；若以軟刮刀抹過水泥，則稱「抹縫」，可緩衝熱漲冷縮效應。

? 裝修迷思 Q&A

Q. 鋪完牆壁有留下一些壁磚，剛好地板磁磚有點不夠就順便拿來貼好了。

A. 千萬不可以。地磚可以充當壁磚，但反之則不行。因為地磚與壁磚燒製出來的厚度與密度不同，壁磚比較脆弱，可能無法承受長期踩踏、堆放重物的壓力，所以不能權充地磚使用。

Q. 跟材料行訂磁磚時，就依照計畫的數量精準的購買，不要多訂、避免浪費。

A. 最好在訂購磁磚時能多備一些量。考量到搬動時不小心破裂、裁切時的損耗，萬一最後才發現數量不足要重新訂購，曠日廢時，拉慢工程進度不說，耽誤一天可就得多花一天的工錢！

裝修名詞小百科

放線：放線紅外線機器，在牆面打上水平、垂直的參考線註記。通常在砌磚、天花、木作、鋁窗等工程一定要使用。

海菜粉：是一種高分子聚合物，主要成分為甲基纖維素，加上特殊添加劑製造而成。可增強泥漿強度、抗垂流、延長可施工時間。建築用海菜粉不可食用。

老鳥屋主經驗談

Tina　「乾區」的磚與「濕區」的磚止滑度不同，淋浴間裡面的磚最好選擇分割更小的尺寸，乾區就可以用差不多 30X60 公分的磚，馬賽克磁磚就很適合放在淋浴間止滑。

Sandy　磁磚發霉可能是浴室防潮未做好，施工不完美，但根據我的經驗來說，生活習慣也有連帶關係，所以通常我會儘量讓浴室保持通風乾燥，另外，現在一般填縫劑也有防霉填縫功能，應該可以防止這類問題。

PART 5 泥作工程—水泥粉刷

照著做一定會

Point 1 準確調製水泥粉刷水灰比

Step 01 ▶ 1:3 打底強化物理結構

堆砌磚牆完成後，在磚牆表面上使用 1:3 的水灰比打底，能強化磚牆的物理結構。如果水灰比中，水泥的比例過高，容易使牆面因收縮而造成裂痕。在施作上，水泥粉刷一率要刷到頂，尤其浴室廁所紅磚不能外露，粉刷不完全將會躲藏害蟲或產生防水漏洞。

Step 02 ▶ 1：2 或 1：1 粉光兼具防水效果

粉光使用1：2 或1：1的水灰比，水灰比越高密合度較好，相對透水性也降低，適合用在油漆前打底的防水粉刷。此外還有加入七厘石的「七厘石防水粉刷」。七厘石又稱「暗石子」（台語），一般是用在外牆的防水處理，亦可使用於浴室地面、水塔或浴缸，一樣是使用1：2或1：1的水灰比調和後粉刷。七厘石防水粉刷原則上要一次做完、不能分兩次，無論是施作於屋頂或外牆，皆要預留伸縮縫隙，否則石頭可能爆裂。

壁面水泥粉刷施工流程

順序	施作項目
1	水泥拌合
2	貼灰誌
3	角條
4	打泥漿底
5	粗底
6	刮片修補
7	粉光

▼ 裝修工程在一開始的水泥粉刷施作時，記得做好防水以及泥砂比例，減低未來修繕風險。

圖片提供 © 演拓空間室內設計

▲ 在牆面中方型的就是「灰誌」，水泥粉刷完工後就會被遮蓋住。

Point 2 粉刷前注意事項

Check 01 ▶水管電線皆埋設正確

粉刷前要先注意地壁、水管、電線都裝設完成，並確認所有管線位置、孔徑都有照著圖面來施工。一旦進行泥作粉刷，遇到管線需要更動，有可能就得打掉重做。

Check 02 ▶確認門窗框垂直水平位置

確認門框、窗框是否在施工不小心因撞擊、碰觸，而造成原先的垂直、水平位置移位。若未經確認就進行灌漿填縫，未來在開關時可能因歪斜而開闔困難。在門窗與磚牆間隙，通常會使用木頭、報紙臨時固定，記得灌漿前要事先拿走，否則容易漏水。此外鋁門窗收邊要用1：2的水灰比加上防水劑確實做飽滿；室外要做斜邊洩水、室內要做直角收邊。

Check 03 ▶水泥砂不能混摻雜質

水泥砂一定要用乾淨的砂子，不可摻雜貝類、泥土、有機物等雜質。使用前要來回乾拌兩次以上，以維持均勻。堆放時防護要做好，不能隨意倒在泥土上。水泥砂要篩過，粉光時嚴禁加入洗衣粉或是酸鹼活化劑，因為加入洗衣粉後水質會變滑，加上比例不對，將使水泥砂的結合出問題。

Check 04 ▶壁面要灑水、保持清潔

在施作前，壁面要做好灑水、洗淨的工作，水泥粉刷前保持濕潤，再適當灑水泥粉以增加結合力。地面粉光要事先清潔，清潔完畢才進行混凝土工程，墊高時禁用廢棄物、且注意不能過厚，否則可能因載重過重而使地板產生裂縫。

Point 3 硬底工法&軟底工法

種類 01 ▶硬底工法

硬底工法一般適用於地壁面。1：3 水灰比打底完畢後，底面乾了再來貼磁磚與細石材（洗石子），亦可使用小片磁磚與馬賽克。

種類 02 ▶軟底工法

軟底工法又可分為乾式與濕式兩種。乾式軟底工法又稱為鬆底工法，使用於地面工程居多。做法是由水泥砂乾拌後混合，再依水平高度將大面積磁磚或石材做適當鋪設。濕式工法則是水泥砂以1：3或1：4摻水拌合，之後再均勻澆鋪在地面，接著再將石材或一般尺寸的磁磚（30×30 ～ 50×50）鋪設地面。值得注意的是，過大或過小的磁磚或石材，皆不適合此種

圖片提供 © 許祥德

▲ 女兒牆面上洗石子等細石材之前，要先預留伸縮縫。

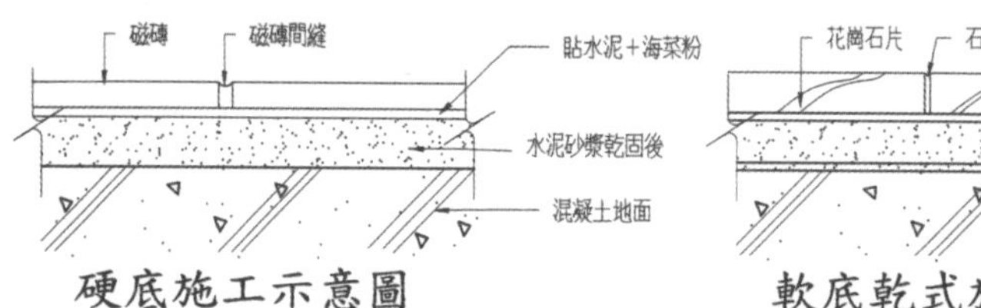

圖片提供 © 許祥德

▲ 乾式、濕式工法可使用的材質與地方都不一樣，施作前要多加確認。

▼ 水泥砂成分要乾淨不可摻雜雜質，同時存放的地方也要注意。

? 裝修迷思 Q&A

Q. 為了住家建築牆度，我要請泥水師傅在施作時，把水泥粉刷越厚越好。

A. 這可不一定！因為無論是打底或是粉光，其所達到的強化結構或是防水效果，都取決於水灰比是否正確。不正確的比例或是過厚的水泥塗層，都容易產生收縮反而形成壁面裂縫，進而使後續的油漆、磁磚無法縝密貼合。

Q. 工程進度嚴重落後，要等打底乾太慢了，粉光趕快塗刷才能盡快進行其它的工程。

A. 要確實掌握「一粗底、一面光」原則，粗底完成後，等第二天快乾時才能粉光，之後再方便後續上漆。不然貪快先油漆，當水泥比油漆慢乾，因為水泥乾了會收縮，就會令油漆龜裂，非但不美觀更造成日後修繕問題。

圖片提供© 許祥德

▲ 頂樓地面水泥粉刷之前，必須加強防水工作。

圖片提供© 許祥德

▲ 水泥砂乾拌完要加入適當的水和防水劑再攪拌，作為粉光和打底用。

裝修名詞小百科

灰誌：又稱為「麻糬」（台語）。意思是以十字線利用垂直與水平的交叉處，在壁面作為垂直的參考點，主要是方便水泥粉刷時對照使用。

陽角及陰角：是一種高分子聚合物，主要成分為甲基纖維素，加上特殊添加劑製造而成。可增強泥漿強度、抗垂流、延長可施工時間。建築用海菜粉不可食用。

老鳥屋主經驗談

ayen 泥作施作之前，一定要先跟師傅討論泥水排放的方式與管路，以及工具清潔位置。因為施作時泥水不會馬上乾，所以進行地壁面沖洗時，如何排放水是關鍵，萬一流入家中管線，可預期的就是要大興土木、拆管處理了。

Tina 與磚面接觸的第一層水泥粗胚是最重要的，不只要水灰比例正確，更要與磚面完全密合，這是要請師傅務必用心的部分，不然形成內壁的空心層就很麻煩了，因為房子老了雨水滲漏，長期下來會破壞建築體的結構。

PART 6 泥作工程—石材

照著做一定會

Point 1 石材怎麼挑

方法 01 ▶依預算篩選

先抓出預算成本，在成本範圍內做選擇，找出自己所喜歡的顏色與花樣。值得注意的是，石材種類多樣，價格高低差距大，原則上就是「物以稀為貴」囉！

方法 02 ▶要眼見為憑

挑石材絕對要眼見為憑，建議親身到石材場走一遭，直接在場內挑選比較保險。不然只憑目錄或樣品挑，等到實品送上門來、發現與想像中有所出入，到時要退貨會相當麻煩。

方法 03 ▶用原石數量評估

當抓出預算、找到中意的石材花紋種類，此時要預估使用的總面積、原石數量是否足夠供應？由於石材的漂亮與稀有就在於它獨一無二的紋理呈現，同一平面採同一塊石材表現出的一致性無可取代。若是地、壁都要求一致的話，數量評估尤為重要。

▼ 石材地坪總給人沉穩大器質感，日漸稀少的產量以及日趨高昂的價格，平常要好好地保養維持。

圖片提供 © 水相設計

圖片提供 ©IS 國際設計

▲ 石材打板之前如有線路要預留正確的位置、孔徑。

Point 2 石材施工影響品質

Focus 01 ▶鋪設壁面大理石注意載重

放置壁面大理石時要注意自載重問題，需要先確認掛載的工法是否足夠支撐。此外，臉盆設計則要注意檯面的支撐力要足夠，同時倒角水磨與防水的工作也都要做好。

Focus 02 ▶填縫注意防水

填縫時，地板與壁面都要注意防水性是否足夠；打矽力康時則要注意貼條以及美觀與否。另外在加厚處理、兩片石材結合時，片與片之間的平整度要特別注意，同時也要記得作具有防水性的收縫處理。

Focus 03 ▶施工後注意禁重壓

施工完畢之後，石材要做一定程度的保護，比方說，3 到 5 天之內避免在上面放置重物、人員踩踏或是使用酸鹼溶劑，以免造成表面損傷變形。

Focus 04 ▶注意石材編號

原石剖片之後都會有編號，嚴禁抽片，否則會造成紋路無法連接的情況。並注意在安裝過程中是否有造成污損或刮痕的情形。

Focus 05 ▶鋪設在壁面時要注意支撐力

放置壁面大理石時要注意載重問題，需要先確認掛載的工法是否足夠支撐。並注意不可歪斜，可使用水平尺測量。

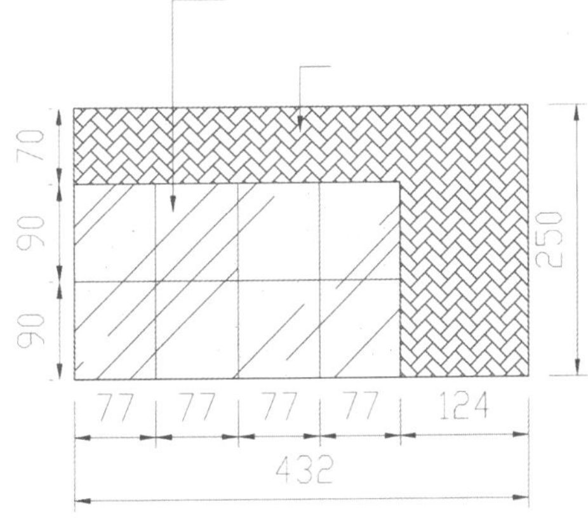

圖片提供 © 許祥德

▲ 石材可用於地面及壁面。此圖清楚標示出壁面石材的切割線，以及與壁紙的搭配運用。

Focus 06 ▶花崗石的室內、室外有厚度之別

一般使用於室外，石材厚度多達 3 公分以上，若加上乾式施工則須預留 5 ～ 7 公分厚度；而室內則為 2 公分厚即可。

Focus 07 ▶板岩要注意銜接介面的契合度

板岩硬度介於花崗岩與大理石之間，畸零角落可現場切割使用，但要注意銜接介面是否契合，才能展現一體感。

Point 3 石材的增值魔法

Magic 01 ▶石材加厚更顯大器

一般石材為 2 公分厚度，為了增加厚實感，通常會在邊緣區加貼一片或多片，使整體看起來更加大器。也可以在正面貼一塊適當尺寸的板面，也能達到相同效果。在做加厚的處理時，記住一定要使用同一塊石材，才能使紋路有一致性，更添質感。此外要注意是否和門板高度相符合。經由加厚處理以結合兩片石材，須留意片與片之間的平整度，同時也要記得作具有防水性的收縫工序。

Magic 02 ▶多樣倒角符合各式風格需求

石材就像天生的自然美人，具有渾然天成的魅力，而存在於住家各處檯面、桌几等處的倒角設計，內斂地表現出各式不同風格情調。倒角類型有：平面磨光、倒角磨光、1/2 圓磨光、雙層平面磨光、雙層倒角磨光、雙層 1/2 圓磨光、雙層上層 1/4 圓下層 1/2 圓磨光等。

Magic 03 ▶打板訂做完美契合檯面

若要以石材打造洗臉檯、電視檯面，為求每個孔位、孔距、收邊造型的精準，可委請木工師傅木用薄甲板、依圖以 1：1 比例做切割版面的處理，作為實際切割參考。以在浴室選用石材檯面為例，相關衛浴配件，如臉盆、水龍頭、開關插座等等，事先要做好規劃與確認，以方便確認配件孔徑、位置、距離，以及倒角水磨的加工面，如果事後再修改將會增加成本。

▼ 廚具檯面選用大理石材質，硬度高且表面耐磨。

圖片提供 © 雲墨空間設計

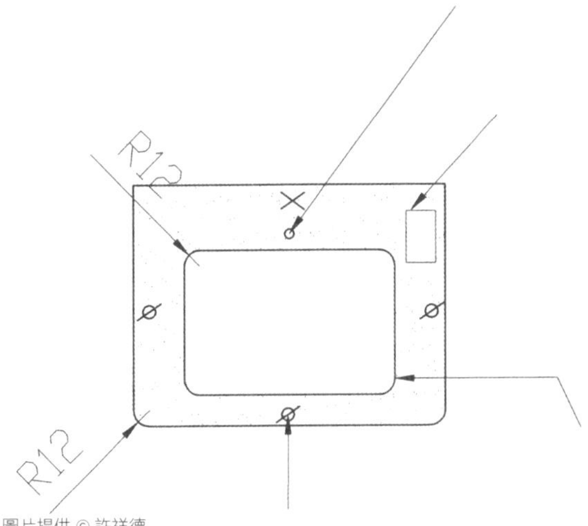

圖片提供 © 許祥德

▲ 石材打板時，要確定龍頭、臉盆的孔距、孔位、孔數，一定要力求準確。

圖片提供 © 許祥德

▲ 石材的倒角處理，除了基本款，還有多種不同變化。

? 裝修迷思 Q&A

Q. 聽說大理石有無縫工法，是讓石材間不留縫隙，藉此表現出無切割的大平面氣勢？

A. 大理石的無縫工法，是將石材間縫隙使用壓克力樹脂等防水素材，藉由調出相似的基色，讓填縫後能看起來「近似」為一整個大平面，但近看仍能發現縫隙喔！此外填縫後的拋光、晶化處理，視覺效果會更加。

Q. 大理石是天然材質，無需保養就能越用越美麗，只要平常用水擦拭即可。

A. 大理石的毛細孔大所以吸水性也高，因此飲料、髒汙相當容易滲入，是需要細心保養的高單價建材，平常不建議用過濕的抹布、拖把擦拭；定期請專業人員進行研磨、晶化、拋光，才能永保如新並延長使用壽命。

裝修名詞小百科

打板：又稱原型板，一般用於石材檯面，或特殊形狀尺寸的定規，例如洗臉檯，會有洗臉盆、龍頭的孔位、孔距、孔徑、孔數等。

矽力康：也有「犀利控」這種說法，是來自日文外來語發音的慣用語。是一般工程中常見的一項工具，可用於一般止水性的防水，如浴缸邊縫、窗邊縫或短暫式的固定，如貼板、鏡子。

加厚、立板：一般石材為 2 公分厚度，為了增加厚實感，通常會在邊緣區加貼一片或多片。在正面貼一塊適當尺寸的板面，也能達到同樣效果。

老鳥屋主經驗談

阿元　到石材場選定自己喜愛的原石後，要隨機抽取看看是否有修補過的痕跡，若有的話大平面安裝後可能會有點突兀、不夠美觀。此外注意每個切片的流水編號要連貫而完整，若不完整就是被抽走了部分切片，小心紋路不連貫的問題。

Emily　為完美契合檯面，不論是用裁切圖或是木工打板方式，記號、尺寸都要非常明確，因為大理石本身是越大看起來越有質感，若因標示不明而造成裁切錯誤、導致日後需小塊石材拼接，那就太可惜了。

PART 7 木工工程

照著做一定會

Point 1 了解木工種類

種類 01 ▶天花板

Tip1. 樓板水泥磅數高要與天花確實結合：以免發生天花板下沉、造成離縫與裂縫的情況發生。

Tip2. 板材離縫做好比例補土：板與板料做好離縫約 6 ～ 9mm 間距，以便作塗裝的填裝補土。

Tip3. 零件選用防水材：潮溼區域的天花用防水材質如不鏽鋼釘或銅釘，避免生鏽影響整體感。

Tip4. 主燈區天花板角材要加強：加強主燈區天花板角材，預防天花板的支撐力不足。

種類 02 ▶櫃子

Tip1. 載重櫃要注意接合處施工：大型櫃如衣櫃、高櫃等，皆具有載重功能，在著釘、膠合以及鎖合的時候都要確實、加強，否則日後可能因為易變形而使得使用的壽命減少。

Tip2. 隔板插拴要對稱：櫃內隔板要確定插栓的兩側是否對稱、預留的間距足夠，避免層板產生晃動，而造成層板置入困難或載重後脫落。

Tip3. 木皮紋路要對齊：上下門板要整片式結合，紋路方向要一致，比例切割要對稱，避免拼湊。

Tip4. 軌道門板注意重量：軌道門板重量，以及上下固定動線的方式以免影響使用。

種類 03 ▶木地板

Tip1. 注意所有門片高度：打好水平之後，注意壁板與門板的高度，免得出現門無法開的窘境。

Tip2. 角材要能載重並著釘確實：角材使用具有結構性的載重性基材，角材之間的著釘要確實。

Tip3. 收邊方式要先確認：使用踢腳板或線板的收邊，要確定板子寬度；矽力康收邊，要選用方便油漆的材質。

Tip4. 收納型地板確認載重：加高式或者是收納櫃型的地板，要考慮載重結構。

Tip5. 窗下地板材要抗曬：窗戶下的面板要選擇抗曬材質，才不容易因為日曬而褪色或過多的膨脹收縮。

種類 04 ▶線板

Tip1. 確認線板紋路、尺寸：線板的收邊要確定紋路、尺寸、長度，因為這些都會影響到價格。

Tip2. 實木線板選材要一致：實木線板在同施工面內盡量使用同一色澤與紋路，著釘時在不影響整體美觀的情況下進行。

Tip3. 線板接口要密合：線板的角與角之間，要特別注意線與紋路是否相吻合，並且避免離口、紋路不相稱或叉角的問題發生。

Tip4. 陰陽角要注意對角點：避免有破口不對稱角的情況出現。

圖片提供 © 許祥德

▲ 天花板板材要確實釘好，避免承重力不足掉落而發生危險。

各式木作流程表：

木作種類	流程
木作壁板	立垂直水平線→放線→下底角材→釘底板→貼表面材
木木作直鋪式地板	地面清潔→測地面水平高度→置防潮布→固定底板→釘面板→收邊
木作架高式地板	地面清潔→測地面水平高程→置防潮布→固定底角材→置底夾板→釘面材→收邊
立木作櫃	測垂直水平→定水平高度→釘底座→釘立櫃身→做門板、隔板、抽屜→封側邊皮→鎖鉸鏈、隔板五金、滑軌→調整門板
木作天花板	測水平高度→壁面角材→天花板底角材→立高度角材→釘主料、次料、角材→封底板

Point 2 木工施作注意事項

事項 01 ▶ 木工施作圖面要完整

工圖要有立面圖、剖面圖、平面圖、大樣圖以及材料說明，施工時才能參考，萬一在過程中有遇到問題，才能依照圖面說明盡速處理。

事項 02 ▶ 材料進場要做好防水

材料進場時，現場一定要做好防雨措施，以免板料、角材因受潮而變形。另外也要注意現場不要有泥作的材料一同放置，可能會造成污損的情況發生。

事項 03 ▶ 貼皮數量一次進足避免色差

實木貼皮加工類的板材數量一定要夠，避免二次進貨，如此一來可能會造成紋路與色澤的不同，影響到美觀。

事項 04 ▶ 注意垂直、水平、直角線條

現場施工時要注意「垂直、水平和直角」三大原則。木工屬於表面性裝飾，如果上述三點沒有多加注意，作品缺陷將會一覽無遺，同時也難以修補。

圖片提供 © 許祥德

▲ 訂製木作櫃體的時候，的間隔層板、抽屜、門板等等都要注意距離、尺寸的準確度。

▼ 木工多屬於表面裝飾性質，施工時要格外注意「垂直、水平和直角」，作品才能完美呈現。

圖片提供 © 演拓空間室內設計

Point 3 木作工程常出現的狀況

狀況 01 ▶有門會自動打開，或是關不密合

門板或門框的垂直線沒有做好，另外鉸鏈的中心點未抓好也會造成此種情況。

狀況 02 ▶天花板容易產生裂縫

不同材質的膨脹係數不同，如果在結合處未預留伸縮縫，濕度變化過大時就容易產生裂縫；或骨料未做確實，也會因為地震造成的震動而產生裂縫。

狀況 03 ▶裝潢時與裝潢後，甲醛味道揮之不去

木芯板料在製造過程中使用貼著劑，有可能含有過量的甲醛或甲苯，而因此產生味道，選擇板類時盡量要避免。在預算許可的情況下盡量選擇低甲醛板料或塗料，以免造成身體不適。裝潢之後不要馬上搬入居住，也可避免討人厭的辛辣味。

狀況 04 ▶地板踩踏會發出聲響

首先確認角材與地面結合力，角材間距大或者板子厚度不夠、板子之間的距離太近、底板與地板著釘不確實，都是造成踩踏有聲音的原因。夾板最好要有 12mm 以上的厚度作為底板，板與板之間的離縫最好要有 3 ~ 5mm，並留有空間，踩踏時才不會因摩擦而有聲響。

▼ 貼皮就是幫木作穿上衣服，在木工做出櫃體、檯面的形體後，再以木皮覆貼即為「貼皮」。

圖片提供 © 演拓空間室內設計

▲ 木地板要注意門片高度，打好水平後，注意壁板與門板的高度，免得出現門無法開的窘境。

? 裝修迷思 Q&A

Q. 木作施工好貴，還是用系統櫃傢具比較便宜。

A. 其實不一定。因為若是知名品牌，考慮到管銷經營成本，不一定比木工便宜，相對較有保障。購買系統傢具要注意的是材質以及整體空間的比例、色系搭配，成本控制是否符合需求。

Q. 住家原本就存在白蟻問題，所以在新裝修時不適合木工裝潢。

A. 只要在開工的時候作好除蟲工作，即可進行木作工程，之後並分三階段進行：1. 該拆除的東西拆除完畢。2. 角材板料進入現場後要噴灑藥劑。3. 油漆前記得再除蟲一次。值得注意的是，這些工作都應列入施工款項內，另外每隔 3 到 5 年也要不定時除蟲。

裝修名詞小百科

企口設計：地板的板與板間，以凹凸的結合方式，具有防塵功能。

離口：外 45 度或內 45 度，板與板之間沒有密合的情形。

丁沖：用於木工，如釘頭未入被釘物時，以不破壞表面材間接施力的工具。

老鳥屋主經驗談

Lisa

新鋪設好的地板因為木地板的下層是防潮層（靜音板），約有 2mm 的厚度，踩過去後空氣會跑出來，這也是因為木地板正在向旁邊伸縮縫延展，所以才會有嘎嘰響的聲音，「正常來說大約 1 ～ 2 個月後聲音就會慢慢消失」。

Sandy

由於我們家格局沒有變動很多，當時房間希望能溫暖一點而改用木地板材質，可是這樣一來臥室和公共空間就會有地面落差，打掃時比較不方便，視覺上看起來也較為不美觀，所以如果新成屋沒有全部更換地板材料，磁磚和木地板銜接可能會有類似問題產生。

PART 8 油漆工程

照著做一定會

Point 1 油漆壁面做好清潔打底

Step 01 ▶清潔表面先做牆壁健診

油漆前要先檢查牆壁狀況，例如了解牆壁本身舊漆厚度、徹底刮除原有壁紙；同時也要了解水泥牆壁有無漏水以及潮濕面；發霉的牆壁要先經過去霉處理乾淨之後，再在塗料中加入適當的防霉劑作為漆後保護。

如果發現壁癌，要先請專業人員來判斷成因，可能是壁面破損讓滲水造成結構水泥發生化學變化，或是居家長期處於潮濕狀態、原本泥作工程水灰比沒有調節好。要找出問題、補強後再重新塗裝，才能從根本延長油漆壽命。

Step 02 ▶完善批土步驟確實打底

油漆塗裝步驟基本上為：補土、批土兩～三次、底漆上兩～三次，然後面漆再上一到三次。手續與流程較多，工錢與成本也較高。收邊補土要確實，裂縫較深的地方，收邊、補土一定要確實，以免日後發生縮凹的情況；記得要使用穩定的材質，如水泥、汽車補土。

批土時要注意平整，如果有兩次以上，要確實做到批與磨的動作。施工中可用燈光加強照明，可清楚看到批土的表面層是否均勻。木質壁板發現表面脫膠凸起，要重新切割、補土，甚至整面打掉重做。

▼ 噴漆時要注意空氣流通及灰塵的問題，工程人員口鼻也要做好防護措施。

圖片提供 © 許祥德

圖片提供 © 許祥德

▲ 可以用 AB 膠，補天花壁面不平之處。

Step 03 ▶天花板要做好防水

油漆前記得要先檢查天花板是否平整，釘子是否都有確實釘進角材，浴室或潮濕處是否都為不鏽鋼材質的釘子。因為若未做好防鏽處理或使用防鏽材料，上漆後生鏽出現鐵屑、相當不美觀。

此外，有時天花板漆完後會出現裂縫，這是為什麼呢？因為板與板間隙沒有做好填充材的處理，（比如使用 AB 膠）。有時天花板支撐度不足，或是因為地震或過度載重而造成這種情況。補救的方法可以再上一次底漆與面漆，或者裂縫與支撐度重新補強。

牆面油漆流程（水泥牆、木板牆、矽酸鈣板）

順序	施作項目
1	防護
2	補土
3	批土
4	砂磨
5	底漆
6	面漆

▲ 漆挑色要在自然光與人工光源下兩次確認，屋主、設計師與油漆師傅更要對顏色編號、使用區域達成共識。

Point 2 油漆時的注意事項

事項 01 ▶討論決定油漆顏色編號

確定所需的塗裝空間後，準備油漆粉刷表，選擇油漆編號時，顏色要經過設計師、業主以及工班三方的確認。油漆完成後要保留色板及編號，以方便日後重新塗刷能迅速找到相同的產品。

事項 02 ▶調和漆小心色差

油漆分為原色漆與自行調色出來的調和 漆，在使用便利度上原色漆勝出，因為在修補時比較不會被色差的問題所困擾；調和油漆在每次調和時容易會出現顏色不同的情況，在上漆時會有色差的麻煩。此外 要避免在深色底漆上塗淺色的面漆，顏色會出不來。油性的底漆塗料記得要均勻攪拌，以免面漆出現顏色斑駁的情況。

事項 03 ▶噴漆最好事先施作

噴漆是透過空氣均勻噴灑，效果會比一般塗刷方式來的均勻漂亮。在房屋裝潢前期，使用噴漆的方式上漆比較適合，但如果人與傢具已經搬入之後，那就要透過繁複的保護工作避免汙染。施作時金屬製門框與玻璃要做好防護，避免門框、玻璃被漆波及；另外地面也要有鋪設處理，避免油漆滲入地面，汙染到石材、磁磚，造成清潔上的困難。

噴漆進行前，不論水性漆或油性漆，漆料要先過濾，噴起來的漆面才會均勻。操作時噴漆一定要均勻，禁止有垂流或者凹凸不平的橘皮現象發生。噴漆完成後要讓空間中氣體適當揮發，但要小心門戶。

Point 3 油漆施作時的 NG 行為

NG 01 ▶用不完的油漆倒入水管
油漆不可任意倒入排水管，油性油漆或有機溶劑禁止倒進各種排水系統，此舉造成融管而導致漏水。

NG 02 ▶使用油性或酸性矽力康補縫
油漆補縫禁止使用油性或酸性矽力康，使用油性的矽力康將會導致無法上底漆，記得要使用水性或者中性，以免發生潑水效應。

NG 03 ▶不用等牆壁乾直接上漆
油漆時禁止牆壁過度潮濕，比如說水泥牆剛進行完泥作工程，就要避免緊接著直接上漆。

NG 04 ▶門戶大開情況進行批土研磨
批土研磨時，要注意不可讓灰塵灰粉四處飄散，會造成周邊環境的污染。不僅擾鄰，事後的清潔也很困難。

圖片提供 © 許祥德

▲ 使用燈泡打光，可以在磨砂過程中確認平整度。

▼ 壁面櫃體的烤漆有異於一般汽車烤漆，嚴格來說算是油性的噴漆，經多道程序使其細緻。

圖片提供 © 雲墨空間設計

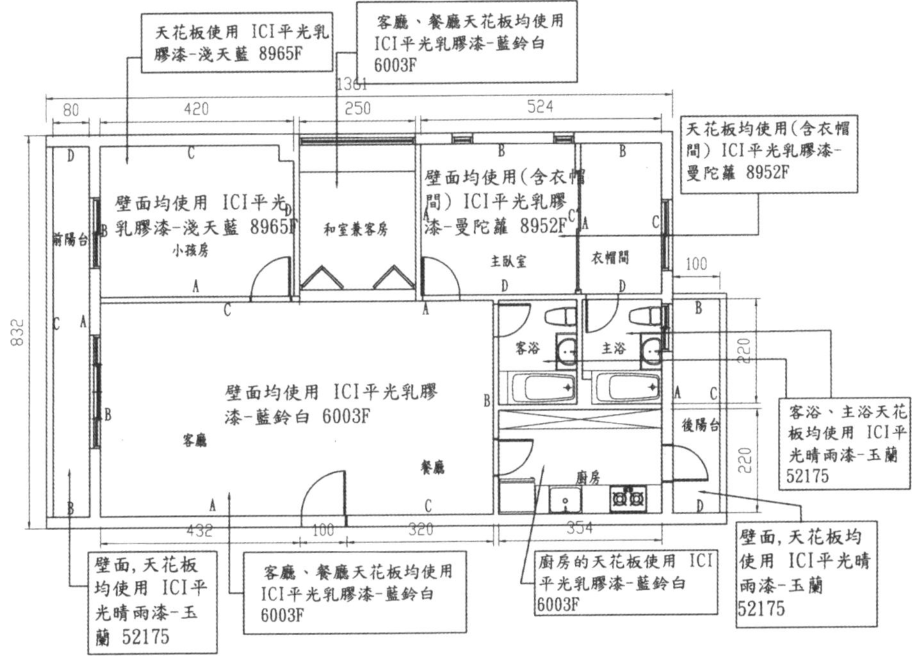

圖片提供 © 許祥德

▲ 除了平面建議圖外，另可搭配油漆粉刷備忘表，更可清楚各空間壁面及天花板的油漆顏色、型號等。

? 裝修迷思 Q&A

Q. 壁癌只要將表面清除乾淨，再直接補上新油漆即可。

A. 壁癌是因漏水造成水泥病變導致白化現象發生；或者是牆壁過於潮濕、水灰比沒有調配好等種種原因所導致。如是酸鹼問題所造成的，那麼要先處理好才能再決定是否要再油漆。

Q. 只要塗裝防火漆，就能不怕火災了。

A. 一般所稱的防火漆其實不是「漆」，而是一種防火塗料。而防火塗料的功能也無法達到完全防火，主要目的是在一定時間內減慢火勢燃燒速度，爭取延長逃生時間。

裝修名詞小百科

批土：視牆壁的凹凸面情況，利用批土讓牆壁平整，否則油漆太厚易造成剝落的情況；若太薄則可能不夠平整。

底漆：防止壁面反潮，讓面漆的色澤均勻，或者壁面因木板木酸而出現的水漬紋路。

面漆：依照塗料材質不同，最少要兩次以上才可以達到均勻。

老鳥屋主經驗談

Sandy 關於油漆顏色，因為看 Sample 的時候很難去想像變成一大片牆的樣子，書房刷出來的顏色跟我認知的有落差，等我去現場看的時候已經刷好了，因為改顏色又要拖時間，後來就將錯就錯，所以刷油漆的時候屋主一定要在場。

Tina 漆在木頭、水泥板或木皮板的表現上，會有不同的品質，所以工班的價格落差也會很大。像做在櫃子上一般都會用噴漆或烤漆，比塗刷來得更有質感也更精緻。

PART 9 衛浴工程

照著做一定會

Point 1 衛浴安裝過程需知

項目 01 ▶馬桶

Tip01. 確認水電圖與安裝圖：在水電圖完成前要完成設備選擇，避免事後改管。設備都有標準孔徑，安裝要按圖施工。

Tip02. 安裝零件要防水並可荷重：檢查安裝設備的零件包，裡面的配件不可遺失缺少；零件需具有防水與止水的功能，尤其螺絲材質應要有荷重性與防鏽。

Tip03. 分離式馬桶安裝：固定時要注意底座與地面排水孔的對正，與磁磚收邊，避免排水不良產生異味。要確保每個接點環節、禁止用矽力康收尾，否則會漏水以及維修困難。

Tip04. 安裝時禁止硬塞：安裝時禁止以強力結合、鎖合，或使用重物撞擊的方式硬擠壓進去或硬塞、產生裂縫。

項目 02 ▶臉盆

Tip01. 水龍頭進水位置、尺寸確認：臉盆水龍頭處的進水位置與尺寸、樣式要事先溝通好，避免臨時更動、增加成本。

Tip02. 做好防水收邊：臉盆、檯面、下方收納櫃的邊緣皆要確實防水收邊。尤其下方櫃體盡量選擇防水材質，或在結合點打上矽力康讓每個結合點能防滲水。

Tip03. 臉盆要有穩定支撐：上、下嵌式臉盆的下底座支撐要確實，避免事後掉落，尤其是下嵌式臉盆。

Tip04. 安裝時確認進水高度：進水系統的高度要按標準施作，U 型管配件要到位、水管與壁排水孔要準確結合與防水，才能避免進水時發生漏水的情況。安裝時發現破損，不能隱瞞破損情況，避免危及日後使用安全。

▼ 在計畫衛浴風格之前，要先規劃好浴缸、馬桶、面盆的座向與尺寸，是否與管線相符合。

圖片提供 © 禾築國際設計

▲ 在水電圖完成前要決定好要使用的設備，避免事後改管，並且要按圖施工。

項目 03 ▶浴缸

Tip01. 注意浴缸進場時間與驗收：浴缸為訂購品，要注意訂做、進場時間。到貨須先檢查、小心搬運不能有碰撞。到貨要全部拆開作檢測，例如表面有無刮傷、配件是否齊全。

Tip02. 浴缸要有足夠支撐力：浴缸裝設時要考慮邊牆的支撐度，萬一沒有做好，因為水量多寡而上下移位，會產生裂縫進而滲水。

Tip03. 排水方向確認並預留維修孔：排水方向確認左排水還是右排水，此與水龍頭配置有密切關係，方便配置排水系統的管線。另外要預留維修孔，方便檢測。

Tip04. 清潔時要小心：清潔時避免使用有機溶劑擦拭，比方說使用去漬油或菜瓜布可能會使壓克力材質失去光澤。

浴缸安裝流程

順序	施作項目
1	泥作側撐防水完成
2	測排水高度與水平
3	置浴缸
4	底部泥作固定、支撐加強
5	置排水管並固定
6	貼面材、維修孔修飾
7	試水

Point 2 浴室電器設備

設備 01 ▶按摩浴缸

按摩浴缸要預留馬達維修孔，插座的位置不得過長，並要做好連結的固定，否則久了就會因鬆脱而漏電。而電源的接點也要確實檢查好外，還要測試漏電裝置是否正常。

設備 02 ▶蒸汽機

機器要固定、禁止橫放，傾倒放置會損壞機器。蒸氣機一般都裝在天花板內，因為加熱的關係，天花板要選用防火材；蒸汽管要使用抗壓的不鏽鋼管，蒸氣出口要設置在遠離易碰觸位置避免燙傷。此外，蒸氣機的耗電量相當大，要做好隔熱處理並有獨立的水電系統，防止走火。感應系統板面要做防水處理、預留控制位置，使用手冊要確實交接。

設備 03 ▶抽風機&浴室乾燥機

抽風機出風口要接在外面，管道間要好做密閉處理，否則一氧化碳容易滲進室內並造成中毒的危險；止風板的位置要確實就位，不可輕易拆除。如果選擇多功能浴室乾燥機，就要考慮電線的負荷量及控制面板的出孔位置。另外要視品牌不同，特別注意和水電配置是否相合。

▼ 更動浴室的位置，最大的重點在於馬桶管徑的遷移，將牽涉到地面墊高而產生載重性以及防水的問題。

圖片提供 © 寬月空間創意

▲ 無論是何種款式的臉盆，都要注意防水收邊以及下支撐是否確實完成。

▲ 馬桶安裝好可以暫時保留防護，如尚有木工、水泥粉刷工程進行，能起到保護作用。

？裝修迷思 Q&A

Q. 想要更動浴室位置、順便換新衛浴設備，除了小心拆除，應該就沒有什麼要擔心了？

A. 要更改浴室的位置，要先考慮到各種管徑排水系統、汙廢水系統，最大的重點就在於馬桶管徑的遷移，將會牽涉到地面墊高而產生載重性以及防水的問題。

Q. 安裝浴缸只要固定好不會移動即可，無須多花成本與時間施作其它步驟。

A. 浴缸沒有完整安裝妥當，將會帶來房子的漏水危機。如支撐底座及邊側沒有加強，進排水時會對浴缸與牆壁造成伸縮性的裂縫而漏水，再加上防水沒做好，就會影響隔壁房間油漆剝落、造成壁癌。排水管沒有固定，也容易造成樓地板滲水。

裝修名詞小百科

綠標章：由內政部建築研究所發起。綠建材標章制度之建立，目的在有效評斷並整合建材健康、生態、再生、高性能資訊，提供民眾選用材料的依據。

整體衛浴：同時具有按摩浴缸、淋浴、蒸氣、音響等多功能的綜合性衛浴器材。

老鳥屋主經驗談

Tina 防水最重要的就是試水，上磚前，直接在地坪上裝滿水、用力往牆壁上沖水，看有沒有滲到隔壁，大約1、2小時內就會見真章，假如會滲水，立刻就會發現。

Nicole 本來想在主臥室砌一個浴缸，問過設計師友人的回覆是，「磚砌浴缸」因為沙和水泥填充的構造，會比壓克力缸、鑄鐵缸、搪瓷浴缸等高出一倍漏水機率，而且常有年久失修的問題，後來我們就改用壓克力浴缸，省得後續出問題更麻煩。

PART 10 廚房

照著做一定會

Point 1 選擇廚房機具

方式 01 ▶表面要抗酸鹼、耐擦拭

除了品牌導向，廚具、電器為因應廚房特殊的使用環境，要選擇表面抗酸鹼、耐擦拭的，避免塗裝脫落而發生卡油汙的問題，其它器材以不鏽鋼材質為宜。另外瓦斯爐部分，也要注意是否有經過瓦斯器具公會以及中央標準及共同認定的標章。

方式 02 ▶正確的尺寸大小、使用電荷

廚房在水泥泥作粉刷前，在現場要先確認將會進駐的電器種類、數量、位置，再進行水電配置，須保證管線足夠負擔。一旦配電完成，避免增加附屬設備、過量共用插座。此外，櫃體的圖面設計便要依電器尺寸量身打造，再由安裝人員與廠商在現場確認，依圖面精確施工，防止誤差。

廚具安裝順序

順序	施作項目
1	水電位置完成
2	壁面磁磚
3	瓦斯抽風口取孔
4	立上下框
5	固定高櫃
6	鋪檯面
7	挖水槽
8	安裝油煙機、水槽、龍頭
9	門板固定調整
10	封背牆、踢腳板
11	防水收邊
12	測試

▼ 美麗的廚房還要有適當的高度與契合的五金來輔助，才能視覺與實用兼備。

圖片提供 © 弘第企業

▲ 廚房檯面使用耐汙的防水面材，未來使用更加便利。

Point 2 廚房要符合人體工學

技巧 01 ▶量身打造櫥櫃高度

使用者是廚房所有設計的起源，上下櫃體在確認使用者身高後，設計出符合人體工學的高度與尺寸，過高或過低皆不宜，再告知安裝人員正確數據，進行安裝。

技巧 02 ▶使用習慣決定五金位置

廚具五金配件不管是壁掛式或吊掛式，須了解使用者需求以及使用習慣後，再進行設計、施作，不然重複安裝會造成五金與廚具表面的損壞。例如決定好把手位置後，師傅得依照決定好的數據，確認上下左右的孔位距離，量身打造，隨意更動設計造成門板出現多個孔洞、不甚美觀。

Point 3 櫃體、五金學問大

要點 01 ▶板材要防水、檯面要平整

水槽櫃底下、板與板之間要做防水處理，避免滲水，造成櫃體變形或汙水異味四溢。L 型、ㄇ字型的廚具，要注意檯面的結合面是否平整，轉角收頭要做到一致，以免影響美觀與卡汙問題。

要點 02 ▶門板與櫃體要密合以防蟲

門板與櫃子要充分密合，避免離縫情形，造成蟑螂或害蟲及其他異物侵入。上下櫥櫃的門板要有對稱性，除非因為特殊需求或設計，則不在此限。

要點 02 ▶防鏽五金注意順滑度

安裝櫃內五金配件，在安裝時要注意順不順、是否有生鏽的情況，並且注意潤滑與平整度等，盡量避免選用特殊五金，以免零件替換不易，增加事後維修難度。

▼ 廚房在水電配圖時，便要決定好所需的電器與管線位置，日後使用才沒煩惱。

圖片提供 © 隱巷設計顧問有限公司

? 裝修迷思 Q&A

Q. 無論是廚房櫃體或機具，只要選擇大廠牌的產品準沒錯。

A. 符合使用者習慣與高度的廚具才是最好的選擇。現在無論是木工打造、亦或是品牌櫥櫃，皆能依照使用者的高度做調整，千萬別忘了跟師傅與廠商現場溝通喔！過高或過低的櫥櫃，會造成日後使用上的不便。

Q. 泥作施工前，無法確定會添購哪些廚房電器，還是請師傅隨便先配基本的水電管路好了！

A. 無論是先花時間與家人定調大部分的電器選擇、或預留未來「電器成長空間」都無妨，爭取水電配置期間，做適當的管路規劃，徹底避免未來電壓不足、插座不夠、跳電頻繁的窘境。

▼ 廚具流理檯高度 80 ～ 90 公分，與上下櫃中間高度 60 ～ 80 公分，依使用者身高及習慣而訂。

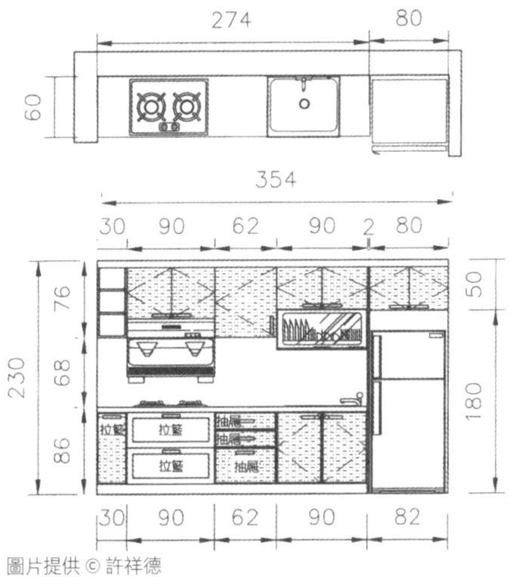

圖片提供 © 許祥德

圖片提供 © 弘第企業

▲ 裝設櫃內五金要確認軌道是否滑順；要使用特殊規格品則要預先考慮未來維修替換問題。

裝修名詞小百科

美耐板：為表面飾材的一種，具有多種變化可省去油漆的預算，耐髒特性適合用於浴室的天花板、櫃門、壁面等處，但它具有轉角接縫處明顯的缺點，因此在收邊時須特別留意。

廚房三機：抽油煙機、瓦斯爐及水槽，是廚房必備的基本設備

老鳥屋主經驗談

Tina

在施工前的水電配置圖，就要請專業的水電技工去確認電壓是否足夠，或是在電表箱內加裝電絨，以防止跳電問題。

蔡媽媽

裝修前先給了設計師預計使用電器的尺寸表，繪製電器櫃的設計圖。但人算不如天算，櫃體順利完成，卻因預定的產品缺貨、臨時換了型號，原本非常有餘裕的櫥櫃空間、卻差一點擺不下。所以電器尺寸的決定要更加謹慎！

Project 08

格局

住的好舒服，打敗狹小擁擠

格局規劃的好不好，是住起來能否舒適以及滿足全家人需求的基本條件，最根本要能必須達到採光明亮、動線順暢、通風良好且具備多功能用途，而原始空間條件、使用者人數多寡，甚至是預算的高低，都是影響格局配置的關鍵點。

重點提示！

PART 1 評估格局變動原則

預計居住的時間長度、會不會增加及減少使用成員、有沒有特殊的收納需求，以及有無任何嗜好等等，都應納入評估格局是否需要變動，又必須調整的幅度有多大。→**詳見 P112**

PART 2 變動格局的費用計算

變更衛浴空間至少要 NT.10 ～ 20 萬，如果是夾層增設樓梯要價也得 NT.5 萬元起跳，另外，將隔間拆除換成玻璃拉門，一扇門約莫 NT.10,000 以上，想省錢的話廚衛就儘量維持不變。→**詳見 P116**

PART 3 小坪數格局規劃原則

從通風、空間的利用性等層面為思考，雙面櫃取代隔間牆、穿透性隔間的運用、隱藏門片做法，都能讓小空間變寬敞舒適。→**詳見 P120**

職人應援團出馬

格局職人

馥閣設計 黃鈴芳

1. 利用及腰隔屏放大空間感兼具界定。不一定所有的空間定義要用隔間來區隔，尤其是公共空間，為保留客廳採光到室內各角落，利用書桌與隔屏的結合，做為沙發的背牆設計，手工鏝土的面材及波浪造型牆，讓空間增添手感居家風格及浪漫。

2. 不落地隔間設計減輕量沈重的體感。玄關與客廳之間藉由不落地的屏風暗示空間分野，而灰色的色塊又與電視牆上方的天花板相呼應。電視櫃的規劃結合三合一的機能，除了是視聽櫃，也是餐廳的收納櫃，另還兼具了隔間牆功能。

圖片提供 © 馥閣設計

工程職人

演拓空間室內設計 張德良、殷崇淵

圖片提供 © 演拓空間室內設計

1. 善用玻璃隔間放大空間。將實牆隔間以玻璃材質取代後，將戶外的光線引入室內，不但能提升室內採光明亮度，同時也在無形中放大了空間感，更讓原本陰暗的居家產生了變化。

2. 架高地板手法區隔空間。在隔間設計上，最常見的手法還有架高木地板設計，尤其是想在公共空間裡再規劃出一間書房，可以利用架高地板的方式來區隔機能性，不但做為客餐廳分界外，也多一個彈性可應用空間。

色彩職人

養樂多_木艮 詹朝根

1. 保留原有格局僅以傢具界定。有時不一定要把牆全部去除，可以透過大型家具設計來界定空間。尤其是一般牆高約 280 公分以上，而現成的家具櫃體大約 200 公分左右，保留天花通透高度，能保有採光及通風，且視覺壓力也不會太重。

2.45 度牆面有放大空間效果。正方格局是空間追求的目標，但若是空間真的太狹小，但又想營造寬敞的感覺，除了採用虛擬隔間外，其實也可以將其中一面牆改為 45 度，在視覺上也有放大的效果。

圖片提供 © 養樂多_木艮

PART 1 評估格局變動原則

照著做一定會

Point 1 依據空間判斷

原則 01 ▶尊重原始條件進行設計

格局不良是老屋常見的問題，但事實上，老屋的格局本來大多都是符合基本需求的，只是後來被後來的入住者未經通盤考慮改變了，而導致出現不符使用需求的格局問題。只要尊重房子的原始條件進行設計，考量容量和需求之間的平衡，就不會有格局不好、不能住的老屋。

原則 02 ▶依生活動線規劃收納

收納要依照生活動線規劃，而不是把所有的物品都堆放在儲藏室，才能讓居住者養成順手收納的習慣，讓空間井然有序。例如在玄關區規劃鞋櫃、衣帽櫃、餐廳區規劃餐櫃、書房則設計容量充足的書櫃等。

原則 03 ▶廚衛位置盡量別移動

因為排水管或糞管較粗，遷移管線時需要挖得比較深，但老公寓的樓地板較薄且老舊脆弱，可能會承受不起這樣的工程，此外，管線遷移還會連帶著泥作、磁磚、防水等工程的施作，相對費用也會提高。

原則 04 ▶注意管線及樑柱的位置

中古舊屋空間中，比較容易遇到管線及樑柱等問題，容易造成行動不便或空間使用的困擾，所以在檢視格局時要特別注意樑柱的位置。不光是建商在販售時，容易隱藏樑柱位置，有些設計師在規劃平面圖時也沒有清楚標示，等到施作之後，才發現高度根本不足，很難使用。

▼ 配合居住者的生活習慣更動格局，才能規劃出最完美的空間設計。

圖片提供 © 禾築國際設計

▲ 烹飪習慣與是否常在家用餐，應該作為空間比例、格局規劃的影響因素。

Point 2 依據使用者人判斷

考慮 01 ▶ 居住者的數量、年齡、性別

家中人口數是設計的基礎，包括房間數、衛浴的數量，以及是否需要設置小孩房、書房，都會因為居住成員多寡而有所不同。年齡層和性別，則會影響到房間配置，例如長輩房可能會安排在較安靜的區域，女生的房間盡量不安排在會影響隱私的陽台旁。

考慮 02 ▶ 居住者的休閒、嗜好

家中成員平日的休閒活動，也會影響到空間配置。例如喜歡聽音樂、看家庭劇院，或者經常把住家作為親友聚會開 party 的場地，這些不同的需求，往往也會影響到空間的規畫。

考慮 03 ▶ 預計居住的時間長度

一間房子住五年、十年甚至更久，都會有不同的設計考量。因此在更動格局時，要考慮打算住多久？未來會不會增加或減少居住成員？是否為首次購屋？或另有投資打算？不同的考量將會影響未來的裝修走向。

考慮 04 ▶ 有多在意風水

設計師基本上會依一般的風水原則設計，但若屋主有特殊需求，例如必須依照風水師設定的方位做空間配置，那就最好事先告知設計師，避免裝修完成後還要修改，造成浪費。

考慮 05 ▶ 是否沿用舊傢具

如果是舊屋換新屋，舊傢具的保留或換新，都會影響到格局配置。如果要保留舊傢具，格局配置就必須遷就既有的傢具尺寸。

考慮 06 ▶ 獨立空間的定義

每個人對於獨立空間的定義不同。有人一個角落、一張單椅就是自己的天地，有些人則要完整的獨立空間才行。所以設計前，要清楚告知設計師自己能接受的需求取向。

考慮 07 ▶ 特殊收納需求

家中是否有特殊的收藏，以及數量的多寡，不僅會影響到收納櫃體設計，為了讓空間感更開放，有時也會用櫃體隔間，因此若有特殊的收納需求，甚至會牽涉到隔間規畫。需要多大容量的收納、展示空間？須採開放式還是封閉的設計？都與家中成員各自的收藏品有關。

Point 3 依據使用習慣判斷

習慣 01 ▶要不要書房規劃
雖然許多小坪數空間都會有書房的設定，但工作空間的必要性會因人而異。若對於工作和閱讀的需求，只是簡單的上網或寫字，則可以餐廳或可活動的桌子來替代書房的機能。

習慣 02 ▶衛浴的使用需求
中古舊屋的格局，除非不更動衛浴，否則也會因為使用習慣及人口數而調整衛浴的格局與配置。例如只有一人住的小宅是否需要兩套衛浴？或者是否空間足以規劃成乾濕分離的衛浴？

習慣 03 ▶能否接受開放式廚房
不少舊房子的廚房都有空間太小或是動線不良的問題，有些人可能很介意廚房沒有封閉，也許是擔心油煙或其他問題，只要能針對考量點加以解決，空間的規劃就能更具有靈活度。

習慣 04 ▶烹調習慣及在家用餐的頻率
烹調習慣會影響到廚房的設計，傳統料理重度油煙的使用者，最好利用隔間或者拉門隔絕油煙。鮮少下廚或者輕食的屋主，就可以考慮規劃開放式廚房。

▼ 主臥房後方的格柵牆面，可藉由光源或影子，提示空間正在使用中，也能降低光線打擾正在休憩的另一半。

圖片提供 © 寬月空間創意

? 裝修迷思 Q&A

Q. 雖然家中只有兩個人，趁更動格局時，還是多準備幾個房間以備不時之需。

A. 居住空間有限，建議還是依照居住者的數量與需求作主要考量。而且過度分割會壓縮到居住者的使用空間、視覺感受以及採光，如果擔心客人來訪會沒地方住，那可將和室或書房兼做客房、彈性使用，避免空間閒置而降低坪效。

Q. 買新房子就是要用心裝潢，每樣裝潢建材都要用最好的。

A. 依照這房子要住多久，來考慮使用的質材區段，才能有最有效的預算應用。比方說：如果是首購房屋、未來搬家的機率高，那可以稍微降低裝潢材質的預算，做其它投資。

圖片提供©IKEA

▲ 每個人對空間感受不同，有人一張單椅就能成就自己一方天地。

圖片提供 © 演拓空間室內設計

▲ 廚房、衛浴牽涉到特殊的管線規劃，一旦更動會產生結構與預算增加問題。

裝修名詞小百科

中古屋、老屋：從字面上來解釋就是指舊房子，無論是已經住過、轉手再賣或屋齡歷史悠久都包含在內。

獨立空間：設計師說的獨立空間，包含有隔間牆的單獨空間，以及開放的一個角落。

老鳥屋主經驗談

ayen 我是在家工作者，本來想把客廳的牆打掉，結合開放式書房的設計，後來擔心老屋結構問題而作罷，不過新砌的牆面刻意沒有作滿，從走道、客廳都能走進書房，形成一個環繞式動線，空間感覺變更大。

Nicole 因為另一半從事教職，加上我們希望以後能和孩子一起閱讀，培養他愛看書的好習慣，所以特別規劃了一間獨立書房，同時也兼具收納的機能。

PART 2 變動格局的費用計算

照著做一定會

Point 1 不同屋齡的變動格局預算

屋型 01 ▶中古屋

一坪先抓 NT.5 ～ 7 萬元做好基礎工程才合理。15 年以上的中古屋，若還要居住超過 10 年以上，建議除了管線必須更換之外，像是門窗及衛浴、廚房最好也全部換過，裝潢費用大約一坪也要 NT.4 ～ 5 萬元以上。另外，若隔間需更動、地坪全新更換，則裝潢費更上漲至 NT.6 ～ 7 萬元／坪，才會比較合理。超過 30 年以上的老房子，有壁癌、漏水、管線老舊或採光、格局不佳，以及動線設計不良等等問題，一坪要抓 NT.8 ～ 10 萬元左右才合理。

屋型 02 ▶新成屋

新成屋的裝修費用，在不改格局等狀況下，若想要做到一般質感，以台北市為例，大概一坪在 NT.3 ～ 5 萬元之間。此外，15 坪以下的小坪數空間抓 1 坪約 NT.5 萬元左右，因為很多傢具必須量身訂作，加上施作空間小、施工較為困難，所以在裝修預算上較一般新成屋來得高。不過，因為總坪數的關係，所以整個裝修預算計算下來，小坪數還是比較便宜的。

屋型 03 ▶夾層屋

必須計算樓梯及鋼構夾層，一坪約 NT.6 ～ 7 萬元起跳。而且可能還得設計夾層並增加樓梯施作的費用，因此無法以一般屋型的坪數來計算費用。樓梯則看用料，分為木作樓梯或是鋼構樓梯，前者費用較便宜，大約 NT.2 萬不到即可做成；若是用鐵件或鋼構樓梯則均要價 NT.5 萬元以上，結算下來約一坪要抓在 NT.7 ～ 8 萬起跳。

裝潢費用簡易預估

隔間形式	計價方式
磚牆隔間	NT.5,500 元／坪
木作隔間	NT.150 元／尺，基本為 8 尺 NT.1,200 元＋隔音棉另加 NT.500 元／尺
矽酸鈣板隔間	NT.200 元／尺，基本 8 尺 NT.2,000 元，隔音棉另加 NT.500 元／尺。
玻璃隔間	NT.45 ～ NT.850 元／才計算

▼ 變更居家格局所要花的錢，可能比想像的多很多，先搞清楚大概要花多少錢，再決定是否要進行。

圖片提供 © 寬月空間創意

圖片提供 © 寬月空間創意

▲ 餐廳、廚房採開放式設計，並利用懸浮式中島設計，讓視覺有延伸放大的效果。

Point 2 局部變動＆預算

狀況 01 ▶改善客、餐廳間的格局動線

圓弧造型隔間搭配具穿透的材質處理。一般長屋形的房子，如果使用制式隔間牆，很容易會把房子切割成幾個互不相通的方盒子。為了讓動線更流暢，不被隔間阻絕，可以利用中段設計緩衝區，利用非封閉式的圓弧造型隔間，搭配具穿透的材質做設計，這樣除了擁有客廳、餐廳，中間過度區域還可以規畫成書房或其他多功能使用的空間。弧形隔間（可彎板）約為 NT.2,800 元起／尺。玻璃 NT.45 ～ NT.850 元／才起算。

狀況 02 ▶增設多功能和室

多功能使用的和室，可以當作客房或者休憩起居空間，依地板是否架高，費用不一。如果需架高地板設計收納，每坪會增加約 NT.1,000 元的費用。和室拉門費用，約 NT.10,000 元／扇（3 尺 ×7 尺）。若不使用拉門，也可用布簾區隔，費用依布料材質而定。和室若僅設計簡單收納層板，約 NT.4500 元／尺。木作要加上漆費，約 NT.900 元／尺。若用系統櫃，國產約 NT.2,000 元～ 3,000 元／尺；進口板材約為 NT.2,500 元～ 5,000 元／尺。整個算下來，以木作佔為大多數，大約 2 坪大小的和室，可能要花大約 NT.5 ～ 6 萬元才搞得定。

狀況 03 ▶開放式廚房裝設拉門

可選擇用玻璃拉門或折門，讓空間穿透與採光更好，一扇約一萬元起。一般鋁質的拉折門或滑軌門，費用一扇 NT.10,000 元以上（3 尺 ×7 尺）起，門片可設計夾紗或夾木皮剪影等。如果是木作拉門，費用依材質與設計不同而異。

狀況 04 ▶拆除餐廳隔間、鏡面材質放大

餐廳的空間太小，一種方法是將隔間牆拆除，採開放式的設計，這就牽涉到拆除工程，若面積不大，費用約在 NT.15,000 ～ 20,000 元以內。若因為預算關係，或壁面屬於剪力牆不能拆，可利用鏡面反射的視覺效果，讓餐廳放大。鏡面反射的材質包括各式玻璃，價格從 NT.45 ～ 850 元／才起，另外目前最流行的黑鏡或茶鏡，1 才約 NT.100 元左右。至於烤漆玻璃 1 才約 NT.300 元左右，值得好好利用。

木質地板計價方式

地板形式	計價方式
平鋪實木地板	NT.5,000 ～ 10,000 元／坪
竹地板	NT.6,000 ～ 12,000 元／坪
海島型木地板	NT.4,000 ～ 6,000 元／坪
超耐磨木地板	NT.3,000 ～ 4,000 元／坪

Point 3 衛浴更動預算

Tip01. 總價粗估最少需要沒 NT.10 ～ 20 萬元。

Tip02. 防水的 RC、磚牆：磚牆目前是 NT5,500 元／坪。

Tip03. 浴缸、馬桶、洗手檯只要遷移、就無法再使用：浴缸、馬桶、洗手檯等設備更換費用，至少 NT.50,000 ～ 100,000 元不等。

Tip04. 若需要拆除隔間牆，拆除費大約在 NT.10,000 ～ 15,000 元左右（此價格不含垃圾清運費）。

Tip05. 管線遷移，牽涉水電：管線移位、重配 NT.3,500 ～ 5,000 元／組。

Tip06. 地板磁磚要重鋪：磁磚重鋪費用約 NT.5,000 ～ 6,000 元／坪。

Tip07. 防水費用：地面全做；壁面需做到從地面算起 1 米 1 的高度，費用為 NT.900 元／坪。

圖片提供 © 隱巷設計顧問有限公司

▲ 衛浴遷移將會產生拆除、泥作、設備更新等工程花費，是預算需求比較高的工程。

▼ 隨著地坪材質不同，所需要的預算也各有高低。

圖片提供 © 寬月空間創意

▲ 賦予空間一個以上的功能性，便能有效減少格局變動的預算。

? 裝修迷思 Q&A

Q. 夾層屋明明總面積就比較小，為何每坪收費比較貴？

A. 夾層屋由於還要加入樓梯與鋼構夾層預算，所以無法使用一般屋型的計價方式。樓梯則看用料，分為木作樓梯或是鋼構樓梯，前者費用較便宜，大約 NT.2 萬元不到即可做成，若是用鐵件或鋼構樓梯則均要價 NT.5 萬元以上，所以結算下來大約一坪要抓在 NT.7-8 萬元起跳比較合理。

Q. 想要在家增加一間書房，一定得要重新規劃隔間嗎？

A. 可以將「書房功能」附屬在大坪數空間裡的小角落，就可省下格局變動預算。例如在餐廳旁增設兼具餐具櫃功能的書櫃，這樣便可以將餐廳兼當書房使用。或是將化妝檯當作書桌，相鄰處再設置簡單的書櫃，如此一來，臥室的一隅就成了家中的書房。

裝修名詞小百科

APC 板：是一種塑料板，具有耐高溫耐高壓的特性，適合運用在潮溼的衛浴空間。

BPS 板：又叫單式纖維棧板，是一種壓克力材質，適合運用在潮溼的衛浴空間。

老鳥屋主經驗談

ayen

房子原始格局和我們想要的落差太大，特別在是公共廳區部分，所以我們有將廚房隔間、書房隔間做調整，其餘就利用減少木作、使用二手傢具等方式節省預算。

Chole

我們家買的是 5 年左右的中古屋，原始屋況條件還算不錯，格局也滿方正的，不過我們還是拆除一道牆，將書房改成用活動拉門的方式，反正書房本來就不太需要隱私，平常幾乎都把門打開，空間看起來變得更寬敞舒服。

PART 3 小坪數格局規劃原則

照著做一定會

Point 1 規劃原則

原則 01 ▶複合功能提升坪效

複合空間的規劃運用是提升坪效最重要的一點，將客廳結合書房，或把餐廳結合工作區、閱讀區等做法，讓一個空間具有多樣化的用途。當空間的使用面向廣了，空間尺度也就跟著開放出來了。

原則 02 ▶減少隔間開闊空間

盡量減少隔間，讓採光能無阻礙地進入室內，這種運用「減法」的減建概念，不但解決採光不佳的問題，還能使空間感變大、變開闊，讓家人互動也能無礙，是一舉多得的設計手法。

原則 03 ▶雙面櫃取代隔間牆

利用雙面櫃取代傳統隔間牆，可以爭取更充足的收納容量，使得空間利用更有效益。例如主臥緊鄰小孩房，利用雙面櫃的設計，面向主臥的 30 公分設計為電視櫃，面向小孩房的深度則是 30 公分左右的書櫃，一旁完整 60 公分的深度則為小孩的衣櫃。

原則 04 ▶改變開門方式省空間

若房間或廊道的空間，因為迴轉半徑不夠，無法設計成一般的開門方式，可以利用軌道式拉門，或規劃成拉摺門，節省空間，甚至讓多出來的空間可以做其他的利用，彷彿放大了空間。

原則 05 ▶隱藏門讓空間更完整

坪數不大的空間，經常會利用走道的空間作為餐廳或者其他空間，這時若能利用隱藏門的設計，讓門隱入壁面，空間會變得更完整，而不會被零碎切割。此外，採用一些玻璃鏡面材質，利用光反射製造虛實空間感，延伸視覺。

原則 06 ▶加大窗戶引進採光

只有前後有採光、又有走道的狹長型格局，是老屋最令人頭痛的格局，因為會使室內變得陰暗，動線也不順暢，建議可以將窗戶加大，或在重新隔間時依著採光順向設計，並在規劃時減少走道產生，以解決光線和動線不佳的問題。

▼ 半開放的空間設計，視覺穿透之餘，亦保留區域間的隱私，增加居家使用彈性。

圖片提供 © 馥閣設計

圖片提供 © 懷特室內設計有限公司

▲ 開放式設計讓動線更加自由，營造居家開闊視感。

Point 2 通風計畫

計畫 01 ▶讓空氣對流的開窗設計

現在新建案多運用冷空氣下降，熱空氣上升的原理，將氣窗開在下方，使空氣能夠自然對流。若想讓屋內更通風，不妨趁裝修時改變氣窗位置，讓空氣對流更順暢。

計畫 02 ▶正確的空調配置

空調的配置是否得當，也會影響冷房效果及室內空氣循環。壁掛式冷氣，盡量設置在屋內縱深較深的方向，冷房效果才會比較好。吊引式冷氣的出風口，盡量避開人會長時間坐、臥的位置，以免經常吹風，造成身體不適。

計畫 03 ▶開窗方式影響採光和通風

軌道式推拉窗的通風會比外開窗更好，因為外開窗通常設置於封閉的觀景窗兩側，空氣對流的面積比軌道式推拉窗小。此外，利用凸窗的設計，可以增加採光面，引進更多自然光。

計畫 04 ▶非封閉式隔間保持通風

隔間可以選擇鏤空的隔屏或拉門，作為空間界定，或讓隔間牆的設計不做滿，保留部分空間，令空氣得以流通，加上開窗的對流效果，就能讓室內保持良好的通風。

▼ 小空間的夾層設計要特別注意樓梯位置安排，並可加入收納設計，增加使用效率。

圖片提供 © 隱巷設計顧問有限公司

Point 3 夾層屋設計原則

原則 01 ▶先定好樓梯的位置

樓梯的位置及材質，對挑高夾層的格局動線影響很大。要是規劃得宜，樓梯可以增加機能，像是作為隔間或是收納。一般樓梯多靠邊規劃，以維持空間的完整性，但這要視格局而定。

原則 02 ▶公私領域分上下層

無論是 3 米 6 或 4 米 2 的夾層屋規劃，樓下通常比樓上高。像是客廳、餐廳、廚房及衛浴等公共空間，因其管線較複雜、加上考量動線使用方便，最好放在樓下，以便日後維修。樓上高度雖然較不足，但相對隱密性較高，可以將臥房、兒童房及書房，放在夾層的上方。

原則 03 ▶依習慣分配夾層高度

客廳活動時較長，高度就要可讓人自在走動，甚至應該保留挑高設計，這樣還能放大空間。書房、餐廳因為使用時間短、大部分時間都是坐著，高度就可以較低一點，但還是以不彎腰為原則。臥房則多用於睡寢，或是儲藏室只用來收納，不需久站，就可以配置在天花板高度較低的夾層空間。

原則 04 ▶夾層最好不要做滿

夾層最好不要做滿，除了有法令上的考量外，樓高不足的空間反而會讓空間變得更小。建議加建夾層，最好佔實際坪數的 1／3 到 1／2，若 25 坪的住宅而言，大約多出 10 ～ 13 坪的使用空間，足以規劃一間臥室及一間衛浴。

原則 05 ▶迴廊式夾層空間配置

若夾層面積夠大，可以安排迴廊式的夾層走道，來串連夾層各領域。使用頻率高的空間，則可以規劃在夾層樓梯附近，而使用頻率較低的不妨安排在迴廊底端。

▼ 大面積開窗增加採光，讓空間看起來更開闊明亮，達到放大效果。

圖片提供 © 演拓空間室內設計

圖片提供 © 演拓空間室內設計

▲ 拆除原有廚房隔間，旁邊運用透明玻璃區隔出書房，增加機能、卻不顯擁擠。

? 裝修迷思 Q&A

Q. 挑高空間應該盡量將夾層做多一點，如此一來，可使用的空間也會增加。

A. 夾層面積有法規上的限制，不可以隨意加大。此外，過多的夾層空間會讓樓高不足，空間感變小而顯得壓迫。

Q. 小坪數住家因為空間小，所以除了必要的客餐廳、臥室，其他都必須要捨棄。

A. 透過一室多用的概念，小坪數可以具備更多功能。例如將客房設計為和室，平時可當書房、起居間、遊戲室，客人來訪也不用擔心，一舉數得。

裝修名詞小百科

美背：通常靠牆的櫃子不需要做美背設計，但若是用來兼做隔間牆、背面會暴露於外的櫃體，就需要美化修飾一下，大多會採用與門片相同材質包覆，達到整體美觀性。

間接照明：透過間接光源達到照明效果，通常包覆在樑下、吊隱式冷氣機或消防灑水管線下方，因為不會直接看到燈具和光源，所以稱作間接照明。

老鳥屋主經驗談

King

住家坪數小，開放視野會讓空間感覺更開闊。家中客、餐廳、廚房全開放設計，共享自然光，家人的互動也不受隔間阻礙，反而更添親密了！

ayen

以前房子的廚房都是封閉隔間，小房子反而更覺得很擁擠，改成開放式餐廚之後，空間比較開闊，坐在吧檯視線還能延伸至後陽台的綠意景觀，感覺很愜意舒適。

Project 09

隔間

好看多機能，引光延伸更寬敞

很多屋主買房經常陷入一種迷思，隔間隔得越多越好，其實是錯誤的觀念，隔得太多會影響動線，也會讓房子變得陰暗，應視空間屬性刪減隔間，搭配隔間材質的妥善運用，就能創造出明亮又寬敞的好空間。

重點提示！

PART 1 認識隔間形式

隔間形式包括完全密閉、半開放、拉門彈性設計或是全開放式無阻隔，最簡單的方法就是依據公、私密性的需求去決定開放與否。→詳見 P126

PART 2 隔間結構 & 材質

隔間有磚造、木作、輕隔間、玻璃等結構，如果選用玻璃為隔間必須使用強化玻璃，且厚度要有 10mm 左右，另外，矽酸鈣板牆面如要掛重物，最好要釘在角材上，並且加強局部結構。→詳見 P128

PART 3 隔間機能

隔間可不是只能扮演牆面的角色，結合五金、層板等設計，也可以是一道旋轉電視牆，或是兼具收納的雙面櫃。→詳見 P130

職人應援團出馬

工程職人

演拓空間室內設計 張德良、殷崇淵

1. 巧妙設計隔間，讓內可看外，但外無法看內。在風水考量上，最怕一進門就把家看光光，但在家裡的人又想第一時間知道來者何人，因此將玄關隔間用木作隔屏設計，並將每條格柵設計成 45 度角，讓外來者無法看透室內，但室內的人卻可以得知來訪者。

2. 整合性隔間設計，收納及空間界定一次解決。隔間太多會讓空間昏暗又擁擠，因此建議不妨可以將收納一起考量，例如客廳主牆同時也是主臥牆面，便可將主臥衣櫃及電視櫃整合在一起，即省空間又達到機能性，同時當電視櫃內設備維修時，也可以從衣櫃處理，省去家電拿進拿出的麻煩性。

圖片提供 © 演拓空間室內設計

圖片提供 © 王俊宏室內裝修設計

格局職人

王俊宏室內裝修設計工程有限公司 王俊宏

1. 拉門隔間區隔空間又是收納門片。把原本的紅酒收納櫃的門片尺度拉大，變成一個活動牆，不但區隔三個空間：廚房、吧台區及一間休息室外，同時更兼具靈活機能性，依需求轉換空間角色。

2. 利用鐵件＋格柵設計將隔間變好看。利用鐵件＋格柵的穿透式隔間設計，延伸了空間感，達到區隔空間的目的，像是玄關屏風，或是客廳隔屏上面掛上電視，更具機能性，少了封閉，也讓視覺的動線變得更為流暢。

老屋職人

禾築國際設計 譚淑靜

1. 夾紗玻璃隔間隱私採光兼顧。在主臥及衛浴的隔間採通透設計，並顧及隱私問題，運用夾紗玻璃，讓人看不清裡面的情況，卻又保有採光，及放大空間效果。

2. 頂天立地獨立隔間設計營造環狀動線。在客廳以及閱讀區之間，藉由頂天立地的牆面結合後方的展示層板製作。兩側另留通道的作法不僅僅暗示了空間的存在，視線可穿透的設計也間接帶來空間延伸的感覺，並可區隔不同的空間領域。

圖片提供 © 禾築國際設計

PART 1 認識隔間形式

照著做一定會

Point 1 密閉式隔間

多運用於臥房、衛浴等需要隱私的空間，採用實體不穿透的隔間材質，讓空間自成一區，不受外人干擾，隔間表面材質、設計做法選擇性也相當多元。

Point 2 半開放式隔間

客廳、書房、餐廳和廚房等經常使用的公共區域，利用具穿透感的材質或是可彈性移動的門片、櫃體等，有效開闊空間廣度也能適時具有遮蔽的效果。

Point 3 無隔間全開放式

公共區域像是客、餐廳和廚房是經常走動的地方，使用頻率高，需要開闊的空間才不顯擁擠壓迫，因此必須採取無實牆區隔的空間較方便。

手法 01 ▶利用造型天花區分

玄關與客廳之間運用不同材質或造型的天花，除了可以豐富過道的視覺感受，也暗示了空間過渡的轉換。

手法 02 ▶變換地坪材質或架高地板

由於玄關區是經常出入的地方，容易帶入室外的沙塵，因此玄關區常會使用表面較粗糙的地板材質，如磨石子地坪、粗糙面的石英磚，或是架高客廳的地坪，利用表面材質和高度落差集塵，避免沙塵進入室內。

手法 03 ▶利用櫃體、傢具或屏風區隔

未至頂的櫃體和鏤空的屏風，能讓視線穿透，卻又具有一定的屏障功能，讓空間得以界定。

▼ 公共廳區可使用櫃體或是穿透性隔間，既可不受到干擾又能有開闊空間的效果。

圖片提供 © 馥閣設計

▲ 要更高私密性的臥室多以密閉隔間打造，然而表面設計手法十分多元，木作烤漆加上不同斜面角度的堆疊，可產生自然的層次效果。

? 裝修迷思 Q&A

Q. 開放式廚房沒隔間，油煙會飄散到客廳，一點也不好用？

A. 其實這必須視每個人的烹調習慣而定，如果是偏好中式大火快炒，建議可適時增加遮蔽，例如在廚房和餐廳之間增加拉門，一來能阻絕油煙，二來拉門的設計也能讓空間運用更彈性。

Q. 想要另外增加一間書房，又怕空間看起來很小，難道只能放棄嗎？

A. 全密閉式的空間雖然具有隱私，但是容易讓人覺得空間狹窄，不妨變換隔間材質和形式，利用拉門或具穿透性質的玻璃，改為開放式的空間設計。可隨意收納或拉起的彈性拉門，能依照需求轉換為獨立或開放空間；玻璃隔間則是具有實體的遮蔽，但又能保持視線的穿透，讓空間開闊。

裝修名詞小百科

隔間：也就是俗稱的牆面，在建築學上是指一種垂直向的空間隔斷結構，用來圍合、分割或保護某一區域。又分成兩種功能，一是作為建築物的外殼結構，提供足夠防水、防風、防火、保溫、隔熱、隔音等性能，其二是區劃空間的主要構件，亦滿足必要防火、隔音等功能。

彈性隔間：就是較具彈性的隔間方式，若是有一房多用的需求，建議可以規畫為多機能空間，運用折門或玻璃隔間適時將空間轉換成密閉或半開放。公共區域也能利用具穿透感材質或是可移動的門片、櫃體等，達到開闊以及具遮蔽的效果。

老鳥屋主經驗談

Sandy 我家是小坪數，每個空間其實都不大，當時為了能多省點錢，廚房隔間便沒有更改，後來有點後悔，其實應該把面對客廳的部分改成玻璃材質，空間的延伸感會更好，小朋友在客廳玩耍也比較能隨時注意到。

大白鯊 傳統裝潢一定都是全部隔起來，但是這樣做空間會很壓迫，我自己裝潢房子的時候，客廳、餐廳之間希望有區隔又不想太封閉，所以直接利用層架書櫃當作隔間，好處是多了收納機能，視線還是能維持半穿透的效果。

PART 2 隔間結構 & 材質

照著做一定會

Point 1 磚造隔間

一般泛指使用磚體疊砌而成的牆體，其材質不論是紅磚、石磚或空心磚等類，因施作方式差異不大，多半統稱磚牆。

紅磚 VS. 白磚比較

類型	特色	缺點	工時	價格
紅磚	隔熱性強，耐磨度高，風化的抵抗力和耐久性高。	由水、泥沙混合砌牆，易產生白華現象（壁癌）	較長	價格高
白磚	重量輕、隔音、隔熱、防火。	質地較鬆軟不能承掛重物，不能隨便釘釘子。	較短	價格低

Point 2 RC 牆

利用鋼筋與混凝土灌漿而成之牆體，即一般俗稱之 RC 牆，是台灣建築物外牆普遍使用的牆體構造。

RC 結構 VS. SRC 結構比較

類型	抗震原理	運作原理	適用樓層高度
RC 牆	靠剛性抗震	RC 造的房子剛性較大，搖晃的位移量小。由於 RC 是較為硬脆的結構材性質，若變形力過大，RC 就會脆裂。因此需透過剪力牆或隔間牆的構造加強建築物的剛硬度，藉此運用更大的剛性，抵銷地震能量。	一般 10 層樓以下的房子
SRC 牆	靠韌性抗震	由鋼骨造的房子則韌性較佳，搖晃的位移量大，它的特性是靠搖晃較大幅度來抵銷地震水平利的能量，但樓層越高搖晃度越大。搖晃變形大，牆壁易裂，但主結構可保沒事。	中高層建築 15 至 25 層

Point 3 木作隔間

以木質角材為骨架，外層再封上夾板、木心板或加工皮板、矽酸鈣板以及水泥板等，作為表面修飾，內部則填充吸音材質。由於木材具有可塑型的特性，因此木作隔間多運用於特殊造型壁面，或結合門作隱藏式牆面的設計。

Point 4 玻璃隔間

以大面強化玻璃作為主要材質的牆面，通常用作隔間的厚度大約 10mm 左右，若想加強隔間的隔音效果，隔間的上下固定框要確實密封。

圖片提供 © 奇逸設計

▲ 強化玻璃隔間的厚度至少需 10mm，若想加強隔間的隔音效果，隔間的上下固定框要確實密封。

Point 5 輕隔間

輕隔間一般泛指以輕型金屬構材為骨架，表面再以石膏板、水泥板或矽酸鈣板等板材包封。依照內部填充的材料和工法不同，還可細分為「輕質混凝土隔間」、「輕鋼架隔間」。

乾式輕鋼架隔間 VS. 輕質混凝土隔間比較

類型	表面材質	內部材質	施工方法	工時	適用空間
乾式輕鋼架隔間	石膏板、矽酸鈣板等	岩棉、玻璃棉等吸音材	架好骨材→填充玻璃棉或岩棉→石膏板或矽酸蓋板封板	較短	客廳、書房、臥房
輕質混凝土隔間	纖維水泥板	水泥混砂	架好骨材→纖維水泥板封板→預留孔洞→灌注水泥	較短	客廳、書房、臥房、浴室、廚房

? 裝修迷思 Q&A

Q. 家裡牆壁有壁癌，看起來很醜，乾脆直接貼上壁紙或木皮，眼不見為淨。

A. 由於壁紙和木皮怕潮，因此不可施作於有水氣的地方，在貼上牆面之前，一定要先處理好牆壁的漏水、壁癌等問題，才不會因滲水導致壁紙損壞。另外，貼壁紙時，最重視壁面的平整度。由於牆面的縫隙、孔洞有很多是肉眼所無法辨識，所以要事先處理牆面的凹洞、裂縫，才能延長壁紙的壽命。

Q. 聽說矽酸鈣板的牆面易脆，不能掛重物或釘釘子，是真的嗎？

A. 表層為矽酸鈣板的隔間，多為輕鋼架隔間或木隔間，內部為中空，填入吸音材料，若想在已完成的牆面上掛畫或是釘釘子，必須要先找到角材的位置以及選用適合的釘子。否則隨處一釘，就可能釘到中空處，使得整面牆剝落。另外，若在施工中的話，要在封上矽酸鈣板前就先在骨架釘上膨脹螺絲，並在掛物的範圍內鋪上夾板，加強局部結構，提高支撐力。

裝修名詞小百科

SRC 牆：是主要是以鋼骨與混凝土結合而成的建築結構，施工工期短，且抗震強度優於 RC 結構或磚造結構。

交丁：交丁是在砌磚及鋪設木地板時經常會聽到的用語，所謂「交丁」指的是磚或木地板以交錯方式排列，而「不交丁」則是整齊排列、縫隙對齊的排法。

圖片提供© 許祥德

▲ 輕鋼架隔間表面材質多使用矽酸鈣板，耐撞程度較弱，因此最好避免受到大力碰撞。

老鳥屋主經驗談

King 因為怕隔音不好，臥室都想用磚牆區隔，但又擔心會影響樓板的承重力，後來改成輕隔間再用吸音棉加強隔音問題，效果也不錯。

Vickey 當初礙於預算關係沒有變更隔間材質，其實我們家坪數小，應該把書房隔間換成玻璃，多利用一些穿透性材質才能讓家看起來大一點。

PART 3 隔間機能

照著做一定會

Point 1 隔間整合門片設計

做法 01 ▶移動的牆

打破牆的傳統形式，改善生活也改善空間尺度。為重新劃分後的臥室設置一道牆，在新砌的牆中特別結合了拉門，牆彷佛會移動，可以輕輕收起也能輕輕拉開，更重要的是拉開後，創造出連續性的生活空間，而小孩也可自由地遊走其間，不受拘束。

做法 02 ▶活動式拉門

活動式隔間有很多種，通常運用在廚房、書房、起居室這類空間，多半是以玻璃、木作材質為選擇，天花板置入軌道軸心為懸吊式，懸吊式設計地面完全沒有阻斷的分隔線條，可展現細膩的質感，而天花板與地面皆有軌道軸心則為落地式，最好在裝潢前就確認要安裝活動拉門的方式，施作時可將軌道藏於內。

圖片提供 © 豐聚室內裝修設計有限公司

▲ 將拉門藏在隔間牆之中，可節省空間的設計讓整體看起來乾淨俐落。

Point 2 隔間結合收納、傢具機能

做法 01 ▶雙面櫃作隔間

在小坪數的空間中，經常用雙面櫃作為區隔空間的元素，不僅能減少隔間牆的厚度。兩面皆可用的設計，滿足不同空間的收納需求。

做法 02 ▶隔間變旋轉電視牆

還以為牆不能轉動嗎？加入轉動式設計，牆體也能輕鬆旋轉。配置於客廳與書房之間的電視牆，其中結合了 360 度旋轉設計，輕輕撥動就能轉向，讓你走到那，電視就能看到那。

▼ 公、私領域之間配置一面白色造型櫃體作為區隔牆面，形成隱密又不封閉的臥房過道，也滿足了居家收納需求。

圖片提供 © 王俊宏室內裝修設計

▲ 搭配轉動式設計時，最好留意附近還有什麼空間，旋轉的幅度大小就能依空間需求做調整。

? 裝修迷思 Q&A

Q. 聽說木作隔間上不宜加裝吊櫃，否則隔間的承重力會不夠？

A. 一般木質隔間，建議不要過度載重，例如三分夾板最好不要超過 20 公斤重，以免無法負荷，若壁面有較大載重需求，要注意角材置入的荷重量是否足夠支撐。通常會在角材處打入膨脹螺絲，利用膨脹螺絲的拉力支撐，或是在吊櫃處的內側加上夾板加強，並在下方以三角形的托架固定。

Q. 雙面櫃的隔音都很差，最好不要用在臥室？

A. 只要解決噪音的問題，隔間櫃還是可以運用在臥室。建議利用衣櫃做為隔間，由於衣櫃的深度夠，再加上衣服和內部空氣的阻隔，還有 3 ～ 4 公分厚門片阻隔，能有效隔絕外面的噪音，材質部分，背板可使用 1.8 公分厚的木心板。另外，若是想用書櫃當作臥房和書房的隔間牆，由於其隔音條件不如衣櫃有利，因此在書櫃背板的中間需加入吸音的材料，加強噪音的阻絕。

裝修名詞小百科

推門：推開門是最常見的門片形式，以推開方式開啟（內開或外開），透過鉸鍊五金作為開關時的旋轉支撐。

橫拉門：藉由軌道、滑輪等五金搭配，左右橫向移動開啟；依據軌道位置分為懸吊式或落地式，可做成單軌或多軌；不需要預留門片旋轉半徑，使用上較不佔空間；門片材質多以穿透度高的玻璃，或是重量較輕的複合木門，還可做成多片連動式拉門，兼具彈性隔間機能。

折疊門：結構為多扇門片，特色是在使用時可收至側邊，收疊後不佔空間，且能讓空間的穿透性高。折疊門打開後，空間即為開敞，經常應用於書房、起居室，作為彈性隔間機能。

老鳥屋主經驗談

King 考量書房的坪數不大，因此其中一道隔間沒有規劃書櫃，而是利用層板架的方式，希望能展示照片、收藏物品，既不會影響壁面的載重，也巧妙增加使用機能。

Vickey 本來廚房裝修的時候沒有拉門，是屬於開放式的設計，後來因為下廚的頻率變高，又請系統傢具廠商加裝拉門，的確有阻絕油煙的效果。

Project 10

收納

好用又好收，擺脫雜亂感

雖然家裡有一堆櫃子，還是有很多東西沒得收？就算東西收好了，也好難找、好難拿？這代表你家的收納櫃做錯了！物件的多寡、拿取物品的動線、櫃子的設計方式等，都是讓收納櫃好不好用的原因，設計之前必須思考清楚。

重點提示！

PART 1 檢視收納概念

很多人以為收納就是藏起來，這是大錯特錯的想法，正確應該是好拿好收，同時在收納之前也得學會分類和捨棄。→詳見 P134

PART 2 櫃體形式

櫃子並非只有分成有無門片，還有一種側拉式櫃體能運用在空間面寬不足的時候，而層架式櫃子能減輕視覺壓迫感。→詳見 P136

PART 3 材質 & 紋路

了解板材的特性和優缺點，是提高櫃子耐用性的主要原因，比如廚房衛浴的板材就要特別著重防潮、防水，而為了居家健康著想，也應挑選符合低甲醛、甚至無甲醛板材。→詳見 P138

PART 4 工法 & 價格

同樣都是櫃子，為什麼有時候價差很大，因為每個工法都不一樣，加工越多自然越貴，鋼琴烤漆的細緻度高於噴漆、一般烤漆，做出來的櫃子也會比較貴。→詳見 P140

PART 5 五金 & 配件

做好的抽屜很難打開，抑或是櫃子門片出現鬆脫，都是在於五金配件，選對五金才能讓櫃子更好用、用得久。→詳見 P142

職人應援團出馬

圖片提供 © 演拓空間室內設計

工程職人

演拓空間室內設計 張德良、殷崇淵

1. 開門感應器＋ LED 吊衣桿＝找衣真方便。將吊衣桿嵌入 LED，同時設計開關感應器，當屋主開啟衣櫃的門板時，同時啟動 LED 燈，點亮衣櫃內部照明，讓找衣服更為便利。

2. 尺寸算好，在抽屜做格柵，收納明瞭又省空間。摒棄傳統一大抽屜塞很多物品的設計，將收納物品的長寬高計算好，並在抽屜內部做格板，讓每個物件各有所位，不但增加收納空間，更方便拿取及管理。

圖片提供 © 王俊宏室內裝修設計

格局職人

王俊宏室內裝修設計工程有限公司 王俊宏

1. 依使用者衣物配備設計層板或抽屜。想要做好收納，尤其是衣櫃，最好先請屋主做一衣物分類表，依其擁有的衣物長短，材質等分類好，然後再依其長度及需求分割衣櫃的收納機能，而有層板及抽屜、掛的或吊的收納之分，甚至細分到需不需領帶夾或做格子，若有皮衣是否要做除溼等等。

2. 以多元機能牆整合空間動線。沿著主要動線牆面，設計出結合電視牆、滑動式書架、工具陳列牆等多元機能，不但使用上一目了然，也讓空間動線順暢地維持在同一水平軸線上。

格局職人

馥閣設計 黃鈴芳

1. 書架跨距以 60 公分為原則。無論是系統櫃或是木作櫃，建議最好跨距不要超過 60 公分，便要做支架或加裝立板，分擔層板承載力，以防止未來擺放太多書時，容易彎曲變形的問題。

2. 大人及小朋友使用櫥櫃要分開設計，因人適宜。若家中有小朋友時，建議在做空間設計時，必須將之融入考量，並在空間裡設計低矮度的櫥櫃，以方便孩子們收納及使用的便利性。

圖片提供 © 馥閣設計

PART 1 檢視收納概念

照著做一定會

Point 1 收納要好放更要好拿

正確的收納應該是東西被收得很好，但需要時也能很快速地找到想要的物品，如果還得翻箱倒櫃的找，恐怕也不會再被拿出來用，反而失去收納的意義。

Point 2 收納≠藏起來

收納是物品「歸 位」，而非把物品「藏起來」，歸位是依照空間條件和使用習慣而決定擺放位置，藏起來就只 是把東西放到看不見的地方，並無任何功能性存在。

Point 3 根據習慣、需求、動線量身訂作

收納設計與日常生活動線息息相關，必須將習慣、需求、動線等狀況考慮進去，使用起來才能更順手方便，因此完全是因人而異的設計。

Point 4 使用頻率、物品外在決定收納方式

現在的收納設計必須建立在了解需求和收納量的基礎上，因此收納可分為外露和內藏兩種形式，可藉由「常不常用和美不美觀」兩個方向判斷，例如常用的眼鏡可以外露，外型不是很好看的遙控器則可內藏，適度的外露是合理的，過度的內藏則會讓空間失去生活感和人味。

Point 5 物品尺寸、使用需求越詳細越好

先丈量好各細項物件的尺寸並記錄，將所有物品數據化之後，再依照空間條件和人的特性進行設計。飾品、刀叉可在櫃子完工後，再找適合尺寸的收納格放置，但像雕塑品、琉璃這類大件物品，一定要先確定尺寸後，才能製作出符合比例的收納櫃。

Point 6 收納前學習捨棄和分類

建議可依循使用頻率分類，也就是將物品分為常用的、每天用的及不常用的三大 類，釐清後再進行符合人體工學拿取動線的規劃與設計，另外，未來的需求也記得要列入分類項目中，必須預先思考才能達到好拿又實用目的。

Point 7 針對家中成員思考收納需求差異性

收納會依著身分、性別、職業的不同，而產生不同的設計，舉例男生可能會有很多領帶要收、女生則有很多保養品瓶罐要收，所以一定需要經過溝通、了解生活習慣之後，才能做出好用的收納空間。

Point 8 物有定位讓收納更有系統

收納絕對不是藏起來就沒事，而是要以管理的角度看待收納，必須讓物品好搜尋、好拿取，即使是收起來看不見的物品，也要隨時拿得出來，才是收納設計的重點。

▼ ㄇ字型床頭板轉折連結長度為 180 公分的抽屜矮櫃，規劃為 12 個抽屜，以彌補衣櫃收納不足。櫃體檯面可供摺疊衣物，鋪上厚布亦可用來整燙衣服使用。

圖片提供 © 相即設計

圖片提供 © 大雄設計

▲ 物件尺寸、需求越詳細越好，收藏品便能與空間風格融合，既是收納，也成為空間裝飾焦點。

圖片提供 © 藝念集私空間設計

▲ 收納完全是因人而異的設計，必須考量動線、習慣，取用才會更加順手。

裝修迷思 Q&A

Q. 收納就是要做越多櫃子越好？

A. 劃收納櫃時， 常常會有種迷思：「要做很多的櫃子，才能放得下未來會增加的物品。」但卻沒想到是否有足夠的空間和實際的需要。因此，要先審視自己現有的物品清單以及未來的購買需求，並與設計師充分溝通，規劃出最適宜的櫃體數量。

Q. 我家是挑高的小公寓，想說把櫃子做到至頂就可以增加收納量？

A. 櫃子的高度要考慮使用者能方便拿取，一般最順手的高度在櫃子中段處，若高度超過 180 公分以上，一般人就必須用椅子墊高。如果不習慣這樣的收納方式，建議不要把櫃子做太高，可依照自己的收納習慣，客廳、廚房或是其他地方設置相對應的櫃子，找出一個對自己最合宜的收納動線。

裝修名詞小百科

人體工學：人體工學結合人體測量資料、哲學思維、尺寸距離等因素，改善使用者和環境的互動介面，一般而言，人體尺寸的限制依個人身高而有所不同，規劃工作檯面及櫥櫃尺寸，或者安置各種櫥櫃和用品時，需要考慮正常的工作曲線尺度和伸手可及的工作範圍，以便節省體力的消耗。

收納需求表：在裝修前先將自己所需要的收納物品列表，例如有多少雙鞋子，有多少書籍、CD、DVD，衣服是以吊掛或平放為主等，讓設計師能針對收納需求，規劃出最符合使用習慣的設計。

老鳥屋主經驗談

Sandy

如果衣服量太多的話，可以先想想看自己習慣用疊放還是吊掛方式收納，疊放的話可以設計活動式層板，以後再隨需要增添層板數量，喜歡吊掛的方式，坊間有一種兩層吊衣桿，可增加收納量。

Max

當初沒算好鞋子的高度，結果老婆的靴子完全放不進鞋櫃內，所以在和設計師溝通的時候，應該把鞋子的款式、高度、數量提供給設計師，免得發生中看不中用的情況。

PART 2 櫃體形式

照著做一定會

Point 1 功能與外型兼具的做法

方法 01 ▶嵌入式櫃體

想讓牆面看起來像一個平整的立面，可利用牆面的內凹處做成櫃體嵌入，但這種櫃體多半是依據要嵌入的電器尺寸來設計。要注意的是預留的尺寸若是過小則需要重新製作。另外還要留意線槽的擺設位置是否容易拉取，以免日後更換音響設備難以拉線。

方法 02 ▶百葉、格柵設計美觀又透氣

視聽櫃、鞋櫃多以木作為主，但如果採用開門式櫃體，無法透氣和散熱，建議可在側面或正面規劃格柵透氣孔，或是選擇百葉門片，就能幫助內部空氣的對流及散熱。

Point 2 空間有限的好選擇

方法 01 ▶側拉式櫃體

空間面寬不夠，沒辦法用一般門片式櫃體時，可考慮選用側拉式的櫃體，只要深度夠深，就算面寬稍窄一樣能收納物品。在抽拉櫃子時，通常會在上方安裝特殊的懸臂五金，才能夠將櫃子懸吊固定在軌道上。

方法 02 ▶拉門式櫃體

若臥房坪數較小，建議使用拉門式櫃體為佳。開門設計的衣櫃可以帶來平整的空間表情，並因緊密度較高，減低灰塵進入衣櫃的可能性，但在規劃時，必須特別注意是否預留足夠的走道空間，提供門片開啟時使用。

▼ 層架式櫃體有淡化櫃體的效果，減輕視覺壓迫感。

圖片提供 © 寬月空間創意

圖片提供 © 相即設計

▲ 電視櫃與牆面做整合，可讓空間看起來有寬敞放大的視覺效果。

圖片提供 © 馥閣設計

▲ 面寬不夠的空間可使用側拉式櫃體，但注意要選用承載力足夠的懸臂五金。

Point 3 降低壓迫感的好設計

方法 01 ▶開放式櫃體

可分為層架或層板兩種。層板式櫃體是在牆面釘上層板，沒有其餘的支撐。層架式櫃體沒有裝設背板，多為中空的設計。層板式和層架式櫃體都有淡化櫃體的功效，讓人不致覺得壓迫。

方法 02 ▶懸掛、懸空式櫃體

能展現更多輕盈感，雖然可能浪費了一些收納空間，卻能豐富空間表情，通常鞋櫃多採取懸空式設計，下方還能直接放置拖鞋。

▲ 規劃書櫃之前，應針對書的開本規格去設計尺寸才好用。

? 裝修迷思 Q&A

Q. 在走道設置櫃子，空間感覺會變得更窄？

A. 那可不一定，藉由妥善的規劃其實也能改善，除了走道至少要預留 90 公分的寬度，櫃子可設計成層架式的展示櫃，選用輕量的材質和懸空的設計，再輔以燈光削弱櫃體的重量感，就能降低壓迫性。

Q. 很討厭看起來凌亂的樣子，櫃子乾脆通通作成封閉式門片就好。

A. 這是不對的喔，櫃子設計的形式是好不好用的關鍵，如果使用頻率較高的物品，建議放在沒有門片的開放式櫃體，拿取較方便，一般使用頻率較少的工具或物品，則選擇封閉的門片式櫃體。

裝修名詞小百科

橫拉門：是藉由軌道、滑輪等五金搭配，左右橫向移動開啟；依據軌道位置分為懸吊式或落地式，可做成單軌或多軌；不需要預留門片旋轉半徑，使用上較不佔空間；門片材質多以穿透度高的玻璃，或是重量較輕的複合木門，還可做成多片連動式拉門，兼具彈性隔間機能。

格柵：常見於日式禪風的居家風格中，有直的也有橫的，可作為櫃體門片設計、隔屏，具有透光度、透氣性，若想提高空間私密性，則可在格柵後方加上布料，達到遮蔽效果，此外也能運用在天花板造型上。

老鳥屋主經驗談

Sandy 我們家臥房不大，本來很怕放了床架之後，要再規劃衣櫃會變得很擠，後來設計師建議衣櫃門片都作成拉門，其實不只節省空間，我覺得比一般開門式的櫃子更好用，拿東西比較順手。

大白鯊 我用廢棄傢具改造的書櫃，同時也是客廳和書房之間的隔間櫃，利用開放式的設計，加上底層也是可以彈性抽出來的置物空間，所以雖然體積很大，可是看起來也不會太有壓迫性。

PART 3 材質 & 紋路

照著做一定會

Point 1 了解板材種類、特性

種類 01 ▶塑合板

又稱粒片板，是利用木材碎片等廢料壓製而成，粒片板密度均勻、不會伸縮變形，但板材內無纖維成分，釘上釘子或五金零件後，若工法不夠細緻，會有搖晃的問題。

種類 02 ▶木夾板

又稱合板，則是以數層木薄片壓製而成，木材組織結構完整，耐重性也較佳，有時也會在只上了保護漆後，就直接作為櫃體材質使用。

種類 03 ▶木心板

上下層為三公釐的合板，中間以木心廢料壓製而成，木心板具有不變形等優點，且釘接力較長，價格通常較合板便宜，目前大量使用在木作櫃的設計中。

種類 04 ▶密底板

壓製過程常會添入一些花樣浮雕，常見於系統櫃的造型門板，如鄉村風線板等設計。

圖片提供 ©IKEA

▲ 目前系統櫃板材大多都已符合低甲醛標準，比起木作施工也較快。

▼ 木材的紋理、色澤變化多端，淺色木紋可呈現輕盈明亮的氛圍。

圖片提供 © 石坊空間設計研究

Point 2 確認板材是否有認證標章

一般來說，甲醛味的產生大多是從黏貼木皮或板材的黏著劑而來。若以系統櫃的板材來說，基本上都已經符合 E1 等級低甲醛的標準了，因而就板材的甲醛問題來說，並不需要太過擔心。但如果不放心的話，也可以檢查板材角落，確認是否已蓋上認證標章就可以了。

Point 3 廚具、衛浴板材著重防潮防水

相較於門片板材，浴櫃更重視的是筒身結構，為了預防筒身損壞後須重新規劃浴櫃的可能性，最初規劃時，建議選擇如發泡板等完全防水的材質來進行規劃，而廚房的廚櫃規劃，一般來說最好選用「塑合板」具有防潮、抗霉、耐熱、易清潔、耐刮磨等特性的「塑合板」。

Point 4 木紋方向可改善空間感

受木種、裁切面，甚至樹木本身生長環境的不同，擁有變化多端的色澤、紋理，是木材最迷人的特色之一。木材紋理也會因為不同走向，帶來不同視覺效果，如直向木紋能擴增矮小空間的視覺感，橫向木紋則放大徑深較淺的空間寬度；若想要有面搶眼主牆，藉由一些斜向木紋或是拼貼方式，就能輕鬆達到效果。

▲ 廚房有油煙的問題，最好選用防潮、耐熱又好清潔的塑合板。

裝修迷思 Q&A

Q. 如果想要規劃大書櫃，板材厚度是不是越厚越好？

A. 櫃體施作大多有慣用材質和約略厚度，「板材間的跨距」反而是更該注意的事情。一般來說，系統書櫃的板材厚度多規劃在 1.8 ～ 2.5 公分，櫃體跨距應在 70 公分內，木作書櫃想增加櫃體耐重性的話，可將層板厚度增加到約 2 ～ 4 公分，但最長不可不超過 120 公分，以免發生層板凹陷的問題。

Q. 低甲醛材質雖然對人體健康，但卻容易產生蟲蛀問題？

A. 少了甲醛不僅對人體無害，也對蟲子無害，板材因而較有蛀蟲問題。面對這種情況，都會選擇直接對板材進行防蟲處理，但只能達到板材表面防蟲而已，因此，也有人會在蛀蟲問題出現後，才以局部灌藥方式進行除蟲動作。一方面若要避免蟲害的話，也要做好環境除濕的工作。

▲ 書櫃跨距最長建議不要超過 120 公分。

裝修名詞小百科

E0 級、E1 級：為板材甲醛含量的標準區分，一般稱為無甲醛的板材指的就是 E0 級，其甲醛含量已經趨近於零，故稱之為無甲醛或零甲醛，而 E1 級則是屬於低甲醛，不過無論是 E0 還是 E1，都是通過政府許可標準的板材。

綠建材：也就是環保建材，目前的定義是具備以下 4 項生態、再生、健康、高性能中的其中 1 項特性，並由國家標準局檢驗合格，便會貼上綠建材的標章。

老鳥屋主經驗談

King 為了省錢，臥房五斗櫃買的是便宜品牌，對板材也不是那麼了解，結果使用 2 年左右，抽屜板子已經有點榻陷，以後買櫃子的時候一定要多問清楚板材的種類是什麼。

Sandy 裝修的時候，朋友一直推薦我們用系統傢具，實際使用過後覺得板材很耐用，而且抗潮性很好，以後搬家還能一起帶著走，讓我覺得非常划算。

PART 4 工法 & 價格

照著做一定會

Point 1 木作櫃以尺計價

一般木作櫃都是以「尺」計價（約等 30 公分）。若是以最基本的衣櫃來說，使用 6 分的木心板，筒身的價格約落在 NT.4,500 ～ 5,500 元／尺之間。

Point 2 板材厚度、材質、加工越多越貴

厚度越厚、材質越好、樣式越複雜，價格也隨之上升，像是波麗板板材價格約 NT.3,000 元，若表面貼上天然實木皮或是人工實木皮的價錢也不一樣，天然實木皮比人工的價格要高。另外，櫃子表面要做噴漆、鋼刷等處理，由於是二次加工，也要再另外加價。若櫃體超過 240 公分，價格也會往上加。

▼ 鞋櫃若選用百葉門片，可帶來良好的透氣性。

圖片提供 © 馥閣設計

▲ 木作櫃體的變化性較大，也隨著樣式越複雜價錢就更昂貴。

Point 3 木作貼皮分塑膠皮、實木

做法 01 ▶ 木貼皮—塑膠皮

表面為印刷的圖紋，背面為自黏貼紙，因此可自行 DIY 施做。

做法 02 ▶ 木貼皮—實木貼皮

實木貼皮的表面為薄 0.15 ～ 3mm 的實木，背面為不織布，需用強力膠或白膠黏貼，一般的木工師傅多使用白膠黏貼，但不適合用在過於潮濕的環境，應改用強力膠較不容易受潮脫落。不過，用強力膠黏著的話，櫃體表面不能再上油漆或油性的染色劑，否則會產生化學作用而脫落。

Point 4 烤漆、噴漆價格工法大不同

做法 01 ▶ 鋼琴烤漆

為多次塗裝的上漆處理，工序至少會有 10 ～ 12 道以上，再加上需染色、拋光打磨後，才能展現光亮的質感，因此價格高昂，一才（30 公分）大約在 NT.200 ～ 300 元之間。

做法 02 ▶ 一般烤漆

工序較簡單，大約 3 ～ 4 道，價錢則再稍低些。

做法 03 ▶ 噴漆的價格會因用不同底材而有差別

若噴在夾板上，由於表面有木紋的深淺，需先批土 3 次左右，使其表面平整再上噴漆；而密底板只需填補一些表面的孔洞後上漆即可，因此使用夾板材質的噴漆價格會稍微高些，一般多在 NT.70 元／才左右。

Point 5 電視櫃做法價差大

做法 01 ▶壁掛式電視

在牆面固定金屬掛架後，再將電視嵌入。因此掛架的載重力必須要足以支撐電視的重量，且牆面材質是否穩固，也關乎到五金與牆面接合的穩定度。一般人可自行購買五金 DIY 安裝壁掛式電視，因此價差較大，約在 NT.1,000 ～ 20,000 元之間（不含施工）。

做法 02 ▶升降式電視櫃

以電動遙控為主，依照需求的不同，還可加入旋轉的功能，由於五金昂貴，包含裝設費用，價格約在 NT.60,000 ～ 70,000 元之間。

? 裝修迷思 Q&A

Q. 鞋櫃常常有異味，有可能解決嗎？

A. 一般常見的鞋櫃透氣方式有幾種，百葉門片做大面積透氣設計、鞋櫃上下留通氣孔、透氣層板，搭配整面活性碳放置槽，或者是門把成為透氣設計，都能達到櫃體透氣的效果，若想讓效果更好，可在櫃體上方多規劃一台抽風機。

Q. 為什麼只不過是在門片上做裝飾，價格會這麼貴？

A. 每一個工法都藏有細節，不同的工法也連帶影響了價格高低。一般要做百葉門的話，一面百葉的工錢通常落在 NT.1,000 ～ 2,000 元／尺（不含材料）左右，而材料多用白楊木、檜木等，若再包含材料的話， 價格約在 NT.6,000 ～ 7,000 元／尺。線板由工廠直接統一製作，依選擇的樣式不同，價格也就不一。若是直接另做特殊圖案的雕刻板，工錢則在 NT.500 ～ 1,000 元／尺不等。

圖片提供 © 竹工凡木設計研究室

▲ 梧桐木鋼刷比貼皮質感更好，但由於必須在工廠施作，價格相對較高。

裝修名詞小百科

貼皮：簡單來說就是幫木作穿上 衣服，在木工做出櫃體、檯面形體後，再以木皮覆貼即為「貼皮」。環保又輕盈的貼皮 貼皮其實就是實木偽裝術，目的在於要製造出實木的質感， 但卻不需使用整塊實木，達到 環保與輕盈雙重功效。

美背：形容櫃體的背面，通常靠牆的櫃子不需要做美背設計，但若是用來兼做隔間牆、背面會暴露於外的櫃體，就需要美化修飾一下，大多會採用與門片相同材質包覆，達到整體美觀性。

老鳥屋主經驗談

Chole 我家是自己請木工裝修的，五金跟板材用的很普通，不過木皮的刷色是在現場二次加工，可以減低木皮節紋原有強烈的存在感，也比較符合心目中的木皮顏色。

Sandy 以前的電器櫃都沒有考量蒸氣的問題，櫃子用久了表面貼皮都翹起來，後來改成抽拉層板之後更好使用又能解決蒸氣問題。

PART 5 五金 & 配件

照著做一定會

Point 1 挑選五金慎選產地來源

挑選五金時，需慎選產地來源之外，還可從重量判斷，因為有些五金可能是空心的，相較之下就能分辨虛實。而五金在材質上的首選為不鏽鋼，其次是鍍鉻，最好不要選擇以鐵加工的材質，因為鐵的鋼性不佳，硬度和強度不一，較容易發生生鏽的狀況。

Point 2 旋轉式拉盤適合廚房轉角

廚房規劃轉角處的畸零空間總是令人頭痛不已，建議選擇旋轉式拉盤，如蝴蝶式、花生式的轉盤，能妥善利用廚房畸零空間的每個角落。

圖片提供 © 馥閣設計

▲ 旋轉式衣櫃的單價高，而且也比較佔空間。

▼ 軌道品牌種類眾多，選購之前可先測試滑軌的順暢度。

圖片提供 © Patricia

Point 3 衣櫃太高可用下拉式衣桿

所謂下拉式衣桿，為的是方便使用者在面對高處衣物吊掛時，可以更便利使用。因此，當吊掛衣物的高度超過 190 公分以後，大部分的人多會將高處的掛衣桿改為下拉式的方式進行，但是否便利使用，依舊要看使用者的身高和習慣而定。

Point 4 旋轉式衣櫃、鞋櫃較佔空間

旋轉式衣櫃的特色在於可以藉由正面觀看的方式，找尋自己想要的衣物，並能解決衣櫃太深的問題。但一般來說，旋轉式衣櫃還是較佔空間，一座旋轉式衣櫃的單價（ 約 NT.60,000 ～ 80,000 元），甚至比兩個衣櫃的單價還要高。因此，若非特別需求，一般多會以基本衣櫃的規劃為主。

Point 5 軌道要視門板材質而定

滑軌主要是由軌道和金屬滾輪組成，若門板材質加上玻璃或金屬，其重量變重，用久了金屬容易變形。因此，在挑選軌道時，應算出門片整體重量，再去選擇適當的五金即可，安裝時也要注意門板和滑軌有無呈一直線。

Point 6 T 型抽屜設計 讓飾品、配件更好收

常見收納配件的格子抽屜會不好用的原因，在於規劃得越精細，相對排他性也越高，不妨簡化為 T 字型設計，也就是在中間隔開，將抽屜分成兩區取代一格格的方格彈性較大、可依照不同需求而變化，使用起來反而不會受到既定格子的限制。

▲ 選購櫃子的時候，記得多試試開關櫃子的順暢度，感受五金的品質和手感。

? 裝修迷思 Q&A

Q. 家裡的櫃子門片用久後有鬆脫的情形，是因為鉸鍊的品質不好？

A. 門板鬆脫的問題除了和鉸鍊有關之外，門板材質的好壞也是其中的關鍵。一般木心板本身有分「心材」和「邊材」兩種，心材較為硬實，邊材密度較低、材質較蓬鬆，因此門板若為邊材製成，與鉸鍊接合面的支撐力就容易不足，因此也容易發生門板掉落的情形。

Q. 新買的櫃子不到一年，抽屜竟然關不起來，是用了品質不好的滑軌嗎？

A. 建議在挑選時，若現場有展示品讓你使用，可親手試試開關櫃子的順暢度，感受五金的品質和手感。另外，如果對五金的產地有疑問，也可以請店家出示相關的測試報告和證明。

裝修名詞小百科

拍拍手：無把手櫃門設計，因採取「按壓」方式來開關門片，無需預留門片開啟的位置，相當適合強調平滑表面的櫃體。但需要注意的是，在這類五金的使用上，並不建議將櫃門做得太大片，或是在同一個櫃門中設計到兩個「拍拍手」，因為這樣反而會讓人不知道要壓哪裡才好。

足元抽：是日本語，一般常見於日本電視節目或翻譯書籍，意思是踢腳抽，也就是利用廚具的踢腳板空間，所做的底部空間再利用。

小怪獸：其實就是俗稱的轉角收納五金，因採「連動式拉籃」設計，拉出來時，還要再一個轉折才能帶出連結的內部拉籃，有如「機械怪手」般。

老鳥屋主經驗談

Chole 我家書櫃採用整面推拉式的設計，類似書店的做法，但不知道是不是因為用的五金很普通，擺放書後書櫃重量變重，常常卡住拉不動，如果想做這種書櫃的屋主記得要多注意。

Sandy 我家用的系統傢具五金品質還不錯，餐櫃有一邊是作成側拉式櫃子，就算全部放滿東西也還是很好抽拉出來使用，推回去也非常輕鬆，不過就是價格貴了一點。

Project 11

廚房
輕鬆做好菜，料理更有效率

廚房地位的提升，已不再侷限僅是料理，亦是家人情感的維繫，孩子圍繞在媽媽身邊一起參與烤餅乾、揉麵團，老公也願意主動下廚，想要擁有如此美好幸福的生活畫面，更應該妥善規劃好廚房空間，從形式、動線、家電設備全面性思考，料理變得更愉快！

重點提示！

PART 1 你家適合何種廚具？

一定要依據烹調習慣、下廚頻率、生活需求等面向來評估自己適合的廚具型式，喜歡中式熱炒的屋主最好加強排煙設備，經常下廚的檯面也要加大才好用。→詳見 P146

PART 2 廚房空間規劃配置

廚房形式又分為一字型、L 型、雙排型、中島型、ㄇ字型，每一種廚房都有其最佳的動線距離設計，同時搭配符合人體工學的尺寸設定，輕鬆就能完成料理。→詳見 P148

PART 3 廚具與家電配置的關係

多數廚具檯面都是在同一高度上，其實瓦斯爐高度應該低於水槽高度 5 公分，料理時才不會發生“吊手”的問題，抽油煙機與瓦斯爐的高度也不能超過 70 公分，其它還有冰箱、烘碗機、洗碗機選擇關鍵。→詳見 P150

職人應援團出馬

格局職人

馥閣設計 黃鈴芳

1. 中島大檯面廚房兼具料理及家人互動。將洗滌與備料的大中島檯面，直接面對客廳，創造與家人輕鬆互動的氛圍。若空間允許，也能將中、西式廚房分開，低油煙的西式輕食環境與客廳融合，讓廚房成為家庭生活的重要核心，兼具生活品質。

2. 選擇易清理廚具面板檯面，維護及使用才方便。廚房裡一定會有廚具，在規劃時建議最好選擇好用的面板及檯面，以檯面而言，人造石比大理石好，也不易吃色。若要做中島吧檯，則檯面及水槽高度，最好高度為 100-110 公分，較符合人體工學。

圖片提供 © 馥閣設計

老屋職人

禾築國際設計 譚淑靜

圖片提供 © 禾築國際設計

1. 運用玻璃拉門區隔油煙問題又兼具採光及視覺。擁有開放式的廚房是每個屋主希望的，但又擔心料理時油煙的問題，因此建議不妨可以將廚房改為開放式，但在廚房與公共區域的地坪作出材質區分做界定，並運用玻璃隔間拉門，可依需求將空間區隔，也解決油煙問題。

2. 廚房照明設計很重要。很多人會忽視廚房的照明問題，其實在廚房照明更重要，最好在流理台及水槽上方安裝光源，同時燈光設計應以能辨識蔬菜水果原色的燈具為佳，這不單能使菜餚發揮吸引食慾的色彩，也有助於洗滌時的清潔。

廚具職人

尊櫃國際精品系統廚具設計總監 陳育書

1. 選擇多功能、替代性高的廚房家電。空間小，即便規劃再大的廚具也放不下，因此建議不妨購買多功能的家電與廚櫃做整合，同時在設計時，也必須思考使用便利性及安全性，像微波爐、蒸烤設備的擺放不能高過一般人高度，避免手捧熱燙碗盤帶來的危險。

2. 冰箱位置最好設計在出入廚房動線上。儲物空間像冰箱、餐具櫥櫃應安排在廚房入門處，可方便拿取飲料、乾糧、藥品等。廚房櫥櫃高度不要高過 2.4 公尺，才不會對空間產生壓迫感，收藏和拿取物品也不用爬上爬下，可降低危險性。

攝影 ©Yvonne

PART 1 你家適合何種廚具

照著做一定會

Point 1 檢視烹調習慣

焦點 01 ▶使用頻率

如果幾乎都是外食或僅需做簡單加熱動作，料理檯面需求不大，可將空間留給常使用的電器。若是高使用頻率的人，因需在短時間內需應付大量食物的進出，建議最好將準備檯面、水槽尺寸加大、加寬與加深，可增加整體食材的容納量，加快工作處理模式。

焦點 02 ▶烹調方式

如果你的飲食以清淡、方便的料理為主，料理檯面與鍋具碗盤收納的需求較低，所需要的廚具類型傾向簡單。若平日喜歡廚藝，除了要注重爐具跟排煙功能考量外，食物的儲存、鍋具碗盤的收納空間需求也相對提高。

圖片提供 © 鼎睿設計

▲ 如果喜歡中式烹調，建議要加強排煙機能。

Point 2 檢視客觀條件

焦點 01 ▶坪數大小有影響

簡單的一字型廚具，長度以 2 公尺為佳，坪數需求約 2 坪左右。L 型廚具兩個檯面各需 1.5 公尺以上，廚房坪數約在 3 坪左右。U 型廚具因配備較多、機體尺寸也會擴充，所需的廚房坪數約為 4 坪左右。

焦點 02 ▶動線規劃要考量

若為長形封閉式廚房，可沿牆面規劃一字型廚具，其餘空間為活動走道。L 型廚具因冰箱、爐台、洗滌槽構成一個三角形，彼此距離約 60 至 90 公分，可以節省工作動線，使用效能最高。島型設計可滿足多變需求，但島型廚具與其他檯面的距離，需保持在 105 公分，才能創造流暢工作動線。

圖片提供 © 相即設計

▲ 規劃島檯前可先思考其主訴目的，才能增進日後使用的滿意度。

焦點 03 ▶基礎細節要預設

島型廚具牽涉到架設管線的問題，如水槽的水路、排油煙機的管線，在裝修時就該規劃好，否則事後增設島型廚具將會相當麻煩。島型廚房多為開放式，因此好的排煙設備和位置規劃都是必須的。可將爐具與水槽個別規劃在不同的檯面上，水火分離可提升安全。

焦點 04 ▶收納容量要充足

規劃收納前先將廚房用得到的電器都列出來，才能估算精準的尺寸及擺放位置。此外，經常在家吃飯的人口有多少？並依對食物的需求決定冰箱大小及冷凍、冷藏室的份量。或儲存零食或香菇等乾貨的空間。

焦點 05 ▶事半功倍的材質與五金

不鏽鋼耐重性佳、防水防潮與加工容易，加上一體成形技術，能廚具完全無接縫，清潔上也較無死角。此外，無把手門片、龍頭的開關與可伸縮的管線功能，都能使廚具在使用、安全方面獲得最佳的保障。

Point 3 檢視生活需求

焦點 01 ▶ 確認居家核心區

多數家庭習慣將居家核心區安排在客廳，除烹調時應用，島檯容易流於閒置，不妨改以工作效率高的 L 型廚具取代。若將重心集中在餐廚，只要空間允許，那麼中島絕對會是最佳幫手。

焦點 02 ▶ 島檯的主要功能

島型檯面可以當成備餐台、輕食、聊天區。若是加裝爐台及水槽，家人還可一同做菜，增進感情。因此規劃前可先思考島檯對空間的意義，是工作機能為主？還是情感交流取勝？才能增進日後使用的滿意度。

圖片提供 © 雲墨空間設計

▲ 沿著牆面規劃一字型廚具，最節省空間。

? 裝修迷思 Q&A

Q. 中島廚具好漂亮，裝修時改裝這樣才時髦。

A. 不論廚房的樣貌如何進化，最終的功能還是烹調。裝修前一定要將自己的烹調習慣及生活需求確認清楚，如果喜歡大火快炒，排煙設備一定要加強，也較不建議裝設在中島區，最好還能裝個拉門，以免讓油煙影響居住品質。

Q. 外觀類似的廚具，價差好大，一定是遇到黑心的老闆想坑錢。

A. 廚具包含的部份有桶身、檯面、水槽跟五金多種元素。外觀看來類似的廚具，在細節上卻可能有很大的不同，特別是五金的耐用度跟順滑度上，常常需要等實際使用後才能比較出差異，建議多跑幾家門市實地感受比較。

裝修名詞小百科

居家核心區：指得是你在家中最常活動以及待得最久的區塊。

U 型廚具：是 L 型廚具的延伸，也就是 L 型廚具再加上另一個檯面，或者是增加一個牆面的高櫃；簡單來說，就是由三個檯面、或是二個檯面加上一個高櫃。

爐具：指瓦斯爐或電熱爐這類外露式、可直接加熱烹調的器具。

老鳥屋主經驗談

Vickey 我家是延用建商配置的雙邊型廚具，最大的問題就是地面的清潔很難維持。因為從冰箱拿取食材清洗開始，食材的準備與開始煮食的連續動作被切斷，滴滴答答的水容易濕了一地，如果可以換成一字型，或是多個中島櫃，比雙邊型更好使用。

Sandy 深一點的大尺寸水槽真的很好用，我是採用單槽式，不必擔心洗鍋具時會卡住。而且我的龍頭也刻意選高一點，因為洗碗時會將碗盤堆疊一起沖洗省水，動作又不會被下方的碗盤卡住。

PART 2 廚房空間規劃配置

照著做一定會

Point 1 一字型廚房：儲藏→洗滌→烹煮在同一線上

一字型廚房的廚具主要沿著牆面一字排開，動線都在一直線上，比較不佔空間，費用也較經濟。依儲藏→洗滌→烹煮三點動線的原則分區來看，這三點動線的設計，又以加總小於 7 公尺的距離為較佳操作動線。若空間過於狹長，拉長在直線活動的時間，反而會降低工作效率。

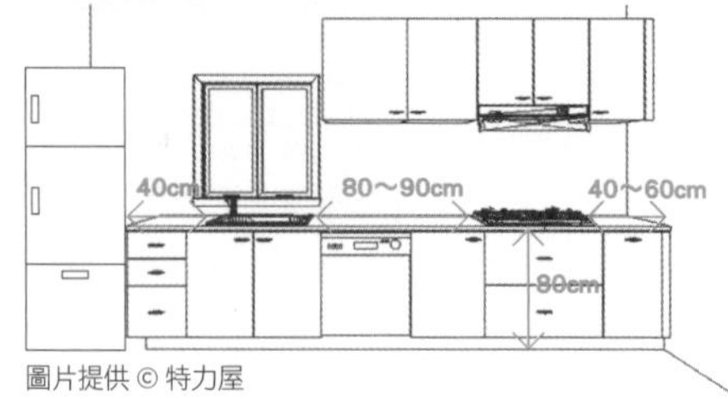

圖片提供 © 特力屋

Point 2 L 型廚房：黃金三角形動線

想要發揮 L 型廚房最大的工作效益，最好是將冰箱、洗滌區和處理區安排在同一軸線上：爐具、烤箱或微波爐等設備則放在另一軸線上，彼此的距離約在 60 ～ 90 公分，就能形成一個完美的工作金三角，不過 要注意的是，其中一邊的長度不宜太長，最長約在 2.8 公尺左右，且廚房的通道最好不要穿越這個工作三角形，以免影響廚房的工作效率。

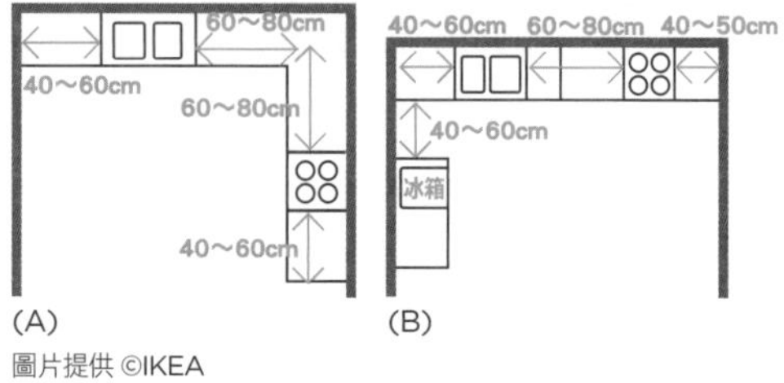

圖片提供 ©IKEA

Point 3 雙排型廚房：洗滌→烹煮位在同一側，儲藏位在另一側

傳統的二字型廚房大多會將其中一排規劃成料理區，另一排則規劃為冰箱高櫃及放置小家電的平台。但理想的設計最好有個備膳區，就是炒好菜，轉個身，就可以把菜暫放到後面的工作平台上。

二字型廚房較適合對收納空間需求不大的人，為了保持走道與工作順暢，兩邊的間隔最好能保持在理想距離 90 ～ 120 公分。

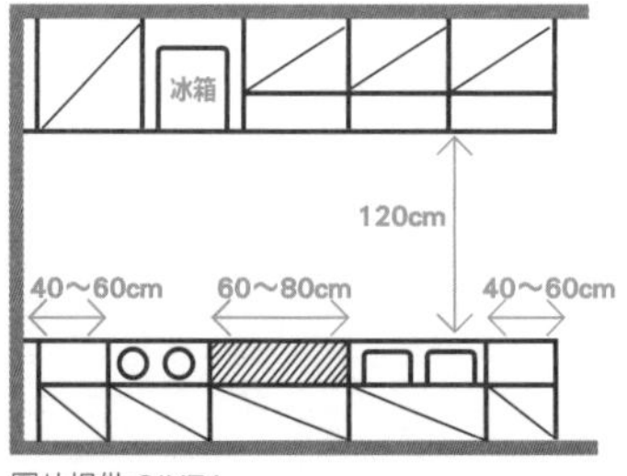

圖片提供 ©IKEA

Point 4 中島型廚房：洗滌→烹煮位在同一側，儲藏位在另一側

中島型廚具與其他檯面的距離，需保留在 105 公分左右，才能確保動線流暢與工作便利。由於中島為獨立區塊，務必事先確認水電等位置，避免修改管路。此外通常瓦斯爐會靠牆擺放，讓油煙集中，較不建議在中島處放瓦斯爐，因為油煙會四散至整個空間，如果真的要在中島配置瓦斯爐，建議在上下處皆要配置抽油煙機，才能包覆油煙。

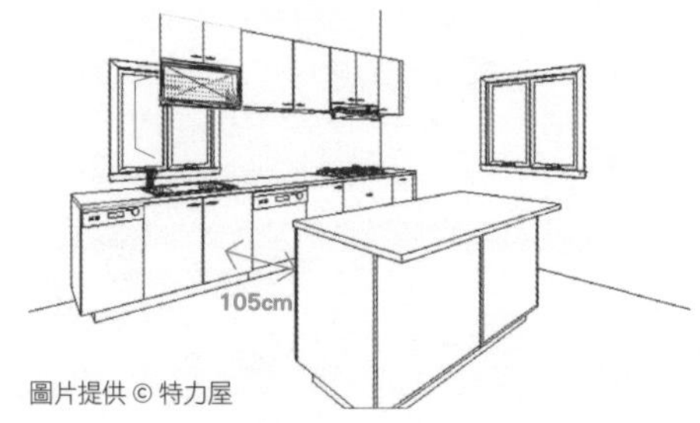

圖片提供 © 特力屋

Point 5 U 或ㄇ字型廚房：乾濕分離配置概念

規劃 U 或ㄇ字型廚房時可採兩種方式；一是儲藏→洗滌→烹煮各佔一方，成三角形動線；一是同 L 型的配置，但另一邊作為吧台區。建議兩邊的長度最好約在 2.7 公尺左右，短邊的長度也就是兩長邊的間隔，則以 90 ～ 120 公分為理想。不論採何種配置，有一些共通的規劃原則可供參考：

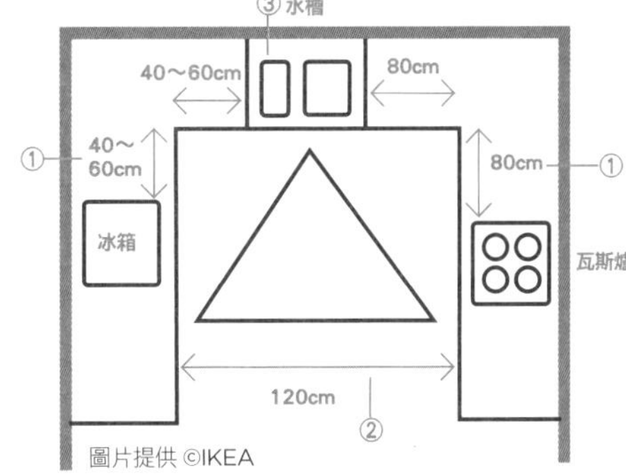

圖片提供 ©IKEA

Rule ①記得留下活動時的空間

水槽靠近冰箱的檯面距離約為 40 ～ 60 公分，靠近瓦斯爐的檯面距離約為 80 公分，方便炒菜時手臂張開也不會打到另一邊在備料的人。

Rule ②兩排之間距離 120 公分為佳

兩排之間距離至少要有 120 公分寬，可容納兩人同時使用，並提供彎腰開烤箱或洗碗機時的轉圜空間。

Rule ③大槽近瓦斯爐、小槽近冰箱

如果使用雙槽設計，一般小槽會靠近冰箱，方便清洗拿出來的蔬果食材、大槽則靠近瓦斯爐，便於傾倒湯汁、清洗鍋具。

? 裝修迷思 Q&A

Q. 風水師說廚房要「前無窗、後無門」，才能招財聚氣。

A.「前無窗、後無門」概念是擔心氣流影響烹煮時火焰的穩定度；其實爐火區應靠近窗戶或後陽台以利通風，且大火爐具最好不要緊靠在牆面旁。同樣作為烹煮、烘烤的爐具區最好能規劃在同一區域，以免來回奔波降低工作效率。

Q. 小空間只能用一字型廚具嗎？

A. 一字型廚具因動線簡潔，確實是小坪數首選。若想安裝其他款型，記得確保主要動線順暢，特別注意廚房出入口、餐桌或其他家具最好與該動線預留 60 公分以上的距離，而餐椅與牆面至少距離 35 公分以上，方便行走或出入。

裝修名詞小百科

黃金三角形動線：廚房主要的工作大致就在水槽、瓦斯爐、冰箱三個基點上，將這三點連接而成的三角形就稱為工作三角形，最理想的動線安排是將工作三角形規劃成正三角形。

爐火：指瓦斯爐或電熱爐這類外露式、可直接加熱烹調的器具。

爐具：泛指烤箱或微波爐這類同樣作為烹煮、烘烤的家電。爐具收納櫃最好能與爐火規劃在同一區域，以增加工作效率。

老鳥屋主經驗談

Nicole 符合人體工學的廚具可以減少烹煮後腰酸背痛的狀況，選定廚具後一定要請業者根據你的高度需求做調整。正常的工作檯高度應距地面是 85 公分，而吊櫃上緣的高度一般不超過 230 公分是最理想的。

Sandy 我家冰箱置放在水槽旁，冰箱是對開門形式，所以拿了食材要先把門關起來才能放進水槽，使用動線有點不順，當初似乎應該選右開門的冰箱。

PART 3 廚具與家電配置的關係

照著做一定會

Point 1 瓦斯爐

TIPS 01 ▶瓦斯爐與牆面距離至少要 40 公分

瓦斯爐與牆面之間的區域，通常會預留擺放備用鍋子的空間，因此瓦斯爐距離牆面約至少約 40 公分，若能達到 60 公分為最佳，另外需特別注意瓦斯爐的檯面高度，必須要在 80 公分以上，以防家中小孩玩火。水槽與瓦斯爐之間的距離約 80 公分，若廚房太過狹小，建議至少也要有 60 公分。

TIPS 02 ▶瓦斯爐與檯面高度落差 5 公分為佳

根據日本厚生省統計，最符合人體使用的檯面高度如下：

最符合手肘使用→炒區=（身高／2）＋5 公分

最符合腰部使用→洗區=（身高／2）＋10 公分

因此若依照此公式換算，身高 160 公分的使用者，瓦斯爐檯面的高度建議在 85 公分最適合，而水槽檯面的高度則以 90 公分為佳。

圖片提供 ©IKEA

▲ 一般配置上會以「抽油煙機大於瓦斯爐」為原則。

TIPS 03 ▶兩口爐比三口爐更適合

瓦斯爐並不是越多口就越好使用，家中廚房空間若是不大，建議可將三口爐換成前後兩口爐，讓工作檯面增加到 100 公分，並可搭配電熱壺，如此一來當使用瓦斯爐煮菜時，也能同時用電熱壺燒水，切菜、備料的工作檯空間也加大。

Point 2 抽油煙機

TIPS 01 ▶注意排風管管徑大小

有些大樓是原建商預留的小管徑排風管，後來再接上大管徑排風管，因尺寸上的落差，連接後會出現迴風的問題，導致排風量銳減，因此必須特別注意管徑是否相同。

TIPS 02 ▶排風管不宜拉太長及彎折過多

管線距離最好在 4 米以內且不超過 6 米，建議在油機正上方最佳，可隱藏在吊櫃中，避免有兩處以上轉折易導致排煙效果不佳。

TIPS 03 ▶評估牆面是否穩固

抽油煙機需裝設於壁面或穩固牆面上，以避免運轉時發生危險。

TIPS 04 ▶裝設位置附近應避免門窗過多

擺放位置不宜在門窗過多處，以免造成空氣對流影響，而無法發揮排煙效果。

TIPS 05 ▶抽油煙機尺寸≧瓦斯爐尺寸

瓦斯爐寬度一般約 70 ～ 80 公分，一般抽油煙機寬度則為 60 ～ 90 公分，在配置上會以「抽油煙機大於瓦斯爐」為原則，例如 80 公分的瓦斯爐配 90 公分的抽油煙機，不過若是以水煮的輕食為主，因為吸力會將油煙集中排出，抽油煙機小一點也尚可接受。

TIPS 06 ▶瓦斯爐與油機距離不宜超過 70 公分

瓦斯爐距離抽油煙機的高度，必須考量抽油煙機的吸力強弱，一般來說至少要有約 65 ～ 70 公分的距離，油煙才能被吸附、不外散，但也需要視各廠牌的規格再進行調整。

圖片提供 ©IKEA

▲ 排油煙機擺放位置不要在門窗旁，以免造成空氣對流影響，而無法發揮排煙效果。

Point 3 烘碗機

TIPS 01 ▶空間有限可配置吊掛式烘碗機

若廚房空間較小或是想節省空間，可於水槽上方配置吊掛式烘碗機增加坪效。

TIPS 02 ▶吊掛式烘碗機以順手高度為準

若以較嬌小的女性使用者而言，烘碗機與水槽的距離最好保持約 55 ～ 60 公分，其中 55 公分是較符合手向上擺放碗盤的使用高度，但對身高 160 公分的使用者來說，高度則以 60 ～ 65 公分較佳。

TIPS 03 ▶視洗、烘碗機類型決定擺放位置

雙排型廚房中的落地式烘碗機，配置位置可在水槽為中心的下方兩側或後排下方處，也可以在沒有管線的水槽浪板下方，若洗、烘碗機是獨立的兩台落地式機型，可各置放於水槽的左右兩邊，若烘碗機為吊掛式，則可洗碗機在水槽旁、烘碗機在水槽上方。

TIPS 04 ▶烘碗機需距離火源 15 公分以上

安裝烘碗機時，務必記得遠離瓦斯爐、熱水器、瓦斯等火源及烤箱等電熱器具，距離必須在 15 公分以上。

Point 4 冰箱

TIPS 01 ▶注意冰箱機體深度

裝設嵌入式冰箱時，必須注意空間上的配置，一般來說，需要預留 60 公分深的空間放入冰箱機體。

TIPS 02 ▶避開有水、有輻射的地方

冰箱除了不要放置在會濺水的地方，防止因潮濕而漏電之外，也不要放置在電視機或收音機旁，以免受到輻射影響，同時運轉時容易故障。

TIPS 03 ▶需安裝地線以防漏電

冰箱必需接上地線，避開瓦斯管線或自來水管，以防止漏電現象產生。

TIPS 04 ▶散熱空間四邊都要留

冰箱除了後方要預留散熱空間，左右、上下至少也要有 5 ～ 10 公分的散熱空間，否則冰箱內會結霜，容易導致故障。

TIPS 05 ▶冰箱開門方向必須考慮動線

冰箱的位置以靠近水槽為主，方便從冰箱取出食材後直接清洗，要特別注意的是冰箱的開門方向，應該以不擋住動線為重，舉例來說，水槽若在冰箱的左側，冰箱則選右開門，而不宜選左開門，造成拿取食材後還要先關上門，才能把食物放到檯面上。

TIPS 06 ▶冰箱應遠離熱源處

應避免放置於西曬和靠近熱源的位置，如瓦斯爐旁，因為太熱會讓冰箱馬達一直運轉，導致其效能降低又耗電。

TIPS 07 ▶選擇雙開門款增加使用順暢

冰箱距離水槽至少需要約 40 公分，最好能到達 60 公分為佳，也要注意冰箱門的開啟方向。由於 L 型廚房空間較大，若找不到左開門的冰箱款式時，也可選擇雙開門款，門片小了一半，能稍微降低開冰箱時阻擋動線的不順暢。

▼ 冰箱直接嵌廚具面板，讓冰箱完美融入廚具。

圖片提供 © 弘第企業

Point 5 烤箱、蒸爐

TIPS 01 ▶注意安裝電壓

烤箱、蒸爐、微波爐等電器，裝設時需注意電器電壓為 110V 或 220V。

TIPS 02 ▶預留電器配備的散熱位置

嵌入式烤箱的機體本身會有散熱孔，通常位在面板和開關中間，或機體上下方或後方，因此櫃體必須做散熱設計，在背板和牆壁之間預留比平常櫃體多一點的空間，大約十幾公分左右。

TIPS 03 ▶以電器高櫃整合烘烤家電

廚房內可設計一個電器高櫃，作為烘烤區使用，將烤箱、蒸爐、微波爐等以堆疊方式整合於此，而高身櫃旁的檯面距離則需要有 40 ～ 60 公分長，方便擺放烘烤時所需的材料與完成品。

TIPS 04 ▶電器堆疊順序規劃需符合

烘烤區的電器高櫃由下至上的順序可規劃如下：

（A）烤箱→蒸爐或咖啡機或微波爐：一般烤箱的高度約 60 公分，如果放在上方，人的使用動線會不順暢，放在下方除了高度適合，前開門的烤箱還可以作為擺放食物的平台；蒸爐則因為烹煮食物時會有湯汁，放在下方要取用並不好拿，所以置於上方較佳。

（B）蒸爐→咖啡機或微波爐：咖啡機體型較小，放在上方的位置，高度剛好適合操作，微波爐通常會設計上掀門片，加上配合使用動線，置於上方也較為順手。

TIPS 05 ▶電器堆疊時注意離地高度

置放於電器高櫃中的烤箱、蒸爐、微波爐等設備，擺放的順序高度必須考量使用者的身高，以操作方便、順暢為重點，當採取上下堆疊配置時，請以上方電器高度為基準，再向下順疊，一般來說，使用頻率高、重量又重的烤箱在最下方，上方再放其他爐具。

TIPS 06 ▶左右擺放講求對稱美觀

蒸爐或烤箱都需要有獨立的迴路，若空間夠大，建議設計兩個電器櫃，將烤箱和蒸爐左右並排放置，而配置重點則在於必須讓兩邊對稱。

（A）型配置：左邊放烤箱（60 公分），右邊可搭配蒸爐或咖啡機（45 公分），下方再多加裝一組暖盤機（14 公分）。

（B）型配置：左邊放蒸烤箱（45 公分），右邊搭配咖啡機（45 公分），就不需要再加裝其他設備，看起來平整、美觀。

TIPS 07 ▶電器櫃遠離瓦斯爐

烤箱、蒸爐等電器建議可統一置放於電器高櫃中，烤箱通常嵌入的位置在下方或中間段居多，下方位置便於取放食材與料理，中段位置則可隨時觀察食物料理的程度，至於高身櫃的位置建議設計在沒有熱源、不會影響電器散熱的水槽旁邊，不建議放在瓦斯爐旁邊。

▼ 電器高櫃要注意順序規劃，除須考量使用者的身高外，使用率高、重量重的烤箱應在最下方，上方再放其他爐具。

圖片提供© 弘第企業

Point 6 洗碗機

TIPS 01 ▶水管管線不宜拉長

洗碗機通常會放在洗滌槽的下方或附近，方便做內部水管的匯整，因此應盡量避免拉長水管管線，同時也省掉堵塞或漏水的問題。

TIPS 02 ▶確認機體是否平穩

洗碗機會因為傾斜或不平穩停止運轉，所以在安裝時應確認機體為平穩。

TIPS 03 ▶勿接延長線

洗碗機切勿使用延長線，會容易造成漏電的危險發生。

圖片提供 © 賽寧

▲ 落地式烘碗機，可視需求選購獨立型或嵌入於櫥櫃內。

? 裝修迷思 Q&A

Q. 選用嵌入式冰箱才能讓裝潢更有整體感？

A. 嵌入式冰箱雖然較與能門片、櫃體統一，不過容量比單體式冰箱來得小，較適合 3 人以內的小家庭使用。一般是由正面底部進氣，再由廚具後側頂部排氣。因此務必保留進氣與排氣口，排氣口要保留至少 200 平方公分散熱。

Q. 瓦斯爐跟水槽近一點，煮菜時會比較順手？

A. 水槽與瓦斯爐之間的距離約 80 公分最理想，若空間不足，至少也要有 60 公分。一來這樣才有足夠的空間方便進行備料工作，另一方面，水、火距離太近在工作時緩衝距離不足，可能相互干擾造成安全上的疑慮。

裝修名詞小百科

蒸爐：以高效發熱機件和快速蒸氣形成裝置。能將水快速達到高溫、高效、高能純蒸氣，直接加熱烹飪各式美食，且保留食物的營養成分。

全嵌式冰箱：冰箱直接嵌廚具面板，讓冰箱完美融入廚具，化身廚房裝飾一部份。

老鳥屋主經驗談

Nicole 我家是ㄇ字型廚房，空間還滿算寬敞的，且有設計一個電器高櫃，把電鍋、微波爐通通放在一起，高櫃離檯面的間距也不會太遠，所以擺放食材也很方便。

Sandy 一般廚房的烘碗機都設計在水槽上方以節省空間，但因為我比較嬌小，用起來很不順手，每次都要墊腳尖好不方便，以後想換成落地型的烘碗機，烘乾後可直接當碗藍，小朋友也能自己拿得到餐具。

Project 12

光源

善用自然人造光源，打造居家氛圍

好的光線能帶來正面情緒能量，白天陽光透過百葉窗、玻璃磚、抑或是直接斜射入內的光影，創造舒適的明亮氛圍，也能感受晨昏、時令的變化，夜晚，點亮屋內的壁燈、吊燈，色溫的層次產生多樣的空間氛圍。

! 重點提示！

PART 1 自然光源

日光能帶來舒適氛圍，因此住宅設計應以自然採光為優先，長形中古屋在結構、法規許可下，不妨增加建築開口，鄰棟距離太近的房子也能藉由玻璃磚的運用，解決採光與隱私問題。→**詳見 P156**

PART 2 人造光源

居家照明並非越亮越好喔！必須根據區域、使用行為來決定燈光種類，閱讀為主的區域應選擇功能性照明，流理台則建議使用 T5、T8 日光燈管，加強明亮度。→**詳見 P158**

職人應援團出馬

照明職人

飛利浦照明事業部

1. 依需求選擇適當照度的燈具。每一不同使用目的場所，應搭配合適的照度來配合，例如書房全照明照度約為 100 LUX，閱讀時則需要照度 600 LUX，此時可用檯燈作為局部照明，又如臥室約 300 ～ 500LUX，而客廳及餐廳則大約 150 ～ 300LUX 比較容易放鬆。照度太低時，容易導致眼睛疲勞造成近視，照度太高則過分明亮刺眼，形成電力浪費

2. 建議選擇有國際認證的燈具。並非所有 LED 燈都適合室內使用，一般居家常用的多為燈泡式或掛畫用的指向性 MR16，但坊間燈具品質參差不齊，因此建議在選購時不妨能挑選有國際認證且是知名品牌的燈具，會比較有保障。

圖片提供 © 飛利浦

節能職人

澄毓綠建築設計顧問公司總經理 陳重仁

圖片提供 © 飛利浦

1. 先採自然採光再思考人工照明。正確的照明設計不是亮就好，光線品質與節能同等重要，因此正確的居家照明設計應先以自然採光為主，不足後才啟用人工照明，才是真正的節能。而且人工照明要搭配及選擇上應要有適宜的亮度，光色，演色性及均齊度，沒有眩光，才是節能又適當的照明設計。

2. 設計正確的照明迴路設計。早期的設計沒有迴路設計，所以一開閉就全室亮，但現代要求節能，因此建議在規劃居家照明設計時，必須將迴路一併考量，以分區照明與分段控制，如四段開關設計等等，不需一次點亮一整個房間，如此一來能更加省電。

工程職人

演拓空間室內設計 張德良、殷崇淵

1. 選擇有燈罩的防眩光崁燈較舒適。防眩光崁燈光束強，容易產生刺眼的情況，建議最好使用有遮光罩的產品，同時在安裝時，要先量好天花板的淨高尺寸，才不會安裝時發現高度不足，而破壞空間的整體美感。

2. 燈具要定期維護及更換才更省。若燈具有一根燈管不亮，因為電流仍在運作，會造成耗電情況，因此最好要及時更換，同時建議採全面更換方式，一來好管理，二來更換後的照明才會均勻，對空間演光性較好，使用起來也比較舒適。

圖片提供 © 演拓空間室內設計

PART 1 自然光源

照著做一定會

Point 1 運用建築開口引光入室

方式 01 ▶加大窗戶面積

在諮詢過專業技師、不影響結構的前提下，可將居家的窗戶擴大，納入更多的自然光與景觀，其實沒有想像中的難。景觀窗是以才做計算單位，拓寬的面積大小以整數最省。此外記得提前知會左鄰右舍，遵守施工的時間，會讓工程更加順利和諧。

方式 02 ▶天井

當房屋四周皆有阻擋的情況下，天井就成了另一種採光的選擇。天光由上而下流洩，除了分享明亮氛圍，由於天井設計，每個樓層更多了一份連結，成為凝聚家中感情的另一個分享空間。

方式 03 ▶落地玻璃窗

整面活動式的落地窗，除了擔任透氣、門戶的重要功能，更可以充分地引光入室，並且在屋內產生對稱的光影，勾勒簡潔明快的居家輪廓。

Point 2 最 in 自然光 居家好氣色

位置 01 ▶自然光 in 客廳

客廳通常是全家人活動的核心位置，大面積的開窗能同時引進景觀與自然光，成為居家最重要的裝飾。為了兼顧隱私可以搭配百葉窗、窗簾，以便視需求開闔，讓生活更具彈性。

位置 02 ▶自然光 in 浴室

衛浴空間通常給人潮濕陰暗的感覺，多一道窗、多了採光，更能通風透氣，美觀兼具衛生。記得加上一道不怕水氣的塑膠百葉、捲簾，以免春光外洩囉！

位置 03 ▶自然光 in 樓梯

樓梯是居家重要過道，在樓梯間加入幾扇對外窗，除了能讓空氣對流，原本的光線死角，隨即省下了白天開燈的麻煩。在上下樓梯短暫過程中，藉由光影、景觀，位居室內也能感受到晨昏、氣候、時令的變化。

▼ 長形屋子很容易遇到中段無光的情形，在結構、法規的允許下，新開設窗戶解決光線問題。

圖片提供© 相即設計

Point 3 享受天光也能保障隱私

小技巧 01 ▶鏤空小方窗

一樓的住家要如何兼顧隱私與採光，總是令人感到兩難，其實只要在外牆牆面設計鏤空的小窗，就能技巧性地引入光線，亦賦予居家與眾不同的別致風貌。

小技巧 02 ▶木百葉窗

相較於白色百葉窗，木色百葉更沉穩自在，巧妙呼應天花的橫樑材質，可靠地遮蔽戶外雜亂的景觀。天光透過規律整齊的縫隙流洩入室，營造柔和不刺眼的明亮光暈，創造室內有趣的光影變化。

小技巧 03 ▶玻璃磚

透光卻無法透視的特性，是玻璃磚最耐人尋味之處，鄰棟距離近又希望有自然光線的時候，大面積使用、堆砌成的玻璃磚牆便能達到兼具採光和隱私的優點。

▼ 位於地下室的視聽室，創造透明天窗增加室內採光。

圖片提供 © 鼎睿設計

▼ 原本位於角落的陰暗衛浴，經過玻璃拉門雙動線的設計，瞬間變得明亮許多。

圖片提供 © 水相設計

? 裝修迷思 Q&A

Q. 浴室規劃對外窗，在使用時會不會很不方便呢？可以用窗簾嗎？

A. 無論採光或透氣需求，浴室最好能有對外窗，通風明亮讓陰暗潮濕一掃而空！而擔心的隱私問題，可以使用防水的塑膠百葉捲簾活動阻隔，或是直接使用玻璃磚，就不怕春光外洩了。

Q. 由於棟距過近、顧及隱私無法開窗，看來只能完全倚賴室內燈光了。

A. 其實適當地使用百葉窗、磨砂玻璃、玻璃磚等材質，有效阻隔視線之餘，還是能引光入室、充分使用自然光。如果是獨棟住宅，亦可考慮天井，讓天光從頭頂流洩而下，塑造居家獨特的光影景觀。

裝修名詞小百科

演色性：能夠表現色彩真實顏色的程度。

朝天燈：屬於柔和的反射燈光，當做整體光源或局部光源皆可。

老鳥屋主經驗談

Tina

客廳的大面開窗能改善室內的採光問題，也能成為居家的視覺重點，但因為都市內的社區大樓棟距近，又不想花大錢改窗戶，最簡便的方式就是善用窗簾與窗紗的組合，視情況調節自己需要的明亮度。

Robert

樓梯間、浴廁通常是居家常見的陰暗角落，每每使用都得要長時間開燈、增加電費負擔，如果能夠規劃對外窗，就能解決這個問題，還能讓住家空氣流通，一舉兩得。

PART 2 人造光源

照著做一定會

Point 1 人造光源三類型

Style 01 ▶功能性照明
屬於直接照明、也就是主燈，通常以工作使用為主，如閱讀燈、餐廳吊燈等，依照人的需求與舒適度為主。此外，功能性照明還具備導引的作用，如門口、牆壁的壁燈，就是為了導引視覺方向而產生的照明。

Style 02 ▶普照式照明
是以空間為主的照明，通常以一個空間為單位，目的是為了要帶給整個區域亮度。這種照明大多數都是扮演輔助功能的角色，如客廳正進行打掃中，需要看到每一個角落時使用；其他像是浴室、陽台等也需要使用「同時看到大範圍」的普照式照明。

Style 03 ▶背景式照明
屬於間接照明的一種。大多用在功能性照明以外的地方，功能在於增加空間感、產生像四周牆的視覺延伸效果，也可變成裝飾性的照明，如立燈的反射間接照明、天花板的間接照明、牆壁的壁燈、畫框的投射照明等。另外，背景式照明也具有辨識與導引的作用，可利用燈光目測牆與牆之間的距離等功用。

Point 2 居家照明計畫分區概念

區域 01 ▶玄關：依照功能定位規劃
若是注重用於鞋櫃區塊的照明，則可以功能性照明為主；如果主要作用是動線走道，則可用背景式照明，也就是間接照明，或是具有功能導引的燈光照明，如夜燈性質的壁燈、檯燈、立燈等，還可兼具裝飾用途。

區域 02 ▶客廳： 複合式照明營造層次
除了一般使用的普照式照明－頂燈外，如果坐在沙發上的時間長，建議使用檯燈或可調式的立燈輔助。此外，若使用間接照明，要注意光源必須距離天花板 35 公分以上，才不會產生過大的光暈，反而造成空間中的黯淡感。

區域 03 ▶餐廳：考量照明高度
餐廳主要以餐桌照明為主，在餐桌上 60 公分左右能達到有效的照明範圍，讓視線清楚、不使光源刺激到人的眼睛；也可另外增加檯燈與立燈於牆、櫃四周，營造用餐氛圍。

區域 04 ▶廚房：照明強調安全實用
廚房照明以工作性質為主，建議可使用日光型照明，集中在工作的桌面上運作，如流理台的層板燈照明就可使用 T5 或 T8 日光燈，加強工作的安全性；而廚房的走道上則可以頂燈照明，照顧到走動時的動線亮度。

區域 05 ▶臥室：以普照式照明為主
臥室的照明應以床頭燈或床邊燈為主，再輔以頂燈或間接光源。如此一來，除了能具有床前閱讀、照明集中的功能，亦能兼顧導引、不干擾他人。此外，兒童房除了合適亮度的普照式照明，視需求裝設書桌的閱讀功能照明。

▼ 要定期用乾布清潔附著在燈具上的灰塵，避免時間久了灰塵吸收濕氣而造成燈具生鏽。

圖片提供 © 雲墨空間設計

CFL、CFL-i、CCFL、LED 燈泡比較

類別	CFL&CFL-i（省電燈泡）	CCFL	LED
光源效率（lm／W）	55	58	70～80
壽命（hr）	6,000～15,000 小時	>20,000 小時	50,000 小時
色溫（k）	2,700／6,500	2,700／4,600／6,200	2,700～6,500
演色性（CRI）	85	82～85	70～90
發熱溫度	高	低	低
耐點滅性	低	高	高
耐摔耐震	不耐摔不耐震	不耐摔不耐震	耐摔耐震
操作	啟動時，閃爍	啟動時，不閃爍	一點就亮，不閃爍

? 裝修迷思 Q&A

Q. 太暗傷眼睛，所以無論如何，居家照明一定要越亮越好。

A. 居家照明還是要依照不同區域主要的活動做區分比較好喔！營造區域氛圍使用普照式照明搭配間接照明，而閱讀、烹飪等區域利用功能性照明加強。分區域、功能的照明計畫，也能讓住家更具備明暗層次感。

Q. 依照功能與區域做不同的照明規畫，多了這麼多燈光種類，應該更耗電吧？

A. 其實不會喔！假設要在客廳看書報，就只需要開茶几上的閱讀燈，不用把整個客廳的燈都打開，反而會更省電。現在的居家照明設計是以人為主的生活照明，強調根據屋主的工作性質、需求、習慣等加以配置、變化，因此不同的區域和使用性質都必須搭配適合的照明設備。

裝修名詞小百科

白熾燈泡：俗稱電燈泡或白鎢絲燈泡，是透過通電、電流通過鎢絲，使鎢絲加熱至白熾狀態而發亮，屬於全光譜的光源。

鹵素燈：又稱鹵素杯燈，是白熾燈的一種，易發熱與耗電。是在燈泡內注入碘或溴等鹵素氣體，亮度高且光源集中，體積小容易安裝。

▼ 配合不同區域功能而設定的居家照明，不僅可按需求使用更省電，亦描繪出居家更有層次的美麗輪廓。

圖片提供 © 力口建築

老鳥屋主經驗談

King 客廳的燈光顏色選擇，一般是使用黃光，視覺感受會較為休閒、營造在家放鬆的氣氛。當然也可選擇黃光搭白光，利用迴路控制開關做切換，依照使用需求做變化，居家生活會更有彈性！

May 如果能搭配牆面顏色，更能突顯主題效果。例如兒童房內使用黃光、並選擇可愛造型燈具、高彩度的壁面顏色，透過黃光產生互補色效果，就能營造出比白牆更明亮的視覺作用。

Project 13

防盜

外出更放心，小偷閃邊去

除了保全系統，住宅裝修更應結合門窗防盜產品設計，特別是科技日新月異，電子門鎖可指紋辨識、內建警報器，比傳統門鎖更厲害，門窗在防盜的基本功能之下，甚至又能防水、防颱又隔音。

重點提示！

PART 1 玄關門、鎖

挑選門鎖最簡單的概念就是越多段數越安全，而現在都會大樓戶數多，大門建議應具備良好的隔音效果，或是加裝隔音條，安裝時把手、門鎖是否牢固也必須注意。→詳見 P162

PART 2 防盜格子窗

防盜格子窗的窗格結構難以被破壞，加上內夾玻璃為複層玻璃，擁有強大的防盜、隔熱等功能，同時也區分有固定式、推射式、橫拉式，橫拉式門窗可解決不易逃生的問題。→詳見 P164

PART 3 捲門窗

傳統捲門窗只要風一吹就砰砰作響，隔音效果也不好，新一代捲門窗有手動、電動，葉片還能調整透氣，亦可加裝安全碰停裝置，實用又安全。→詳見 P166

PART 4 防侵入玻璃

防侵入玻璃可以保持良好視野，又能避免小偷入侵，但記得要選擇有品牌的窗框搭配使用，雙重保障居家安全。→詳見 P168

職人應援團出馬

鋁門窗職人

昌翊鋼鋁有限公司負責人 張盛偉

1. 挑選具防盜功能且好一點的鎖。想提高居家防盜功能，問題不在門而在鎖。目前市面上買門就會附鎖，價位約NT.3,000 元左右，建議最好再貼一點錢換好一點鎖，一般價位在 NT.5,000 ～ 7,000 元的鎖就具備很好的防盜功能。另外，磁卡跟指紋鎖，小偷入侵也比較困難。

2. 門要加防鎖功能，鐵捲門要有防夾功能。至於門的部分，建議最好請廠商加裝防鎖功能比較有保障。同時，現在有很多車庫或店家會安裝鐵捲門，建議選擇防夾功能，保護孩子安全外，鈦合金或鋁製產品也較美觀且不易生鏽。價位約 NT.23,000 ～ 25,000 元。

圖片提供 © 昌翊鋼鋁

玻璃職人

雷明盾防侵入玻璃產品部經理 邱建宇

圖片提供 © 雷明盾防侵入玻璃

1. 窗戶玻璃最好選擇膠合玻璃。單就玻璃而言，防盜系數當然是膠合玻璃要比強化或平板來得好，但最好還是選擇平板玻璃膠合聚碳酸脂板材的產品，則防盜系數最高。而且以一般門窗防盜如選用一般玻璃或膠合玻璃，皆需再加裝鐵窗或格子窗才能達到防盜效果，其加裝增加的成本與直接安裝雷明盾防侵入玻璃相距其實不遠。

2. 選擇橫拉式及推開的窗型，防盜又安全。從窗戶來思考防盜問題，不妨在玻璃窗安裝內部鎖頭，同時外部再與感應防盜系統串聯。在產品部分，建議設計安裝時可選擇搭配橫拉式及推開的窗型，即防盜，萬一火災逃生時，也可內部開啟，較安全。

工程職人

演拓空間室內設計 張德良、殷崇淵

1. 運用迴路及定時器定時啟動音響跟燈光。嚇阻也有防盜的作用，因此可以利用家中的迴路設計，連接到想要定時開啟的燈光及音響，並串連定時器，當時間到時，即使家裡沒有人，也會自動啟動，點亮燈光及開啟音響，讓外人誤以為家裡有人。

2. 善用科技系統及網路來做防盜監測。現在坊間有許多高科技防盜產品可以應用，像是 IP CAM 系統，可透過數位攝影機監測隨時監測家中有無入侵情況發生，並透過網路或 Cable 線上傳至手機，讓屋主即使在外，也能掌握居家情況。價格也很便宜，一組約 2 萬元左右。

圖片提供 © 演拓空間室內設計

PART 1 玄關門、鎖

照著做一定會

Point 1 挑選四大重點

重點 01 ▶門鎖段數越高越能防盜

一般門鎖包括三段鎖、四段鎖及五段鎖，段數越高表示開啟越複雜，所需時間越久。在相同材質條件下，門片厚度越厚實，防盜效果也更好；但需注意的是，厚重紮實的門越需要足以荷重的鉸鍊。防撬門擋、門框結構，也是防盜設計重點。而防盜效果良好的防爆門，是在門板內加入交錯的鋼骨，強化整體門扇的結構。

重點 02 ▶具備防火試驗報告

在挑選玄關門時，要注意它的防火、隔熱性能。可請廠商提供防火試驗報告及經濟部標檢局的商品驗證證書。

重點 03 ▶測試隔音效果、加裝氣密條

挑選時記得測試玄關門的隔音分貝等級，不同地門片材質、厚度不同，都會影響隔音效果；並請廠商提供內政部的隔音測試報告證明。另外可搭配周邊配件，如門框四周的氣密條或毛刷條、下方的防塵門檻，用以填充門的縫隙，加強隔音效果；並在門片內填入隔音材質，也是有效阻絕聲音傳導的好方法。

圖片提供 © 藍鯨國際

▲ 面材使用西班牙壁磚加複合實木打造，搭配義大利 PFS 造型把手。日本隔音氣密條、雙氣密隔音結構，可阻絕 40 分貝噪音。

重點 04 ▶材質要耐候、防鏽

玄關門的材質與表面處理方式，都會影響其防鏽、防曬、耐候性與使用年限。尤其設置在戶外的門片若處理不當，經過長時間曝曬、風吹雨打，可能會出現烤漆剝落現象，影響居家美觀。因此要慎選信譽良好的廠商，在品質與施作工法上較具保障。

Point 2 施工 & 驗收注意事項

Focus 01 ▶泥作隔間前先立門框

先抓地面水平，在泥作隔間之前先立框，框才會穩、縫也會比較小。

Focus 02 ▶門框水平垂直無偏差

門框定位須符合水平、垂直要求。立面不能前傾或後傾，以免影響開關。可藉由水平儀、鉛垂線等工具輔助驗收。

Focus 03 ▶五金配件使用正常

包括把手、門鎖等皆安裝牢固、使用靈活正常；檢驗門片開闔順暢，確認鉸鍊位置是否需要調整。

電子鎖特色

特色	電子鎖可用晶片感應、遙控或以密碼、指紋辨識等方式進入。包括美國進口的指紋辨識系統防盜，或是義大利、日本、韓國進口的專利防盜鎖，更有國人自行研發申請專利的防盜鎖。
優點	1. 不用擔心遺失或忘記帶鑰匙，毋須另打鑰匙備份。防盜性高，難以破壞。 2. 內建警報器，若遭破壞撞擊，將有警示鈴聲；部分也有火災溫度的警報提醒。 3. 若密碼連續操作錯誤，將有暫時停機機制。
缺點	1. 須注意門鎖蓄電力問題。若是以晶片感應，須注意消磁或折損問題。 2. 故障時維修較麻煩。

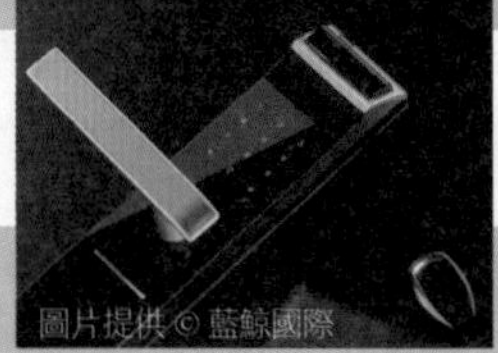

圖片提供 © 藍鯨國際

Point 3 玄關門日常保養

保養 01 ▶正確使用操作

開關時避免大力撞擊，才不容易造成門扇變形；開門時，避免鑰匙方向錯誤而造成鎖匣跳 Key 問題。

保養 02 ▶勿以異物傷害

避免用尖銳物品碰刮，並注意勿讓孩童將硬幣投入鎖孔內，而造成門鎖無法開啟。

保養 03 ▶加裝保護設施

若為戶外玄關門，擔心日曬雨淋則可加裝採光罩或遮雨棚保護。

攝影 © 王正毅

▲ 原始紅磚牆鋪陳的建築中，運用深色玄關門創造厚實穩重的空間氣息。

保養 04 ▶適度清潔維護

若沾染手漬或灰塵，可以乾布擦拭。若為木質門，可用傢具保養用之中性清潔劑，每隔三個月或半年擦拭，維持亮度。

? 裝修迷思 Q&A

Q. 玄關門是住家門面，所以要以美觀做為第一考量。

A. 對於玄關門而言，美觀固然重要，但是防盜、防火與隔音功能更是缺一不可。在選擇時要挑堅固耐候的門板材質、具備合格的國家安全標章、符合自身需求的隔音功能等，如此一來將會讓日後的居家安全與生活品質更有保障。

Q. 玄關門本來就是要堅固耐用，使用時大力甩門也沒關係。

A. 為了具備防盜、隔音效果，玄關門較一般門片厚重，使用的五金都需要符合荷重要求而特別搭配。所以在使用食用力甩門，時間一久怕造成門片或五金變型，影響開闔、減短使用壽命。

裝修名詞小百科

子母門：以兩片一大一小的門片裝設，通常需要 120 公分以上的寬度。

雙玄關門：是用雙層門片組構而成，目前在許多大樓、公寓等地方相當常見。因為有兩扇門的厚度，隔音程度與防盜效果，比單扇門來得更好，但缺點是所佔的空間較大。

門中門：類似將雙玄關門二合一的概念。雖是單門結構，但門中還有一扇小門可獨立打開，比傳統的貓眼更能看清來訪對象。門中門部分可搭配紗門或玻璃，打開後增加通風與採光。

老鳥屋主經驗談

Robert 因為住家有些地方鋪設木地板，所以磁磚部分也要配合提高。但是百密一疏，地面工程都要收尾了，卻忘記將提高高度告知負責玄關大門的廠商，導致門片已經做好無法改高度，所以只能臨時保留玄關原有高度。下次若有機會再規劃新家時，一定要注意！

Vickey 玄關內外門皆是建商附贈，外門的鎖我們有另外換過。因為是預售屋，在看樣品屋時有時特別詢問建商關於門的材質、等級和品牌，雖然是贈送的，但外觀和耐用度感覺都不錯，隔音效果也很好。

PART 2 防盜格子窗

照著做一定會

Point 1 防盜格子窗種類

分類 01 ▶以窗格材質分

可分為鋁格與不鏽鋼格，不鏽鋼硬度佳，但易有鏽水情況產生。

分類 02 ▶以窗型樣式分

可分為橫拉式、推射式與固定式。其中各窗型的氣密度表現，固定式 > 推射式 > 橫拉式；價格由高至低，依序為推射式 > 橫拉式 > 固定式。

▶ 窗型以固定窗扇搭配橫拉窗，增加隔音效果。窗格加入不鏽鋼條、增加強度，且採密封乾燥式組合、不起霧。

圖片提供 © 優墅科技門窗

Point 2 防盜格子窗挑選重點

重點 01 ▶衡量防風、抗震能力

一般可從水密性、氣密性與抗風壓係數來確認品質。如 CNS 水密 50kgf/m^2、氣密 2 等級以下、抗風壓 360 kgf/ m^2，為最高等級。

重點 02 ▶考量通風問題

為了讓空氣可以流通、避免危急情況發生，建議選擇可開窗的活動款式，或是部分固定、部分可開啟的款式，才能無礙逃生安全。

重點 03 ▶避免仿冒劣質品

真正的防盜格子窗，是以複層玻璃搭配中央鋁格，由外無法直接接觸到鋁格，且玻璃為防盜強化玻璃，才能達到提升破壞難度。購買前務必清楚評估，以免買到仿冒商品。

▼ 防盜格子窗，結合氣密、隔音及防盜多重機能於一身，比起傳統鐵窗外觀，簡潔美觀許多。

圖片提供 © 優墅科技門窗

Point 3 施工＆驗收注意事項

事項 01 ▶檢查配件
窗戶送達施作現場時，首先須檢查窗框是否正常、無變形彎曲現象，避免影響安裝品質。

事項 02 ▶在牆上標線
在牆上標示水平、垂直線，以此為定位基準，不同窗框的上下左右應對齊。

事項 03 ▶以水泥填縫
固定、安裝後以水泥填縫，確認窗框四周防水工程無任何縫隙，避免日後漏水問題。

事項 04 ▶檢查複層玻璃品質
驗收時須有廠商之玻璃霧化處理保證，並確保後續能提供良好解決模式。

▲ 鋁窗安裝完成後，要檢查外框、內扇、紗窗不能搖晃掉落，窗扣閉合要順暢，內扇、紗窗要好拉動。

? 裝修迷思 Q&A

Q. 防盜格子窗雖然安全，會不會不利逃生呢？
A. 防盜格子窗具備氣密、隔熱、隔音及防盜等多功能，且有別於固定式鐵窗，不但較為簡潔優雅，防盜格子窗活動式設計的窗扇可左右橫拉，能避免逃生安全的疑慮。

Q. 防盜格子窗這麼單薄，感覺不比鐵窗、鋁門窗的搭配型式來得堅固，真的可以防盜嗎？
A. 防盜格子窗擁有難以破壞的膠合或強化玻璃，內夾架構強、不易剪斷的窗格；防盜效果較一般鐵窗更優異。窗內可搭配防盜鎖、側邊固定鎖與防盜紗窗，增強牢固性，讓居家安全更放心。

裝修名詞小百科

膠合玻璃：是利用高溫高壓在兩片玻璃間夾入樹脂中間膜（PVB），由於內部的膠膜具黏著力，玻璃破損後碎片能不飛散，因此安全性增加。而三明治式的膠合玻璃亦具隔音、隔熱及防紫外線的功能效果，常被運用在受光、受風面，多樣的中間膜。

鋼鋁門窗：指的是同一組窗戶中使用了兩種不同材質的窗戶，一種是不鏽鋼，另一種是鋁合金。目前窗型有很多種類的選擇，例如鋁合金外窗 + 不鏽鋼內格、鋁合金外窗 + 鋁合金內格、鋁合金外窗 + 複層式玻璃，可看需求來設計最適合的窗型。

老鳥屋主經驗談

May 在裝設防盜窗的時候，要注意玻璃層需要保持透明、無濕氣起霧，才能確認其未來能達到隔溫與隔音的功能。並且事先確認廠商是否值得信賴以及後續維護服務是否完善。

Vickey 建商附的氣密窗等級不是很好，全部關上還是能聽到戶外的聲音，這點很傷腦筋。也有考慮自費再換好一些的，後來想想除了夏天晚上開冷氣，會全部把窗戶關起來之外，要密閉的機會不太多，習慣之後覺得可以聽到戶外部份音量，也可以保持一點環境的警覺性。

PART 3 捲門窗

照著做一定會

Point 1 捲門窗種類

分類 01 ▶依施作型態

依捲門窗的捲箱定位，可分為隱藏捲箱以及外掛型捲箱。

分類 02 ▶依材質分

捲門窗依材質可分為雙層鋼板或鋁合金材質。雙層鋼板重量較重，防盜效果佳，但需較大扭力的馬達，可用於寬度約 4 米的門窗；鋁合金材質輕，操作上較省力，在一定面積內可使用較輕的馬達或改成手動操作。

分類 03 ▶依捲片寬度

捲門窗的捲片寬度，分為一般型的 5.5 公分，以及加寬型的 7.7 公分。面積越大的捲門窗，適合選用較寬的捲片規格。

分類 04 ▶依操作方式

分為電動開關與手控開關兩種模式。電動又可使用壁上型開關或是遙控器。

Point 2 捲門窗挑選方式

方式 01 ▶衡量使用位置、面積大小

捲門窗的挑選可依照使用位置、所需面積，挑選適用材質。若超過 4 公尺以上的面積大小，如車庫空間，則建議使用雙層鋼板，捲片用寬度較大的 7.7 公分較為合適。

方式 02 ▶提升安全性的選配

捲門窗的「安全碰停裝置」，在捲門下降時，若遇到障礙物可偵測並自動停止，是增加居家安全的選配裝置。

陽台區實木壁面與捲門窗的橫紋線條互為呼應，加上格柵式採光罩，為空間注入良好自然光源。

圖片提供 © 立肯隆歐美進口建材

Point 3 施工＆驗收注意事項

事項 01 ▶隱藏式的捲箱定位

隱藏型捲箱與建築牆體一體成形，外觀看起來簡潔大方，但其條件是須在房子建築完工前，搭配新建築的施工，將捲箱定位於牆體中間、並裝上軌道，再立窗戶搭配窗簾盒。

事項 02 ▶外掛式的捲箱定位

若是建築體與外觀已經完成，可直接加裝外掛式捲箱和軌道，其施作的限制條件較少。可選擇安裝於外牆或是室內。若要安裝於室內，可在裝修未開始前，將捲箱收進天花板中，並預留捲箱維修口。依捲門高低，所需捲門收納箱的大小不同，捲箱不佔空間，約預留 20 ～ 30 公分即可。

事項 03 ▶施工完成後須實際操作

需實際操作確認捲片上升和下降啟動順暢，且上限和下限設定完成，捲片升降歸位後會自動停止。另外，捲門窗上下運轉時無異常聲響。若有選配「安全碰停裝置」，可於底下放一隻布偶，測試捲門下降時，防壓感應正常。

? 裝修迷思 Q&A

Q. 之前新聞有報導社區大樓的捲門壓人的意外，使用上好像不是很安全？

A. 捲門窗可以加裝安全碰停裝置，當有人車進入感應區，捲門就會自動升起，避免壓傷人的意外。測試時可在底下放一隻布偶，檢查設備是否正常。

Q. 捲門窗的安全性很吸引人，可是裝設在窗戶上是否會讓家裡不透氣？

A. 捲門窗的捲片內含透氣孔，可依個人需求或天氣變化，自由選擇捲片氣孔全閉或開啟。當捲片保留透氣孔時，可使內外空氣流通；緊閉時則能防止風雨進入室內，靈活調度運用，有如一道會呼吸的門窗，較一般傳統鐵捲門機能更佳。

裝修名詞小百科

PS 板：常用於室外採光罩，有不同厚度、色澤的選擇，具有局部式透光、遮雨的功能。

華斯墊片：補助螺絲與被固定物，避免外力運動時因螺紋牙縫的間隙可能造成的鬆脫。

圖片提供 © 立賞隆歐美捲門窗

▲ 廣角窗的窗扇依不同需求分割，搭配捲門增加防盜、隱私性，並讓窗面外觀更俐落簡約。

老鳥屋主經驗談

大白鯊 捲門窗材質不同、特色各異。如雙層鋼板捲門窗，防盜效果強，可捍衛門窗安全，建議用於一樓和頂樓空間；鋁合金材質則較輕，開闔省力，一般常開啟或進出的門窗皆適用。

King 老家一樓是用捲門窗，特別選擇捲門葉片的材質，有雙層鍍鋅鋼板，夾層中又有包覆 PU 發泡，防颱、隔音、防盜效果很好，其中有經歷過颱風季節，不像舊式捲門窗風一吹就砰砰響。

PART 4 防侵入玻璃

照著做一定會

Point 1 防侵入玻璃特色

特色 01 ▶通透視野

防侵入玻璃，可以保有原建築外觀與通透明亮的採光視野，從此不用為了防盜再裝鐵窗、格子窗。門窗防盜如選用一般玻璃或膠合玻璃，皆需再加裝鐵窗或格子窗才能達到防盜效果，其加裝增加的成本與直接安裝防侵入玻璃相距其實不遠。

特色 02 ▶防盜耐衝擊

防侵入玻璃最主要是以延長歹徒做案時間為考量而設計的門窗防盜產品，依據資料統計，歹徒侵入住宅犯案如果 5 分鐘內未能入侵，放棄作案的比例高達69%，。由於防侵入玻璃有「聚碳酸脂板材」的超強耐衝擊層，因此可平均可承受 5 ～ 30 分鐘破壞敲擊不被貫穿，讓居家防盜可以更簡單且更有保障。

▼ 大樓選用雷明盾防侵入玻璃，嚴防外部人員及物體侵入，有效防止人為及意外破壞，保障人身及財產安全。

圖片提供 © 台煒 雷明盾防侵入玻璃

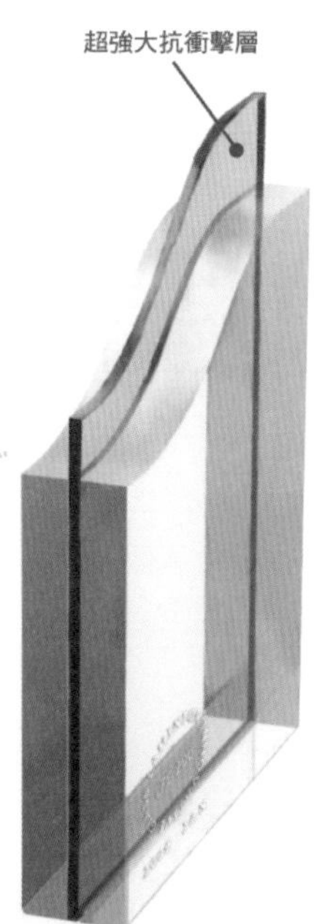

圖片提供 © 台煒 雷明盾防侵入玻璃

▲ 防侵入玻璃結構是由玻璃、聚碳酸脂板材、特殊膠合膜等不同介質組合，具備防盜、隔音、隔熱等多種功能。

Point 2 防侵入玻璃附加功能

附加功能 01 ▶隔音

因為防侵入玻璃結構有玻璃、聚碳酸脂板材、特殊膠合膜等不同介質組合，由於聲音經過不同介質時會大量被吸收，因此經實際測試結果可達 STC 值 40db（分貝）之優良的隔音性能。

附加功能 02 ▶隔熱

防侵入 LOW-E 玻璃，不是在玻璃上塗層加工處理，而是採用「LOW-E 聚碳酸脂板材」，除了兼具膠合或複層的活用性外，更重要是不易氧化與刮傷，隔熱係數經內政部建築研究所測試，均較目前市售 LOW-E 玻璃為佳，更重要是仍兼具防盜功能，可以「防侵入＋綠生活」雙效兼具！

Point 3 建築用玻璃耐衝擊比較

種類 01 ▶強化玻璃

種類 02 ▶膠合玻璃

種類 03 ▶防侵入玻璃

建築常用玻璃破壞比較

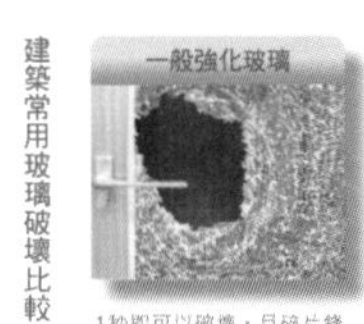

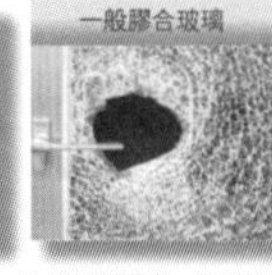

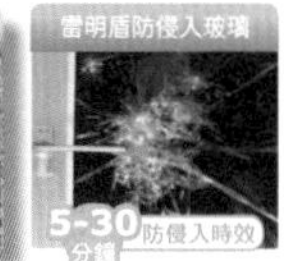

圖片提供 © 台煒 雷明盾防侵入玻璃

▲ 防侵入玻璃有「聚碳酸脂板材」的超強耐衝擊層，讓居家防盜可以更簡單且更有保障。雷明盾防侵入玻璃結合聚碳酸酯板材結構，其耐衝擊能力是透明材料中最好。

? 裝修迷思 Q&A

Q. 防侵入玻璃好像很高科技，一定很貴！

A. 防侵入玻璃結合聚碳酸脂板材的耐衝擊力，與玻璃的通透與硬度，讓視覺保持通透明亮之餘，仍擁有高強度的防盜功能。門窗防盜如選用一般玻璃或膠合玻璃，皆需再加裝鐵窗或格子窗才能達到防盜效果，其加裝增加的成本與直接安裝全方位的防侵入玻璃相距其實不遠。

Q. 用防侵入玻璃當作窗景，夏天到了不知道會不會有西曬、溫度過高問題。

A. 防侵入 LOW-E 玻璃，是採用「LOW-E 聚碳酸脂板材」，不易氧化與刮傷；隔熱係數經內政部建築研究所測試，均較目前市售 LOW-E 玻璃為佳，所以不用擔心西曬問題囉！

裝修名詞小百科

夾紗玻璃：為膠合玻璃的一種，在兩片清玻璃間平夾一片紗狀物質就稱為「夾紗玻璃」；若夾入樹脂中間膜則為「夾膜玻璃」，也可視需求夾入捲簾、宣紙、布料等。

超白玻璃：一般的玻璃其實是帶點綠色的；而超白玻璃則是去除微量雜色，降低玻璃中的綠色（但非完全透明！），達到更高的透光率。

老鳥屋主經驗談

Robert 裝設防侵入玻璃最關鍵的就是窗框品質，因為歹徒可能會從破壞窗框下手，所以當初我們特別選擇有品牌的門窗搭配防侵入玻璃，才能有更完整的保障。

Max 因為鄰居之前發生過竊盜事件，這次裝潢特別換成防侵入玻璃，可避免小偷侵入，隔音效果也不錯。

Project 14

建材

裡外好氣色，房子更有質感

住宅空間的質感好壞，往往取決於建材的選用和搭配，不同的組合能帶出多變的空間感受，了解每一項建材的特性、保養維護關鍵，裝潢過程中挑選件才會更有概念。

PART 1 挑選原則

市面上建材這麼多種，該如何挑選？根據塗料、壁板、木地板、磚材、石材等解析挑選的重要原則指標。→詳見 P172

PART 2 運用設計

透過材質的搭配應用，也能創造出不同的風格氛圍，梧桐和橡木可以帶來舒適的木空間，木石磚讓老房子呈現一種復古的味道。→詳見 P176

PART 3 保養維護

每種材質有各自保養的撇步，比如說花崗岩不能用濕拖把清潔，現在最普遍的超耐磨地板則不宜使用中性清潔劑，更多保養細節都在這。→詳見 P180

職人應援團出馬

工程職人

演拓空間室內設計 張德良、殷崇淵

圖片提供 © 演拓空間室內設計

1. 玻璃及石材混搭，省錢不失質感。玻璃材質價格雖然便宜，但是清透特色卻可以與昂貴的石材混搭，製造出沈穩的質感，同時因為彼此差價大，若交互使用，也可以省下一筆建材費用，面子裡子都兼顧到了。

2. 選購質感好開關面板有加分效果。很多人在設計時會忘了注意家裡的開關面板設計，其實開關面板設計高度都在眼睛可及的地方，因此挑選質感好的開關面板對立面的統整性有加分作用。另附有夜燈形式的面板更有安全及方便考量。

格局職人

王俊宏室內裝修設計工程有限公司 王俊宏

圖片提供 © 王俊宏室內裝修設計

1. 運用鐵件框線，是隔屏也是燈具。想要營造簡潔俐落空間設計，鐵件是好的建材，以木作的白色書桌為基調，也巧妙地利用訂製概念製作圍繞在書桌旁的方型鐵件框線，這框線計有俐落的造型與工業特質，同時也隱藏了燈具在其中，兼具照明功能。

2. 別忘了出風口的建材設計。講到建材，除了常見的木頭或鐵件外，其實像是空調出風口的規劃，也常常被遺忘，視空間選擇不同造型的出風口設計，如圓形、長形，有框無框等，也可以為空間的上方營造出不同有趣的視覺效果。

風格職人

摩登雅舍設計 王思文、汪忠錠

1. 善用窗櫺傳遞光影。光影永遠是屋主及設計所渴望追求的，前者喜歡優質的居住環境，而後者更留戀其帶來的空間效果，因此運用窗櫺的隔間或拉門設計，讓空間因光影變動產生不同表情，同時運用不同的窗櫺也會帶來不同空間風格，如白色格子是鄉村風，木作檜木窗櫺是東方風。

2. 運用布幔、捲簾打造柔美祥和氛圍。建材除了硬質感的木頭及石材外，其實軟性建材對空間更有加分作用，例如利用白色紗布布幔可以是窗，是門，甚至還可以隱藏了天花板可能有的樑柱問題。

圖片提供 © 摩登雅舍室內裝修

PART 1 挑選原則

照著做一定會

Point 1 磚材

Tip 01 ▶以止滑耐磨為考量

地磚與壁磚的差別通常是以硬度與止滑度做區隔，若是要用壁磚當地磚用，較建議的做法是用於選耐磨處理的、並用於局部裝飾。板岩磚表面紋路清楚、止滑效果佳，也適合鋪在浴室等潮濕之處。

Tip 02 ▶依密度及吸水率挑選

直接敲敲看，吸水率過高則硬度不足會易碎。

Tip 03 ▶依空間挑選合適尺寸

40 平方公分以上的稱為磁磚，40 平方公分以下的則稱為馬賽克磚。較昏暗的地方選鏡面、反射效果好的磁磚。空間不夠大要選擇規格較小的尺寸，以免發生黏貼上的困擾。

磚材比較

類別	特色	優點	缺點
拋光石英磚	表面平亮光整	密度硬度比 材高，耐磨耐壓	施工不慎易凸起碎裂
陶磚	天然陶土燒製	透氣性佳、止滑，可用於戶外	表面易卡汙
板岩磚	利用瓷磚或石英磚燒製而成	紋路自然，價格比天然板岩便宜	陶瓷版岩易脆，表面強度弱
馬賽克磚	材質多樣，石材、玻璃皆可製成馬賽克	施工簡單，可局部 DIY 黏貼	縫隙小易卡汙
木紋磚	表面仿木紋紋理	與木質地板紋理與質感相似	觸感沒木質地板溫潤
特殊磚材	包括布紋磚、皮革磚與金屬磚，種類多元	風格特殊，多元種類可供選擇	多由國外進口，價格較貴

Point 2 石材

Tip 01 ▶依鋪貼位置

建物外觀可使用質硬、耐磨、耐酸鹼的花崗岩；大理石要避開水氣多的地方，以免變質；衛浴空間可選擇大塊易清潔、止滑的板岩。

Tip 02 ▶觸感分類

大理石、花崗石手感光滑；板岩、文化石、抿石子較粗糙。

Tip 03 ▶依紋理營造不同風格

廳區需要開闊大器的氣勢，可選擇紋理豐富的大理石、花崗石；板岩、文化石、抿石子具備防水止滑特性，多應用在衛浴、庭院或是立面裝飾，具質樸意象。

石材比較

類別	特色	優點	缺點
大理石	紋理獨特有質感，適合做地板材與主牆面	硬度、抗磨高	表面有毛細孔、吸水易變質
花崗石	多用於公共區域，當戶外建材使用	硬度最高，耐候性佳	紋路較單調，選擇性少
板岩	樸質粗獷，多用於庭園造景	耐火耐寒、不易風化	表面粗糙，較不適用於室內地板
文化石	以天然石材或矽鈣石膏製成，具備自然石材紋理	風格營造強烈，可 DIY 施作	易卡髒汙，須勤清理
抿石子	呈現不同石頭種類與色澤	耐壓性高，不易脫落	縫隙多，清理不易

Point 3 木質地板

Tip 01 ▶依木種特性與表層厚度決定

厚度厚、防潮性佳的木種，價格越高。如：檜木、紫檀木、花梨木等，油質和防潮性皆高。

Tip 02 ▶紋路、色澤辨識

實木會有一定重量，紋理在每個面向都有一定連貫。染色木則較為死板，且沒有木頭香，泡水試驗會顯色。

Tip 03 ▶依區域選擇

木地板怕刮，建議用在客廳臥房等相對磨損較少的位置。

Tip 04 ▶材質表面漆膜均勻

漆面應有光澤，紋理材質無明顯缺陷，周邊的榫、槽也應完整。

Tip 05 ▶南方松需有品質標章

在施工前必須檢視每片南方松的背面是否有美國國家標準及美國防腐商協會 AWPA 所蓋的品質保證章，以保障自身權益。

木質地板比較

類別	特色	優點	缺點
實木地板	1. 整塊原木材切 2. 能調節溫度與濕度 3. 視感與觸感俱佳 4. 散發原木天然香氣	1. 不含人工膠料、化學物質 2. 溫潤細緻質感	1. 不適合海島性氣候，易膨脹變型 2. 須砍罰原木不環保，原木取得不易 3. 價格高昂 4. 易受蟲蛀
海島型木地板	1. 實木切片作為表層，再結合基材膠合而成 2. 不易膨脹變型、穩定度高	1. 適合台灣氣候 2. 抗變性較實木高，耐用、使用壽命長 3. 抗蟲蛀、防白蟻 4. 表面使用染色，顏色多樣	1. 香氣與觸感沒有實木好 2. 若用劣質的膠料黏合會散發有害人體的甲醛
竹地板	取材自天然竹林	1. 複合式結構，具耐潮、耐汙、耐磨、抑菌、靜音等功能 2. 可染色	1. 竹子膠合需黏著劑 2. 竹子澱粉含量高易遭蟲蛀，製作過程需做好防蛀處理
戶外地板	南方松為主，另有塑合木可選擇	不易腐蝕，耐用度佳	南方松含有防腐劑；塑合木塑膠感重，質感較差

Point 4 超耐磨地板

Tip 01 ▶國家檢驗認證

並須注意是否合乎綠建材規範、通過 E1 等級；成分是否含甲醛、有機溶劑；廠商是否提供良好服務。

Tip 02 ▶可長期承載重物

要具備耐磨、耐刮、耐撞、防燄特性。

Tip 03 ▶肉眼觀察產品細緻度

檢查木紋立體、清晰度、光澤。

Tip 04 ▶板材接合密度

板材邊緣不能有毛邊龜裂，縫隙不能有高低差。

圖片提供 © 緯傑設計

▲ 在木地板怕潮濕，平日清潔以微濕的抹布擦拭即可。

Point 5 塗料

種類 01 ▶水泥漆

室內著重防霉抗菌、低 VOC 的綠建材水性水泥漆，戶外以油性水泥漆，耐候、耐水、耐鹼性優越，經濟實惠。

種類 02 ▶乳膠漆

無法用肉眼識別好壞，盡量挑選有信譽的品牌。越好的乳膠漆乾燥後，漆面越細緻、顏色豐富、防水性越佳越好。

種類 03 ▶天然塗料

珪藻土別挑桶裝，因為雖然較便宜但加了樹脂，就失去原本的功能。灰泥塗料要挑濕式包裝，不添加工業性樹脂及防腐劑。甲殼素塗料可挑選通過綠建材標章級或得發明專利的廠商，功能性較佳。

種類 04 ▶特殊裝飾塗料

無法就漆本身判斷好壞，要找有信譽廠商，除了觀察實績，當漆面有小瑕疵也會立即修補，完善的售後服務也很重要。

種類 05 ▶特殊功能塗料

室內使用要以天然塗料為優先考慮；室外則建議要具備防水、抗酸鹼、隔熱等功能。

塗料比較

類別	優點＆特色	缺點
水泥漆	1. 分水性、油性兩種，對水泥附著性極強 2. 好塗刷，單價低	VOC 揮發問題，會有讓人不舒服的化學味道
乳膠漆	1. 漆過牆面不易沾灰塵， 2. 可覆蓋牆面細紋與髒汙 3. 耐水擦洗	含有 VOC 成分
天然塗料	1. 取材自然，無毒健康 2. 可吸附分解甲醛，可除臭、淨化空氣	底材要求高，單價也比較高
特殊裝飾塗料	1. 類石材效果，耐洗、防水、隔熱 2. 顏色柔和，不易褪色	價格偏高，須由專業人員施工
特殊功能塗料	具備特殊功能，如：防水、防蟲、隔熱、防鏽等	部分產品單價高

Point 6 壁板（亦可用於天花板）

Tip 01 ▶挑選不含石棉材質

避免使用含石棉材質、危害人體。

Tip 02 ▶挑選防潮處理板材

如礦纖板雖擁有極高防火、隔音、耐熱性，但怕潮濕，所以要慎選有防潮處理的產品。

Tip 03 ▶重量判斷好壞

線板塑型需添加發泡劑，小心黑心產品發泡劑比例過高，導致密度不足、重量較輕，所以可從重量判斷品質好壞。

Tip 04 ▶依板材特性決定用途

例如木絲水泥板兼具硬度、韌性、重量輕，多用於裝飾面板。纖維水泥板因吸水變化率小，是用於乾濕式隔間上，具防火功效。

圖片提供 © 演拓空間室內設計

▲ 塗料施工前，都得先整平牆面；部分塗料還要先上底漆。

天花、壁板比較

類別	優點	缺點
矽酸鈣板	1. 硬度抗壓性佳 2. 膨脹係數小	1. 重量較重 2. 不同配方與技術會影響穩定度
石膏板	1. 防火吸音調濕 2. 質輕耐震 3. 隔音佳 4. 表面平整 5. 施工容易，安裝成本低	1. 受潮會腐化 2. 硬度差易脆裂
氧化鎂板	1. 不含對人體有害物質與重金屬 2. 耐燃一級	怕水易受潮
礦纖板	1. 吸音耐熱性佳 2. 耐燃一級	1. 怕水易變型 2. 易有粉塵掉落
線板	樣式多，易營造鄉村、古典風格	材質易因熱脹冷縮於接縫處裂開
水泥板	防火耐燃	易著色顯髒
化妝板	耐酸、抗汙、抗菌	單價較高

? 裝修迷思 Q&A

Q. 挑建材一定要從價位考量，越貴一定越好。

A. 建材沒有「完美」或是「最好」的！要符合環境條件如：是否潮濕、西曬，與使用者的預算、需求以及喜好，才是適合自己的建材。

Q. 難得進行整修，在雜誌上看到好多喜歡的建材，這次一定要通通用上才行。

A. 建材的配搭，最好讓設計師了解需求後，透過專業幫你做最好的搭配。建材都具備自己的風格特性，不見得通通配在一起就是好看，這時候就得靠設計師的經驗與專業，才能設計出符合需求又美觀的好宅。

裝修名詞小百科

塑合木：為塑料（聚乙烯 PE 及聚丙烯 PP）與木粉混合擠出成型。由於經過高溫高壓充分混合及擠壓，使塑料充分將木粉包覆，成型之後材質的穩定度比實木高，防潮耐朽，多用於居家陽台、公園綠地、風景區及戶外休憩區等場所。

南方松：全名為「美國南方松防腐材」，指的是由生長在美國馬里蘭州至德州之間廣大地區的松樹種群所產出之實木建材，通常作為戶外地板使用。

老鳥屋主經驗談

Robert 原本就想要的超耐磨木板，選擇多到眼花撩亂，還得想著配搭家具、壁紙花色等等。透過設計師幫我們把居家風格具體描繪出來、一個個分析，我們才能選中真正適合的款式。

Nicole 如果家裡有小朋友，盡量選擇低甲醛的綠建材，或是市面上也有降低甲醛濃度的產品可使用。搬入新家前也可適度開窗保持通風，降低甲醛對家人的危害。

PART 2 運用與設計

照著做一定會

Point 1 新舊建材交錯 成就設計新風貌

案例 01 ▶風化梧桐木 × 橡木染黑 × 超耐磨地板：自然木紋理刻劃居家層次

Tip01. 風化梧桐木：表面使用 250 條的梧桐木板鋼刷處理，製造表面的立體風化感；大面積使用也不會帶來沉重與壓迫感。

Tip02. 橡木染黑：紋路鮮明的橡木經染色處理強化個性，為淺色空間加入鮮活的層次感。

Tip03. 超耐磨地板：木紋色澤幾可亂真，具備立體的凹凸紋理，更有耐磨、抗潮的討喜個性。

圖片提供 ©PartiDesign Studio

▲ 當紅的風化梧桐木材質，大量運用在居家，呈現無壓自然的氛圍。

案例 02 ▶復古磚 × 文化石 × 線板：質樸建材描繪老房洗鍊輪廓

Tip01. 復古磚：廚房、浴室等空間使用耐髒好清潔的復古磚；採斜拼、小口磚修邊，質樸面貌更添線條變化。

Tip02. 文化石：紋理豐富、質地自然。磚紅色的文化石復古味與時間感強；白色系則帶來乾淨明亮、簡約清爽氛圍。

Tip03. 線板：天花、床頭板的收邊線板，搭配合宜裝飾條，輕易提點居家鄉村況味。

▼ 電視主牆面運用實木層板、白色文化石、復古磚建構；轉角弧形的曲線柔化磚材原本方正的線條。

圖片提供 © 齊舍設計

案例 03 ▶深棕櫚大理石 × 秋香木皮 × 茶色玻璃：灰白基調構築幾何宅邸

Tip01. 深棕櫚大理石：利用六角形幾何元素切割來自花蓮的灰色石材，突顯紋理走向，表現純粹簡約美感。

Tip02. 秋香木皮：以近灰色的木材質鋪貼地壁，詮釋居家優雅表情，營造淡雅大器質感。

Tip03. 茶色玻璃：將茶色玻璃應用在走廊牆面與噴砂玻璃門，將轉化的六角形酒櫃元素加入其中，保留光線與視覺穿透，呼應全室一致的設計美學。

▲ 茶色玻璃運用在餐廳玻璃門上，並注入酒櫃造型元素，達到空間相呼應的效果。

Point 2 替代建材正風行

運用 01 ▶可彎曲薄石板

薄片石材相較於傳統石板更輕、更強固，且具有彎曲特性，打破石材無法柔軟的形象。以岩石薄片與聚酯樹脂或玻璃纖維不織布組合而成，克服天然石材脆且易破碎的缺陷，提高原石材抗彎曲與抗衝擊性。同時具防霉抗菌效果。

施工上，使用普通黏合劑就可方便固定於牆上，由於材質較薄，輔助材料少、省時省力，可減少安裝成本。

運用 02 ▶菊水仿清水模工法

菊水仿清水模工法是以水泥結合塗料方式，所呈現的一種工法效果，沒有粉塵，也較好清潔，相當適合運用於室內。施作菊水仿清水模工法，一定要留意壁面的平整性，避免製造出來的效果不佳。

運用 03 ▶法拉利彈性天花

原裝進口的法拉利彈性天花是 Serge Ferrari 出品的建築織品，適用於建築外皮與室內裝潢。與固定形狀的建築板材相比，不僅更輕薄，能繃出各種造型、量身訂作特定圖案，並讓光線從內部透射出來。在不破壞建築結構的前提下，為室內空間換上全新風貌。

Point 3 趨勢新建材

種類 01 ▶薄片石材

天然薄片石材材料，主要以板岩、雲母石製成。板岩紋路較為豐富，而雲母礦石則帶有天然豐富的玻璃金屬光澤，在光線照射下相當閃耀，可輕鬆營造華麗風格。另外，還有使用特殊抗UV 耐老化透明樹脂的薄片，可在背面有光源的情況下做出透光效果，展現更清透的石材紋路。由於每片石材厚度僅約 2mm，施工更加簡單、快速、容易，可輕鬆運用於一般厚重石材不易施作的地方，如門片、櫃體、廚具流理檯等，或貼合於各種木材、纖維水泥板、石膏板、矽酸鈣板和金屬上，也可以輕鬆做出弧形的效果，這都是傳統石材較難做出的效果，可以為消費者大幅節省安裝成本。此外，薄片石材具防水、耐低溫功能，還可以應用於建築物外立面裝飾。

種類 02 ▶金屬仿鏽銅磚

近年來受復古風潮影響，使得表面多有鏽蝕歲月痕跡的工業風格二手傢具，再度掀起話題，

圖片提供 © 名家廊

▲ 金屬仿銅鏽磁磚使用於空間內一角，就具畫龍點睛的效果，當然也可使用於整片空間。

▼ 中島廚房後方隱藏著通往主臥房、客臥以及必須容納電器設備，為了整頓這些功能性物件，利用比石材更輕薄的採礦岩作立面材質，如同木皮的施工方式，加上重量輕可懸掛門片。

圖片提供 © 水相設計

斑駁、老舊但卻乾淨而簡單，連帶磁磚建材也重掀這股風潮，例如金屬仿銅鏽磁磚，即是模擬銅鐵生鏽之後的斑駁花色，加上略帶金屬光澤的質感，自然剝落、生鏽的感覺讓人印象深刻外，每片磁磚花色不一，拼湊出科技氛圍的冷冽美感，更是讓人著迷。

種類 03 ▶ hue 個人連線智慧照明

所謂的 hue 個人連網智慧照明，是將連網功能帶入 LED 燈泡設計中，是第一支連結網路及 APP 應用程式操控的 LED 燈泡。透過各式的 APP 程式，運用燈光能創造多種的實用功能。例如可連結天氣網站，透過燈光提供各種天氣預報，出門前是陰是晴？看一下燈色便知曉。hue 也能串接臉書、手機行事曆等，當有重要留言、收到信件或是約會通知時，hue 就會用燈光提醒，不遺漏任何訊息。 而 hue 也是居家的小管家，具備鬧鐘和定時功能，設定起床和就寢時間後，就能讓燈光逐漸變亮和變暗，貼心提醒日夜的到來。

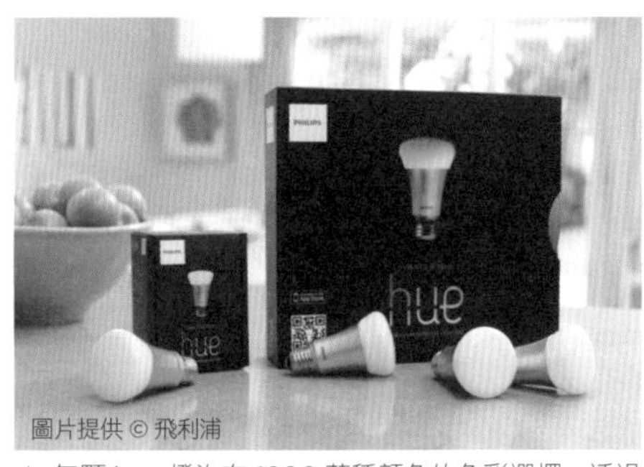

▲ 每顆 hue 燈泡有 1600 萬種顏色的色彩選擇，透過人體生物學的研究成果預設了放鬆、專注、活力、靜心閱讀等燈光組合，能夠隨時調整燈光配方，一指遙控舒適照明生活。

? 裝修迷思 Q&A

Q. 要同時具備可回收再生、健康等條件的，才能叫做環保建材。

A. 目前的定義是具備以下 4 項生態、再生、健康、高性能中的其中 1 項特性，並由國家標準局檢驗合格，便會貼上綠建材的標章。二〇〇四年內政部建築研究所優先針對「健康綠建材」及「再生綠建材」做標章評估及核發，除了健康之外，綠建材標章的評估指標也特別重視資源再生利用，鼓勵回收營建廢棄物再製成建材，減輕垃圾處理負擔。

Q. 文化石、風化梧桐木等特色強烈的建材，一定很難使用在居家。

A. 其實不然！可以將個性豐富、特色較強烈的建材，局部使用在居家玄關、電視主牆等區域，成為居家視覺主景，達到畫龍點睛之效，表現出自我的風格個性。

裝修名詞小百科

洗地：可不是用水清洗地板喔！而是為了保留舊有地面，所進行的一種地坪處理手法，簡單說就是地面美容，經過研磨、重新上漆、拋光等步驟，美化原本舊的大理石或木地板。

亂尺＋定尺：為木地板鋪設時的排列方式。木地板的尺寸有長有短，而所謂「亂尺」即是隨機排列，而「定尺」則是以長短統一的木地板規則排列，因此在訂購木地板時必須事先說明所需尺寸。

老鳥屋主經驗談

Max 當設計師拿出風化梧桐木材質，說要當玄關鞋櫃門片，當時還有點擔心。但是事實證明，風化的表面搭上輕淺的配色，長方形門板輔以懸吊設計，頓時讓我家玄關自然、輕盈又時髦。

Robert 當老房子進行裝修時，可以保留原有的樓梯鐵件重新烤漆，搭配新的地壁裝飾，新舊元素混搭，並融入真實古老的痕跡，成就不矯揉造作的復古時尚。

PART 3 保養維護

照著做一定會

Point 1 磚材

Tip 01 ▶施工時須留縫隙避免隆起
因台灣位處地震帶，施工時應留縫隙 2mm 作為緩衝。

Tip 02 ▶填縫易卡汙的清潔問題
可使用清潔劑清理，坊間已有多種清潔劑可選購。白色填縫劑易吃色、難以清潔，若無法完全去除髒污，建議可自行挖除髒污的填縫劑再回填。

Tip 03 ▶清水清潔
平常磚材可用清水清潔即可；上釉的瓷磚甚至可用清潔劑清洗。若木紋磚面卡汙，可用牙刷、軟刷或布輔助擦拭。

Tip 04 ▶勿用力磨擦磁磚表面
當搬動較重的家具或櫃體時，勿用推移的方式，以免傷及表面。

Tip 05 ▶小心染色
若表面滴到有顏色液體，記得馬上擦拭。

Point 2 石材

Tip 01 ▶大理石
須遠離酸鹼物質不建議打蠟，怕堵塞毛孔、時間久易變質，要定期研磨拋光。

Tip 02 ▶花崗岩
不建議用濕拖把清潔，可用靜電、紙拖把有效帶走沙塵。

Tip 03 ▶文化石
平時用清水濕布擦拭。用於外牆要兩年進行防水、防腐處理，溝縫尤其要特別處理到位。

Tip 04 ▶抿石子
施作時就要使用抑菌成份的填縫劑，在用防護漆完全密閉水泥間隙，如此一來，日後保養只需清水刷洗即可。

▼ 簡單線條分割萊姆石牆，與義大利進口磁磚地面展現 L 形橫向張力。

圖片提供 © 水相設計

圖片提供 © 廣蒼實業

▲ 磐多魔平時保養不建議使用一般地板蠟，用清水擦拭即可。

Point 3 木質地板

Tip 01 ▶以微濕抹布清潔

木地板怕潮濕，盡量別讓水分停留木地板上過久，平時使用除塵只拭淨即可。

Tip 02 ▶避免日曬

實木製品過於乾燥會膨脹裂開，須避免日曬、保持通風。

Tip 03 ▶避免重壓碰撞

不要安置過重的家具物件。表面不耐碰撞，所以盡量避免有輪子的家具。

Tip 04 ▶南方松屬於戶外材

南方松具耐候防腐防蟲蛀等多樣優點，至少可使用十年以上。若要避免自然風化變色，可 2 ～ 3 年上一次保護漆。

圖片提供 © 水相設計

▲ 花崗石質地堅硬，耐候力強，作為建築外牆可經得起風吹雨打的考驗。

Point 4 超耐磨地板

Tip 01 ▶入口放置腳踏墊

防止戶外泥土、砂粒帶進室內。

Tip 02 ▶擰乾的濕布清潔

超耐磨地板已具備抗髒污特性，不須打蠟或用化學藥劑清潔。保持通風或用除濕機保持乾燥。

Tip 03 ▶嚴重髒污用中性清潔劑處理

嚴重髒污的話，可以用魔術泡棉或中性清潔劑即可輕鬆處理。

Point 5 特殊材質地板

Tip 01 ▶軟木地板

平時只需掃一掃，2 ～ 3 週用清水拖地，無須使用清潔劑。

Tip 02 ▶磐多魔

每週清水擦拭，清潔前用吸塵器或除塵紙將灰塵去除。年代久了可請廠商重新研磨拋光即可。

Tip 03 ▶ EPOXY

以清水清潔即可，不可使用菜瓜布等粗糙用具。搬運重物時，要在表面鋪上木板或鐵板輔助，以免刮傷。

Point 6 塗料

Tip 01 ▶水泥漆
無論水性或油性水泥漆，一般可維持三年，最好定期重新粉刷。

Tip 02 ▶乳膠漆
平時可以濕布或海綿沾清水，以打圓方式輕輕擦拭髒汙處即可去除。

Tip 03 ▶天然塗料
此類塗料幾乎都是半永久性，可維持長時間不褪色，定期用吸塵器或雞毛撢子清理。半年至一年一次用較細的砂紙（200 號），輕輕磨去髒汙或小刮痕。

Tip 04 ▶特殊裝飾塗料
若為礦物、灰泥成分者，耐候性佳，較無清潔維護問題。部分廠商推出的礦物塗料，修補時只需直接塗刷而無須刮除舊漆，更為便利。

Tip 05 ▶特殊功能塗料
定期重新粉刷，以維持其功能性。

Point 7 壁紙

Tip 01 ▶施工後三天別開冷氣
由於冷氣較乾燥，容易導致壁紙背膠乾裂；因此，讓剛刮好的批土與壁紙在自然狀態下風乾，可讓壁紙壽命更長久。

Tip 02 ▶不可用力刮擦表面
平常別刻意摳壁紙或用力擦拭。有黏貼金屬沙或琉璃珠的特殊款式，施工要注意不可折到，否則折痕會很明顯。

Point 8 壁板

Tip 01 ▶避免濕擦與腐蝕性清潔劑
如：PU 線板材質怕掉漆、水泥板怕水。

Tip 02 ▶塗上保護劑防汙
如木絲水泥板用於戶外時，因毛細孔多，易沾汙、吃色，保護劑可保護表層。

▼ 乳膠漆只要用濕布輕輕擦拭就能去除髒污。

圖片提供 © 寬月空間創意

▲ 使用壁紙盡量避免用力刮擦，以免破壞表面而損壞。

? 裝修迷思 Q&A

Q. 很想要用實木地板，卻擔心之後的清潔保養問題。

A. 別擔心，現在想要享有木紋地板的居家氛圍，有很多便於清潔的替代建材，比如說像木紋磚、超耐磨木地板等，木紋質感逼真，都具備耐磨、抗潮濕的特性，不僅價格較實木便宜，也不用再煩惱日後清潔保養問題。

Q. 不管什麼材質的地板，都要用拖把好好擦拭幾遍，才能保持乾淨、延長使用壽命。

A. 要視材質而定。如果是木質或石材地板，請盡量用靜電、紙拖把等乾式清潔方法帶走表面沙塵，如果習慣拖地，就要用擰乾的拖把或抹布擦拭，絕對要保持乾燥才不容易讓材質變質，以便長久使用。

裝修名詞小百科

抿石子：抿石子是一種泥作手法，將石頭與水泥砂漿混合攪拌後，抹於粗胚牆面打壓均勻，多用於壁面、地面，甚至外牆，依照不同石頭種類與大小色澤變化，展現居家的粗獷石材感。

文化石：可分為天然和人造兩種。天然文化石是將板岩、砂岩、石英石等石材加工後，成為適用於建築或室內空間的建材，在紋理、色澤、耐磨程度上，都與石材的特質相同。

老鳥屋主經驗談

May

超耐磨地板裝設快速又好清潔，重點是價格不貴，是我心目中的夢幻地板材。但是之前安裝的時候，師傅在邊緣預留的縫隙太小，多下幾次雨、板材膨脹，局部地板都翹曲起來，還要再請人來解決這個問題，算是有點美中不足囉！

Nicole

居家用大理石當作地坪，盡量別用使用打蠟的方式做保養，因為石材有天然的毛孔，打蠟反而會造成阻塞，久了將難以清潔，未來還得要多付一筆磨掉石材阻塞的費用與耗損，相當不划算。

Project 15

綠建材計劃

低甲醛好樂活，聰明淨化居家

綠建材具備在使用（Reuse）、再循環（Recycle）、廢棄物減量（Reduce）、低污染（Low emission materials）等四大特性，因而可說，使用綠建材不僅能對環保進一份心力，也因大量使用有機物質建材，照料了居住者的健康與安全。

重點提示！

PART 1 牆面

天然塗料或稱環保生態塗料，成為消費者在選擇綠建材時很好的品項。綜觀全球對於環保生態塗料的檢驗標準，以歐盟 ECO-Labe（歐盟生態標章）的標準最為嚴格，消費者因而可參考取得其認證標章的商品，為自己居家環境的健康品質把關。→詳見 P186

PART 2 地面

在日益講求環保節能的今日，地板材部分也有了較多變化及選擇，依循綠建材的標準，這些素材強調在大量降低對環境影響的前提下取材自然。→詳見 P188

PART 3 其它

只要室內溫度高於 19.5 度，裝潢材料及傢具中的甲醛就會不斷釋放到空氣中，幾乎一年四季都會危害到家人的健康，而除甲醛塗料去醛率達 100%，正可有效解決甲醛毒害問題。→詳見 P192

職人應援團出馬

攝影 © 江建勳

建材職人

龍疆國際總經理 吳聰穎

1. 購買綠建材最好簽屬履約保障。在採購綠建材除了請廠商提供國家證書及環保標章外，最好還要請對方出示公認單位的檢測報告，如台大或屏科大實驗室等等，並從進口報單了解產品的來源，但若要更保障消費者，建議最好與廠商簽屬履約保證切結書，才能落實真正的健康安全。

2. 具有防潮綠建材更適用台灣。隨著時代進步，綠建材也慢慢從低逸散再添入更多的功能，像是具有自動調節溼度的防潮綠建材板材，或通過美國 Green Guard 標章的 4 級防霉抗黴認證，就很適合台灣潮溼環境，並運用在衣櫃或家裡易潮溼的地方。

圖片提供 © 王俊宏室內裝修設計

格局職人

王俊宏室內裝修設計工程有限公司 王俊宏

1. 選擇 Low-E 或節能氣密隔音玻璃等高性能建材。在隔音及隔熱方面優於傳統材料的建材或系統，都稱為高性能建材。在居家設計裡，不妨視環境而將傳統鋁窗挑選節能氣密隔音玻璃或 Low-E 玻璃以阻隔外來的熱氣跟噪音。

2. 選擇低逸散工法提供居家健康環境。除了選擇 E3 等級綠建材外，像是儘量選擇甲醛逸散低的工法，例如少木作，同時像是壁紙及地磚選用自黏式的，會比直接滾塗式或溼式工法來得安全又健康。

節能職人

澄毓綠建築設計顧問公司總經理 陳重仁

1. 選購有綠標章或標示甲醛釋出量 F1 等級的建材。綠建材廠商會將材料的環保特性標示在型錄上。另外，具有綠建材標章的產品，根據規定將每一件材料或是包裝上明顯處打印或黏貼印有該產品證認的綠建材標章。

2. 多利用二手建材或傢具無甲醛問題。若有經費考量，其實選擇二手建材或傢具也是不錯的考量。因為二手建材經過第一手的使用，有毒揮發性氣體已差不多消除，對人體健康也比較不會產生影響。

圖片提供 © 澄毓綠建築設計

PART 1 牆面

照著做一定會

Point 1 灰泥塗料

特色 01 ▶施工簡單

具天然色澤的灰泥塗料，其成份為大理石灰泥、大理石粉、碳水與甲基纖維素，其施工簡易，只要塗刷兩層就可完全遮蔽牆面，而且透氣性佳，遇潮濕會呈鹼性，具抗菌、殺菌效果，適用於浴室和地下室，也非常適合古蹟或舊建築整修。

特色 02 ▶適合過敏體質

且不含揮發物，無臭無味，適合過敏體質使用。未用完的灰泥，可作堆肥原料，非常環保。唯一缺點就是乾燥後容易產生裂痕。

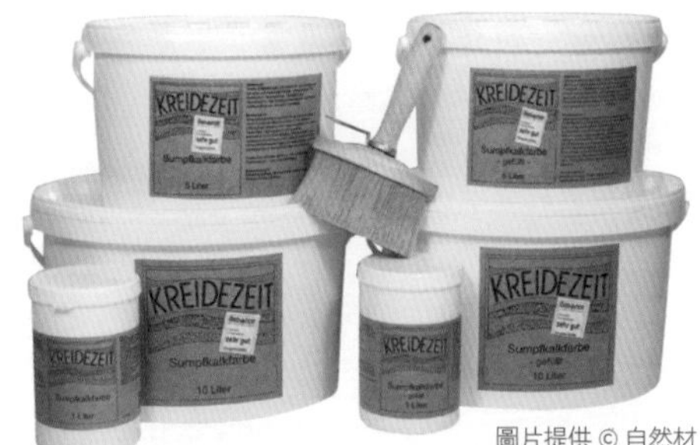

圖片提供 © 自然材

▲ 灰泥塗料要挑濕泥狀包裝，沒有添加任何工業性樹脂及防腐劑的。

Point 2 甲殼素塗料

特色 01 ▶淨化空氣

由台灣業者還發明的甲殼素塗料，將蝦、蟹等的甲殼加工，混合在特定的乳膠、樹脂或水性溶劑中，可與許多氣態的有害物質進行化學反應，因此對於逸散至空氣中的甲醛、TVOC 等有害物質都能主動捕捉並消除，達到淨化空氣之目的。

特色 02 ▶永久有效

成為環保新武器。但因容易黃化，不適用於純白色鋼琴烤漆面板或鋼刷板。

圖片提供 © 健康家國際生物科技

▲ 有效且永久性地分解甲醛、去除 VOC，還有抗菌除臭功能，擁有發明專利也通過綠建材健康標章，不會破壞原裝潢的傢具顏色或本體。

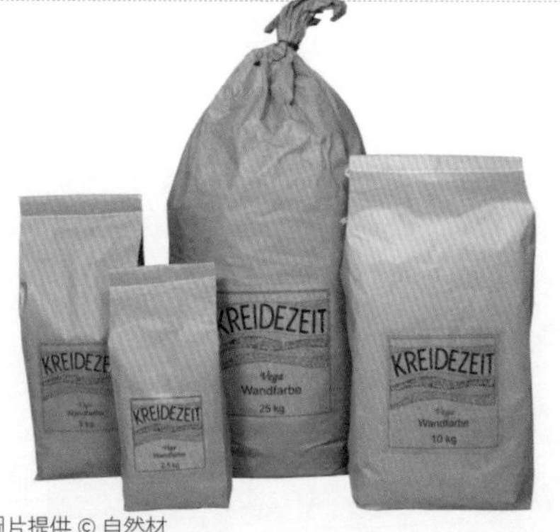

圖片提供 © 自然材

▲ 蛋白膠用的黏結劑是來自於純天然植物性蛋白，因為含有大理石粉的成分，所以呈現自然柔和的白色調，完全不含鈦白或漂白劑。

Point 3 蛋白膠塗料

特色 01 ▶不易變質

蛋白膠塗料應可說是人類歷史上最為古老的塗料種類，雖然配方不盡相同，但都可歸為此類，從古埃及、歐洲文藝復興時期的乾式壁畫顏料黏結劑，到現代利用植物性蛋白做成乾式的粉料，可謂歷史悠久。而蛋白膠塗料即使不加任何防腐劑也可以保存好幾年不會變質。

特色 02 ▶具有高度的透氣性

能讓牆面自行呼吸，且不含無揮發性氣體，讓居家環境無毒又健康。不過，因蛋白膠塗料特性使然，並不適合用於潮濕的環境中。

Point 4 珪藻土

特色 01 ▶調節濕度

珪藻土為多孔質，能夠吸收大量的水分，因此具有調濕機能，還可針對甲醛、乙醛進行吸附與分解，可用於矯正現代建築因各種內裝物而造成的空氣品質不良問題、避免致病房屋症候群產生，讓居家環境更健康。

特色 02 ▶改善空氣品質

該塗料更適用於室內的牆面及天花板，能改善室內空氣品質，再加上珪藻土的熱傳導率亦低，具有優異的隔熱性，可提高冷、暖氣使用效果，創造舒適的空間。不過，珪藻土並不能使用在浴室內，容易因遇水而還原。

▲ 珪藻土不僅是塗料也是黏著劑，牆面就變成一幅可以自由創作的空間，貼上石頭或其他裝飾，營造更有趣的空間。

? 裝修迷思 Q&A

Q. 使用天然材料塗牆面，塗抹後會凹凸不平嗎？會不會很容易卡灰塵？

A. 天然材料取之自然，一般可調節濕度、吸附味道等功能，施工時多半以抹刀施作，並依施工者功力塗抹出不同的花紋及造型，其實並不容易卡灰塵。

Q. 聽說有些珪藻土不健康，是真的嗎？

A. 珪藻土為天然的礦物。珪藻土為 2,300 萬年前存在海底或湖底的單細胞植物性浮游生物，經幾千萬年歲月演變以及地殼、地質變動的關係，珪藻的殼演變成珪藻土，800 萬年前在地面上隆起，被日本人應用在建材或生活雜貨。關於珪藻土不健康這項傳聞，不是真的！因為日本有 1、200 家珪藻土製造商，若為不健康的商品，日本的製造商應該會有一股倒閉風才是。

裝修名詞小百科

ECO-Labe（歐盟生態標章）：這個標章認證與其他環保相關認證的不同處，主要在於它規範的嚴苛程度，從生產工廠的耗能、排放到產品本身，乃至於產品包裝容器、廢棄物回收都是評定的項目。通過此一認證的產品、包括塗料、清潔劑、家電、電腦、服飾及鞋類、傢具及辦公室用品等，得以在所有歐盟國家自由上架販售，是歐盟國家共同認可的標章認證。而通過 ECO-Label 認證的塗料、我們稱為「生態塗料」。

老鳥屋主經驗談

鍾肥爸 當初設定家裡想走的設計風格是日式禪風，又因為我家住新店山區，相對較為潮濕，設計師就建議我們使用珪藻土。選了大地色系的顏色，的確為家裡加分不少，而且後來裝潢可能會產生的刺鼻味道，也很快就消散掉了。

Lisa 為了小朋友健康，家中塗料我一律選擇天然塗料，雖然價格真的比較高，但在施工期間就少了很多以往裝潢時碰過的刺鼻味道，住進去後也很舒服。

PART 2 地面

照著做一定會

Point 1 亞麻仁油地板

特色 01 ▶耐水又抗菌

1863 年就被英國人發明出來的亞麻仁油地板，因為耐水、抗菌、易潔、不助燃和可減緩損壞的軟彈特性，踩起來具彈性且比石材溫暖，拼接的色彩變化性又大於木板和地毯，故深受歐洲家庭主婦的喜愛，風行至 20 世紀；50 年代後被能大量生產、價格更便宜的塑料 PVC 地板取代，直至近期因環保意識抬頭，純天然成分的亞麻仁油地板才又逐漸為人所重視。

特色 02 ▶無毒可分解

亞麻仁油地板的主成分為亞麻仁油、木粉、軟木粉、石灰石粉、樹脂、天然礦物顏料及黃麻等天然原料所組成，因不含化學成分，是無毒且可生物分解的環保建材。

特色 03 ▶無接縫鋪設

亞麻地板可無接縫鋪設整體防水，可防止溝縫積塵造成細菌繁衍，此外，亞麻本身持續氧化，除了會產生一種特殊氣味外，也能不斷殺菌並抗蟲害。

特色 04 ▶不褪色

其次，亞麻仁油地板耐用度極佳，原料取之於自然，即使使用一、二十年也不會褪色，加上天然原料經過乾燥強化，地面不容易留下痕跡；亞麻仁油地板本身不自燃，火災發生時也不會造成表面火焰蔓延，亦不會產生毒氣。

▼ 亞麻仁油地板耐水抗菌且不褪色。

圖片提供 © 力口建築

▼ 亞麻仁油地板環保無毒，且可無接縫鋪設。

圖片提供 © 力口建築

圖片提供 © 唯康軟木地板

▲ 軟木地板可保溫、擁有極佳的彈性、韌性與回復性，若不慎跌倒可減緩衝擊力，適合有幼兒或老人的家庭。

Point 2 軟木地板

特色 01 ▶成分百分百天然

由於橡樹約在 25 歲成熟，橡樹樹皮即可剝採使用，且樹皮具有回復性可自然再生，因此人們就針對此項樹材研發出新型的軟木地板。軟木地板被視為綠建材的指標產品，每採用一坪軟木地板，每年估計可減碳 500 ～ 650 公斤。

特色 02 ▶適合家有幼兒與老人的家庭

其主要成分軟木纖維，是由 14 面多面體形狀的死細胞所組成，細胞之間的空間充滿幾乎與空氣一樣的混合氣體，所以當人們走在軟木地板的時候，是正走在 50% 的空氣上，因而有著極佳的保溫功能，且軟木地板的彈性、韌性與回復性都非常好，若不慎跌倒可減緩衝擊力，適合有幼兒或老人的家庭。

特色 03 ▶不發霉不蟲蛀

軟木不含澱粉及糖分，因此不會有蟲蛀損壞的問題，也不會發霉、長塵蟎或滋生細菌。此外，軟木地板的防潮性高，吸水率幾乎是零，可避免氣候產生過度收縮膨脹變形的問題，無毒害，且材料可回收再利用。

特色 04 ▶連施工都很環保

值得一提的是，選購軟木地板時雖有黏貼式與鎖扣式兩種鋪設方法，但鎖扣式不像傳統的木地板需要打釘上膠，不僅之後可回收使用，還不會有脫膠起翹的副作用，是徹底實踐環保的施工方式。

Point 3 竹地板

環保地板裝修建材最廣為國人所知的，應屬「竹地板」。拜 2010 台北花博及上海世博所賜，竹製建材打響其知名度，近年也因工業技術進步，解決竹地板容易變形及蟲蛀問題，讓這項材質更容易為消費者所接受。竹材的生命力旺盛、生長期短，運用廣，完全體現綠建材的環保概念，可作為代替實木地板的建材。通常在選材上以 4 ～ 6 年生的孟宗竹為主，其質地堅韌、紋路清晰、取材容易、相較於其他竹種的視覺效果更佳，也最具美感。

種類 01 ▶實竹地板

以整塊實竹做成，但膨脹係數大易變形，且竹材本身含有大量的醣份及澱粉質，若破損就容易受潮，且會引起霉菌侵入，進而有變黑、蟲蛀等問題。是選用竹地板時較不建議採用的類別。

種類 02 ▶複合式竹地板

仿海島型木地板的作法改良實竹地板。表層為竹片、中間層為夾板、底層則為抗潮吸音泡棉。表層被覆耐磨防護網狀透氣保護層，讓竹材不易發霉。而夾板具防水功能，不但解決了膨脹收縮問題，同時具有耐潮、耐磨、耐污、靜音的功效。

種類 03 ▶旋切式表面

利用機器架住竹節兩端，旋轉的刀片將竹子切成薄片，清楚展現竹節紋路，呈現水波的感覺。

種類 04 ▶縱切式表面

以垂直刀法將竹子切成細條薄片狀，再拼接成細長竹條，極富線條感。

▼ 縱竹系列地板，透過工匠拼貼，呈現獨有效果。

圖片提供 © 茂系亞

▼ 經過改良後的複合式竹地板，沒有過去容易變形、蟲蛀的問題，表面上有耐磨漆更具耐磨、耐污特色。

圖片提供 © 茂系亞

圖片提供 © 絕享設計

▲ 自然的竹地板材質與看起來較冷硬的地磚結合，不僅有區隔空間的效果，在視覺觀感上也增加空間的溫潤感。

? 裝修迷思 Q&A

Q. 竹地板是不是很容易變形、不穩定？

A. 竹因快速生長的特性，被公認為綠建材取代實木很好的替代品，但早期因製作方式未臻成熟，直接使用實竹製作地板，會因膨脹係數大，容易潮濕而有變形及不穩定的問題。然許多廠商早已克服該問題，運用不同的裁切及加工方式，讓竹地板的耐用度大幅增加。

Q. 軟木地板感覺起來好像很不耐磨？

A. 純粹的軟木地板的確有較不耐摩擦的缺點，但因現在的軟木地板表層都會上一層面漆，其中，陶瓷面漆的耐磨度高、止滑性佳，讓地板的質地更堅硬；而植物油面漆是最環保及舒適的面漆，日後保養修復也十分容易。加上面漆後，可一定程度克服軟木地板不耐磨的缺點。

裝修名詞小百科

黏貼式軟木地板：施工方式類似 PVC 地板，必須以黏著劑於現場黏貼，可能產生不環保或脱膠起翹的副作用。

扣鎖式軟木地板：構造設計如同三明治一般，上下都是軟木層，中間則是由高密度環保密集板的鎖扣構造所組成，方便現場組裝施工。

老鳥屋主經驗談

Haplo

我們喜歡天然木材質鋪在地板上踩起來的感覺，不過好的實木地板越來越貴，也不怎麼環保，後來在朋友介紹下用了軟木地板，冬天踩起來很溫暖不會冰冰的，材質比較軟，老人家就算跌倒也比較有緩衝。

Lisa

竹地板很多是用黏合的方法製作而成，因此難免會有甲醛的問題，之前我們要用竹地板時，有刻意挑選具備綠建材環保標章的竹地板，要環保愛地球就徹底一點囉！

PART 3 其它

照著做一定會

Point 1 環塑木

特色 01 ▶防潮耐朽

環塑木是為塑料與木粉混合擠出成型。由於經過高溫高壓充分混合及擠壓，使塑料充分將木粉包覆，成型之後材質的穩定度比實木高，具備防潮耐朽的優點，多使用於居家陽臺、公園綠地、風景區及戶外休憩區等場所。

特色 02 ▶無毒防燄

環塑木的吸水率極低，不需加防腐劑也不會腐爛，可改善實木遇水容易翹曲變形的缺點。再加上沒有防腐藥劑，和南方松相比，具備無毒、防焰的優點，且觸摸的質感與木材十分相近，可減少樹木砍伐。

特色 03 ▶使用年限長

另外，環塑木可以使用回收的塑料及木粉來製造，成品耐用年限較木材長久，因此是一種相當環保的景觀建材。

圖片提供 © 環塑科技有限公司

▲ 木纖塑合木表面與實木相同的木紋，但比實木更耐潮防朽。

▼ 環塑木無毒防焰，可作為戶外地板，也能可設計成景觀座椅。

圖片提供 © 環塑科技有限公司

適用範圍

各類未上漆或未貼皮前的木板材/各類合板、夾板、集層角料

步驟1
打開，免加水

步驟2
噴（刷）塗一道雙面

步驟3
風乾（約30分鐘）

木作裝潢組裝後，未貼皮前可再局部加強

圖片提供©聚和國際「無醛屋™健康塗料」

Point 2 除甲醛塗料

在裝潢時，可直接將所有木板材料使用除甲醛塗料打底，其獨特水性配方具強效活性點，可將甲醛徹底分解；倘若來不及於裝潢中使用，裝潢後亦可使用「除甲醛健康噴蠟（光滑面使用）」、「快速除甲醛劑（粗糙面使用）」也都能有效解決甲醛危害居住者健康的疑慮。

? 裝修迷思 Q&A

Q. 環塑木不是用塑膠做成的嗎？怎麼能被當成綠建材？

A. 被列為綠建材主要是因為塑合木是以回收的塑料及木粉製造，且因同時具備兩種材料的特性，耐用性佳，適用於許多場所，因而被列為綠建材。

Q. 使用低甲醛板材還需要除甲醛嗎？

A. 最有效的全戶除甲醛辦法，自然就要從源頭建材處理，現今台灣的板材等級 F1~F3 都有甲醛含量的規範，但裝潢都會使用大量的板材製作成傢具，而甲醛會不斷的釋放長達 15 年，總和的釋放量還是很可觀，因此建議在施工時直接對板材噴塗除甲醛健康塗料，就能徹底分解木作建材中不斷逸散的甲醛。至於無法在裝修時使用塗料的地方，例如：傢具或地板等木製品，則可使用補救型 DIY 除甲醛產品，可有效減量甲醛大約 70%〈視櫃體不同斟酌使用次數〉。

裝修名詞小百科

木纖塑合木：由無毒的聚乙烯、聚丙烯塑料，加入 45% 木纖維作為填充物擠出成型，因含有自然木纖維成分，表面質感與實木非常相似，多用於居家裝修。實木材料可使用的範圍內，皆可以木纖塑合木取代。

玻纖塑合木：由聚乙烯、聚丙烯與 30% 玻璃纖維混合擠出成型，其吸水率較木纖塑合木更低，且不具有自然腐化的特性，耐腐年限可達 50 年以上。通常適用於濕地、沼澤、山區及海邊等濕度較高的區域。

老鳥屋主經驗談

捏捏 我家陽台在裝修時，在南方松和塑合木之中抉擇，因塑合木單價還是高於南方松，讓我們有些猶豫。後來考量南方松還得進行保養，沒太多時間處理所以最後用了塑合木，之後的保養清結果然很輕鬆。

鍾肥爸 一般傢具店買的現成傢具買回家，抽屜或櫃子一打開卻有刺鼻的臭味衝上來。不得已，只好再買了除甲醛塗劑使用，效果還不錯。

Project 16

老幼安全

老人小孩都安全，和樂融融三代宅

一、三代住宅的比例提高，如何給予孩子安全的遊戲空間，成為居家設計中的重要元素，二至於三代宅，設計重點將落在老人家的規劃上，因此，對於無障礙空間設計以及安全性規劃，成了居家裝潢最為重視的要點之一。

重點提示！

PART 1 行走的舒適

地坪選擇，除了顧及小朋友使用的安全性之外，也必須注意隔音、耐磨、耐用等材質特性，加上沒有高低落差的設計，讓空間不只對小朋友友善，老人家也可以舒適居住。→詳見 P196

PART 2 坐臥的舒適

小朋友還小的時候，床墊不可以太高，對於膝蓋不好的老人家而言，太軟或是太低的沙發都是極不友善的。老人家常坐的單椅旁側，添加一張高度較高的小邊几，方便老人家使用。→詳見 P198

PART 3 警報、安全便利的規劃

隨著年紀增長，老年人通常會面臨視力退化的問題。所以，在長輩房設計初期，就應該將空間照明仔細地考慮進去，同時也要預留足夠插座、安裝警報系統。→詳見 P200

職人應援團出馬

格局職人

馥閣設計 黃鈴芳

1. 選擇超耐磨地板防孩子跌傷及耐刮。家裡有小孩或老人的環境，建議地坪建材上最好盡量不使用木地板以免日久產生刮痕不利美觀，抑或是選用超耐磨地板亦不失為兼顧空間美學的選項。

2. 走道保留 90 ～ 140 公分方便孩子活動。由於孩子的活動量大，在都會生活又不方便出外活動，因此家成為孩子的玩樂天堂，在空間設計上建議除了設計開放式公共空間外，彈性空間或寬敞的動線走道，以 90 ～ 140 公分為宜，讓孩子可奔跑也不易受傷。

圖片提供 © 馥閣設計

圖片提供 © 禾築國際設計

老屋職人

禾築國際設計 譚淑靜

1. 無接縫設計處理讓老人行動便利。有老人家的居住空間，建議最好運用無接縫設計處理個機能空間的區隔，至於地坪建材的選用上，可選擇硬度高的石英磚，且也方便未來 10 年內萬一老人家必須依賴輪椅時，也不用再做太大的更動。

2. 滑門與單開的摺疊門使用彈性大。家中有孩子或老人的空間，在門片的設計上，可參酌單開設計的滑門或是摺疊門，進出會更方便，捨棄雙開的門片設計主要是讓使用輪椅的族群更方便出入空間，甚至可將門片嵌入牆內讓空間更俐落。

工程職人

演拓空間室內設計 張德良、殷崇淵

1.. 夜燈設計，不怕半夜起床摸黑跌倒。小孩半夜怕黑，或是老人家半夜起床飲水或上廁所，若太暗容易發生意外，建議最好在床頭櫃下方設置夜燈，或在通道的下方設計感應式夜燈，即不會刺眼，同時又具照明作用。

2. 家有孩子的高樓最好安裝防墜紗窗。高樓陽台最怕發生墜樓意外，但又礙於法規無法安裝鐵窗，建議可以考慮細線型的防墜裝置，不但堅固性夠，遠看幾乎不會發現它的存在，透光又通風，最重要的是安全，不怕孩子發生意外。

圖片提供 © 演拓空間室內設計

PART 1 行走的舒適

照著做一定會

Point 1 將低層空間讓給長輩使用

對於關節不好的老人家而言，上下樓梯是一件相當不便的事情。如果空間許可的話，不妨將長輩房設計在一樓，體貼老人家的不便，也降低危險發生的可能性。

Point 2 長輩房設置於離居家生活機能最近的位置

老人家行動較為不便，與日常生活機能間必須以「最短距離」思考，面對行動不便的老人家，不適合太過複雜的動線設計，建議將老人家的空間安置在距離浴室和客廳最近的房間，老人家才方便走動。

Point 3 機能靈活的衛浴空間

小朋友在小的時候，通常需要用到澡盆來洗澡。身為一代住宅，假如未來有計劃生小孩的話，就必須注意到衛浴空間是否有足夠大的空位，可以放下小孩子的澡盆，以免未來造成困擾。

Point 4 浴室用加裝扶手、使用防滑地坪

地面防滑，一直是浴室空間的設計重點之一。除了加裝扶手之外，不妨直接從材質著手，採取一些燒面石材、板材岩等粗糙面材質，取代光滑磁磚，就可以有效達到防滑效果。

Point 5 用木材質或軟木塞取代石材地坪

小朋友跑跑跳跳常不小心就跌倒了，地坪材質、不建議選擇太過堅硬的石材地板，最好以質地較軟的木地板或是軟木塞地板替代，小孩房則採用塑膠軟墊板，以提升空間安全性。

圖片提供 © 演拓空間室內設計

▲ 居家地面設計建議採無門檻、零高低差設計，符合年長者、幼兒最適合的無障礙空間。

圖片提供 © 山木生空間設計

▲ 木地板或是軟木塞地板會比石材地面更適合老年人和小朋友。

Point 6 外加「軟包」與圓角設計

不論是活潑好動的小孩，還是行動不便的老人家，都會因為不小心碰撞到傢具尖角而受傷。因此設計師建議，在這類型的空間中，傢具採取「軟包」或以圓角收邊，減低碰撞帶來的傷害。

Point 7 考慮輪椅與病床寬度

居家走道、房間門口寬度，可以將未來輪椅或是病床的使用寬度，一同考慮進去，一般輪椅寬度為 90 公分，而病床則為 110 公分。

Point 8 無門檻零高低差地坪

為了方便老人家移動，並避免意外產生，地坪設計走向「無高低差」的平整設計，即使是在浴室，也應盡量降低門檻或以斜坡替代。

圖片提供 © 相即設計

▲ 面對行動不便的老人家，居家宜採取寬敞簡潔的行走路徑，走道最好留出 90 公分的寬度。

裝修迷思 Q&A

Q. 三代同堂，但生活作息各自不同，如何凝聚家人情感？

A. 可以入口玄關為中心，採取了一邊一國的設計方式。比如一側為老人家生活所需設計的居家空間；另一側則為屋主與孩子共同的生活場域，中心點則是客廳，那麼彼此都有適當的休息空間，但又會聚集在公共空間中聯絡情感。

Q. 老人家怕吵，裝修時該如何隔絕更多噪音？

A. 老人家的睡眠深度不深，容易受到周圍環境音的影響，因此通常不建議將老人房直接規劃於客廳或餐廳的旁邊。建議在於老人房與客廳間可以設計一間書房作為過道空間，降低了客廳聲響對於老人房影響。

裝修名詞小百科

過道空間：所謂的過道空間，主要是用來區隔兩個主空間，避免太相鄰時導致隱密性不夠高，而衍生的一個空間。也很常用在三代同堂的空間設計內，畢竟老人家早睡又怕吵，因此過道空間有了存在的必要性。

第二起居室：國外比較常會見到的第二起居室，大多是家中若有訪客，為了讓家中其他成員能不感到尷尬，又能維持原本的生活作息，於是有兩間起居室，除了主要的客廳外，另設一處角落當備用起居室。

老鳥屋主經驗談

Emily 老人家睡眠較早，但晚上我和父母都還是會聊天看電視。為了怕吵到他們，於是我們重新整修了書房，改裝成第二起居室。擺放了電視和桌椅後，當爺爺奶奶入眠後，我們就會移到這個房間內看電視或聊天。

竹竹 因為老人家怕吵，所以通常他們入睡後，家裡也會自動降低音量，比如電視關小聲，講話動作也跟著輕柔許多。不過，如果能有分開的生活動線規劃，我想會很妥當。

PART 2 坐臥的舒適

照著做一定會

Point 1 給予長輩房更完善的空間機能

除了睡眠空間之外，也不可以忽略老人家平時的興趣嗜好，空間許可的話，不妨規劃一個小型的書房或休憩室，方便老人家邀請朋友來家中聊天，在與家人嘔氣的時候，還可以成為小小避難所，讓老人家擁有更完整的私人空間。

Point 2 優良的採光與通風

老人家的房間採光及通風一定要好，充足的陽光對於老人家的健康更有正面的影響，甚至可以預防骨質疏鬆症。空間許可的話，建議可將老人房設計於南向或東南向的位置，以獲得最多的自然光。

Point 3 用兩張單人床替代一張雙人床

空間許可的話，有些老人家會提出分房睡的想法，即使同房睡，也可用兩張「單人床」，替代一張「雙人床」，讓雙方不會因為自己的任一動作，輕易打擾了對方寶貴睡眠。

Point 4 用地毯、軟墊建構舒適遊戲區

客廳及臥房中，可以適時鋪上一張地毯，讓小朋友在上面爬行、玩耍，既隔絕了地面冰冷的濕氣，也具有相當的隔音效果，形成最簡單安全的遊戲空間。

▼老人家的房間要盡量廣闊明亮，採光和通風佳，居住起來才舒暢。

圖片提供 © 馥閣設計

▲ 老人家怕吵，所以大多數老年夫妻都會分床睡，兩張單人床的規劃，可以讓兩人睡在同一間臥房，但睡眠時又不互相干擾。

圖片提供 © 演拓空間室內設計

▲ 小朋友成長過程中身高變化大，可暫時以床墊取代床架。

Point 5 小孩床墊不可以太高

小朋友睡相都不太好，身高變化也相當大。因此，在小朋友還小的時候，並不建議購買床架，而是以簡單的床墊替代。床墊的高度不宜太高，以免小朋友不慎滾下床墊而容易受傷。

Point 6 老人家應避免太低、太軟的沙發設計

對於膝蓋不好的老人家而言，太軟或是太低的沙發都是極不友善的。因此，除了避免太過軟質的沙發之外，坐椅高度則須大於、等於老人家的膝蓋高度，方便老人家站起與坐下。

Point 7 坐椅旁添加一張小邊几

對於脊椎不好的老人家而言，高度較低的茶几使用起來反而不便，建議可以在老人家常坐的單椅旁側，添加一張高度較高的小邊几，方便老人家使用。

? 裝修迷思 Q&A

Q. 該如何規劃合適的看護空間？

A. 老人家有時會遇上一些生理疾病，需要有人隨時照顧。設計之初即可將這部分的需求融入長輩房的設計之中，一個簡單臥榻或是休息平檯，以便臨時使用。長輩家夜間常有頻尿的問題，因此建議直接給予長輩房一套或是半套衛浴，或是盡量將衛浴空間設計於長輩房的附近，方便老人家平時或是夜間使用。

Q. 房間的用色部分，需要注意什麼？

A. 老人房強調平和溫暖之感，建議使用中性色來為空間上色，避免太冷或過於豔麗的顏色，前者易使老人家產生孤獨寂寞之感，後者則容易刺激老人家的眼球與腦神經，引發焦躁不安，僅適合局部使用。

裝修名詞小百科

半套衛浴：一般衛浴可以區分為整套或是半套。所謂的整套，就是包含衛浴和馬桶設備，半套則是依照需求，只有衛浴或是馬桶設備。這樣好處是可以增加所需的使用機能，但又不會太耗費空間。

老鳥屋主經驗談

大叔 老人家雖然睡眠時間變多，但醒著的時候，建議要讓老人家多走動，避免肢體僵化。所以當初在家中，沿著壁面都有加裝鋼條把手，讓老人家可以沿著把手走動，活動筋骨之餘，隨處有把手也讓他們感到安心許多。

阿甫 家中有老人的話，建議家中的家具可以都換成比較柔軟的傢飾，然後要時常檢查地板上是否有瑣碎小物。家中只要有老人家發生跌倒，後果都很嚴重，所以要特別注意居家行走的安全。

PART 3 警報、安全便利的規劃

照著做一定會

Point 1 可加裝保全公司監視系統

若擔心老人居家安危，可以加裝監視系統在家中每個角落，只要連進去專屬帳號，就能看到家中景象。尤其是現在網路普遍，保全公司另有研發手機上收看監視器的服務，可以申請申裝。

Point 2 足夠插座以應付維生器材使用

隨著年紀逐漸老邁，老年人面對的疾病問題也會愈來愈多。規劃之初，可以為老人房多增添一些插座位置，以備將來需要用到維生器材時，有足夠的插座可用。

Point 3 常出入空間加裝警示按鈕

可以在老人家的臥房、浴室和走動的走道，加裝警報按鈕。可和保全系統連結，一旦家中警報系統響，同時連線到保全公司和個人手機內，可以隨時掌握家中狀況，外出工作或是忙碌的家人也比較安心。

Point 4 平衡光取代點狀照明

老人家通常會有視力退化的問題，點狀照明的聚光燈對年長者而言，容易顯得太過刺眼。因此，設計師建議改以柔和的「平衡光」來進行照明設計，替老人家爭取一個柔和溫馨的照明環境。

Point 5 在床頭增設燈光開關

老人家常有夜間頻尿的問題，建議可於臥房床頭設計一盞低瓦數的夜燈，建議採取手動開關的設計即可。位置則盡量設計在老人家一伸手就可以觸及的地方，以方便老人家即使在全黑的環境下，依舊能夠輕鬆打開燈光。

圖片提供 © 摩登雅舍設計

▲ 可以在老人家的床鋪旁擺放一張地毯，起臥時比較不會直接接觸到冰冷地面。

▼ 衛浴空間一定要做好防滑處理，最好壁面加裝把手，以防老人家滑倒。

圖片提供 © 禾築國際設計

Point 6 淋浴間避免「推門」設計

淋浴間的門片設計上，設計師建議以「拉門」或「外開門」取代「推門」，避免有人不慎於淋浴間發生意外時，擋住門片開啟位置，無法進入救援。

Point 6 方便使用的雙向開關設計

居家空間燈光的開關設計，建議可以採取雙向開關，如臥房床頭 VS. 房間門口（臥房）、居家入口 VS. 臥房門外（客廳）等；而浴廁的開關，則建議設計於門外。

▲ 規劃之初，可以為老人房多增添一些插座位置，以備將來需要用到維生器材時，有足夠的插座可用。

? 裝修迷思 Q&A

Q. 如何增強老年人的居家安全？

A. 為了方便老人家移動，並避免意外產生，地坪設計走向「無高低差」的平整設計，即使是在浴室，也盡量降低門檻或以斜坡替代。居家走道、房間門口寬度，可以將未來輪椅或是病床的使用寬度，一同考慮進去。

Q. 哪些建材適合使用在家中有老人的空間？

A. 冷冰冰的拋光石英磚，不僅質地較為堅硬，但石材冰冷特性，在冬季成為老人家的一種威脅。因此，建議採取木地板或軟木塞地板等質地較軟、溫暖的材質進行地坪規劃，甚至可以增設一些電暖系統，讓地板隨時保持恆溫狀態，不僅對老人家友善，對於身體較為虛弱或是有心臟病史的人亦是如此。

裝修名詞小百科

無障礙空間：所謂的「無障礙環境」就是要排除存於生活環境中的各種有形和無形的障礙，讓所需要者能夠像一般人一樣享用各種資源，也就是企圖透過建築的改善、設備設施的充實或是室內設計的更迭，提供無障礙生活環境。

老鳥屋主經驗談

Tina 在老人家的床邊，可以放上一張地毯，作為老人家起床時，地板與被窩冷熱間的緩衝地帶，避免老人家因為突然接觸太冰冷的地板，引發心臟疾病或使得足部受寒了。

小吳 爺爺和奶奶的房間，一定要離衛浴很近。因為老人家怕冷又容易受寒，除非是房間內本來就有衛浴，不然洗完澡後如果可以馬上進房間，老人家比較不會受寒。

Project 17

節能計劃

愛地球，環保又省錢

生活中落實環保已成為先進國家政府的共識，趁著居家裝潢翻修的當下，消費者不妨認真考慮居家的節能計畫，從裝修的配置到建材或傢具的選用，都能有機會在確保生活品質下，能為地球環保盡一份心力。節能環保商品及建材在期初採買時通常價格會相對較高，但比較後續可節省的水電費，長久來看仍相當可觀！

重點提示！

PART 1 省水

根據經濟部水利署調查資料顯示，居家生活用水以衛浴設備用水量最高幾近 50%；其次則是洗衣機用水達 22%。因此，家中若要做到有效省水，從這兩方面下手將最顯成效。→詳見 P204

PART 2 省電

各設備年平均耗電量每台冷氣約為 1,320 度，電冰箱為 864 度，客廳 20 W*4 照明日光燈為 138 度，每天觀看電視也需 288 度左右。有了調查數據，要為居家環境有效節省電能，自然就是從冷氣、冰箱、照明等三大方向著手。→詳見 P206

PART 3 降溫

台灣屬島國地形氣候潮溼，近年來更因全球氣候異常，時常有暴雨、酷熱天氣發生，讓消費者對於裝潢時建材的保溫降溫機能也日益重視，以目前坊間產品來說，最直接可符合相關機能需求的建材，包括油漆塗料及隔熱膜。→詳見 P210

職人應援團出馬

節能職人

澄毓綠建築設計顧問公司總經理 陳重仁

圖片提供 © 澄毓綠建築設計

1. 選擇能源效率等級低但 EEP 值高的空調設備。能源效率標示由 1 ~ 5 級，1 級表示能源效率最高，在政府要求環保節能的今日，大部分家電都會貼能源標章，請參閱購買。而以空調來說，EER 數字愈高愈節能。同時在安裝時建議冷媒管別太長。

2. 日光燈請選具有高頻電子安定器產品。安裝電子式安定器的日光燈較傳統式日光燈節能 30%，功率因數高達 95% 以上，耗能底，發熱量小，可以減少空調耗電。若再加上使用節能燈管，則省電效益更大。

工程職人

演拓空間室內設計 張德良、殷崇淵

圖片提供 © 演拓空間室內設計

1. 加裝窗簾或使用有色玻離隔熱又省電。冷氣是家裡用電最大量的來源，因此在室內做完善的空調規劃會有效省電。建議除了規劃有效吹拂的空調擺放位置，以及西曬處加大頓數、廚房加門等外，安裝窗簾或使用有色玻璃，可以隔絕熱氣，減少耗能。

2. 加裝漏水斷水器節省水資源浪費。很多住宅空間裡的水資源浪費在於不自覺的漏水，而且往往要收到水費單時才發現，建議要預防此情況，不妨在浴櫃及廚房水槽內加裝遇濕就即斷水，並可調整靈敏度的漏水斷水器。

材質職人

大涵空間設計 趙東洲

圖片提供 © 大涵空間設計

1. 全室改用省電 LED 燈泡，省電 20%。隨著環保概念盛行，使用 LED 燈已成為趨勢，且市面造型很多，可以依據空間需求挑選。而且 LED 使用壽命長又不易發燙，在夏天更可省下空調費，是省電又省錢的選擇。

2. 選擇結合燈光控制的環控系統控制家中用電量。不一定要豪宅才能使用的環控系統，連同家裡的情境照明系統、空調、監視器及視聽音響設備一起整合控制，例如有人時才亮燈，無人時自己關閉等等，操作簡單又可以達到省電模式，以目前 3 房 2 廳的空間，費用大約 NT.7 ~ 10 萬元搞定。

PART 1 省水

照著做一定會

Point 1 氣泡式淋浴節水 35%

日本 TOTO 採用聰明節水科技「氣泡式出水技術」，藉由在水中注入大量空氣將水滴擴大，使淋浴時有水流豐沛感，卻未增加用水量，比一般手持花灑省水 35%，設計上更是簡潔好握。

Point 2 環保無水掛壁式便斗

取得世界專利的濾芯有效阻隔尿液與空氣接觸，運用虹吸原理將污水直接排入污水管，無須沖水，達到省水的目的；值得一提的是，也因為沒有沖水的問題，因此不需要安裝任何電子式感應沖水器，也不需接電。

Point 3 生物能科技陶瓷臉盆龍頭

和成 HCG 利用專業技術製作陶瓷龍頭，製作過程完全無鉛，符合綠色環保概念，且每分鐘流量在 9 公升以下，亦符合政府標章要求。

Point 4 省水閥 快速節水好幫手

換水龍頭太麻煩的話，也可以改用省水閥來代替，直接就能裝在舊有的水龍頭上，水流出水為花灑式，能夠達到省水目的。

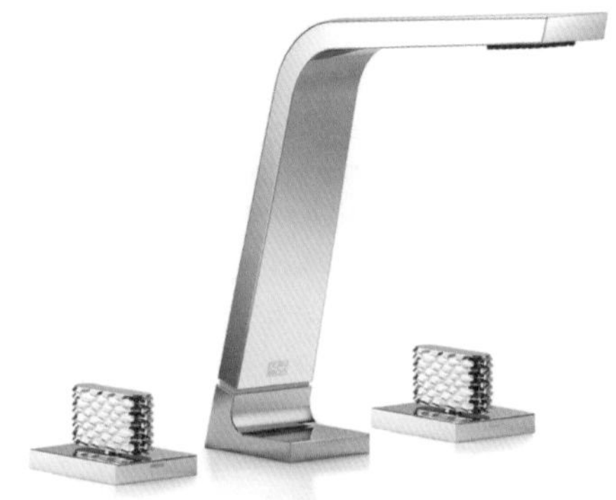

圖片提供 © 楠弘廚衛

▲ 優雅延伸龍頭高度，精緻的線條劃出優美造型，並以兩種不同的浮雕紋理賦予把手立體的質感。同時也具有省水節能的功效，精確控制每分鐘的水流量。

Point 5 無水箱設計御洗數位馬桶省 25% 用水量

獨創無水箱設計，可連續沖水不需等水箱補滿水的時間。數位設計能在如廁所後 8 秒內自動沖水，符合環保的省水標準，小號沖水 4.5 公升，每次可節省 25%的用水量。

Point 6 雙水流環保科技 4.8L 節水馬桶

8L 節水馬桶採用雙水流環保科技技術，結合自來水的直接水流與內藏水箱的加壓出水，兩股強勁水流沖洗馬桶，僅需 4.8L 洗淨水量，即可徹底潔淨。

▼ TOTO 以節能理念，開發一系列綠能衛浴，此為雙水流環保科技 4.8L 節水馬桶。

圖片提供 ©TOTO

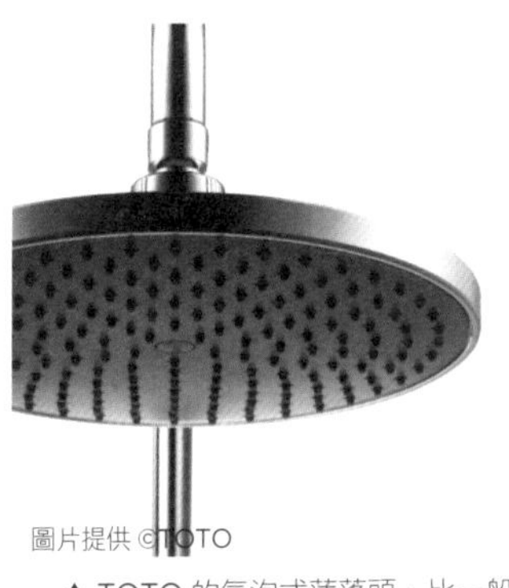

圖片提供 ©TOTO

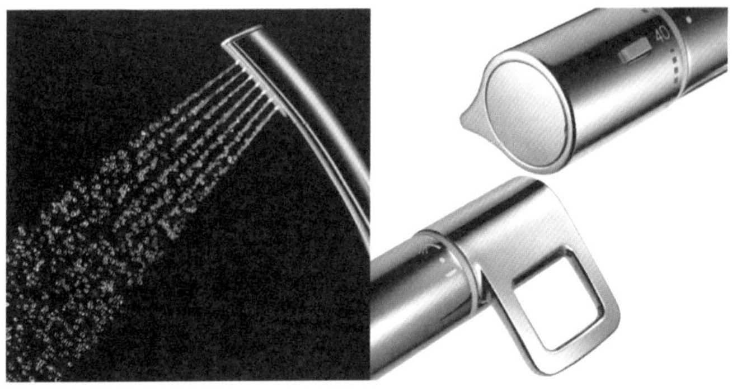

▲ TOTO 的氣泡式蓮蓬頭，比一般手持花灑省水 35%。

? 裝修迷思 Q&A

Q. 省水產品是不是都很貴？一般家庭負擔得起嗎？

A. 一分錢一分貨的觀念用在購買省水用品上大概是對的，以同等級的衛浴用品來看，標榜省水的商品的確會比一般等級商品單價高一些。然而，選用省水產品能替居家大幅降低用水量，無論是從環保角度或是降低水費的角度出發，都是相當值得投資的品項。

Q. 是不是越有名的牌子越能省水？

A. 大品牌廣告露出多，相對消費者也較耳熟能詳，且因節能已逐步成為全民共識，各品牌自然將產品省水做為商品研發重點之一。其實無論品牌大小，消費者其實可選擇貼有政府核發「省水標章」貼紙的商品，就是個很好的參考指標。

裝修名詞小百科

省水標章：由經濟部水利署所推動頒發，並由工研院能資所節水服務團設立「節水實驗室」，進行各項產品檢測，通過限制核可之商品，才能獲得省水標章供消費者辨識。

圖片提供 © 楠弘廚衛

▲ 創新的虹吸概念和獨特的節水功能，再加上 SlimSeat 馬桶蓋以纖薄的設計為概念，搭配緩降功能使整體呈現優雅的姿態，精鍊的設計線條獲得了 2013 年的紅點產品設計獎。

老鳥屋主經驗談

Haplo 網路很方便，要找省水產品還是多上網做功課，之前詢問過設計師，其實他們也不見得比較清楚。還是自己找規格比較並找他人經驗來挑選會比較可靠。

Lisa 我推薦滾筒式洗衣機，這真的是很棒的省水利器，利用滾筒原理洗衣，衣服其實很乾淨，但卻不會像直立式洗衣機一樣耗費很多水，好一點的商家還會替你標示出用這個一年可以省多少水。

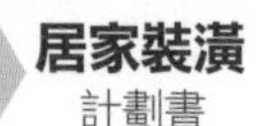

PART 2 省電

照著做一定會

Point 1 冰箱

對於每日生活必備的冰箱，消費者心目中理想品牌的前三名則分別是：Panasonic、Hitachi、TECO 東元；而節能、省電則一直是消費者選購冰箱品牌的首要考量，其次則分別是「有節能標章」及「有保固服務」。

推薦 01 ▶ Panasonic ／智慧節能科技

Panasonic 近年在冰箱、洗衣機、冷氣等家電領域開創 ECO NAVI 智慧科技，主打超越 1 級能效認證，高效率省電運轉，符合國家最高節能標準，並會依照不同生活習慣和環境變化，主動調整至最省的運轉模式。當在睡覺、外出等少用時段，就降低運轉，主動省電，讓食物保鮮，還能省下更多不必要的浪費。最新機種皆採用環保新冷媒 R600a、變頻機種，訴求環保耐用，並新增世界首創的「光感應」功能，會主動偵測食物儲存量的變化，東西拿多少、放多少，冰箱都會知道，消費者若只是放入少量的食物或單純拿個東西，依然持續 ECO NAVI 省電模式，可較之前機種再省電約 20%，省下更多電費支出。

推薦 02 ▶ Hitachi ／機能技術力再進化

Hi tachi 家電向來走高單價、高品質的精緻家電路線，時尚外觀一直深受消費者與設計師肯定，強調「機能美」的訴求，並邀請名媛孫芸芸代言，同時結合節能、保鮮的技術層面，主打「蔬果凍齡美學」，以光觸媒產生高濃度碳酸氣，促使蔬菜如同進入睡眠般狀態，更加完整保存維他命 B1、維他命 C 及多酚等營養精華，同時提高空間密閉性，保持濕度，水分殘留率可高達 96%。

推薦 03 ▶ TECO 東元／國產實力技術高 CP 值

東元是台灣知名的家電品牌之一，提供親民價格、年輕化的設計產品，加上以馬達起家，變頻系列冰箱的省電能力不在話下，除此之外，觀察到現代家庭冷藏量空間需求量大，因此新開發了 543 公升的大容量冰箱，冷藏空間容量超過 300 公升，但冰箱寬度僅 72.8 公分，壁薄設計，更容易搭配一般家庭的廚房裝潢。同時，對於部分消費者在家中有大量冷凍需求時，也推出東元小冰庫系列、主打家中第 2 個冷凍空間，直立式設計且層層分明，收納更有效率。

圖片提供 ©Hitachi

▲ 採用奈米鈦抗菌除臭濾網，並藉由 R-600a 環保新冷媒，達到急速冷凍以鎖住美味。

Point 2 照明

近期亦有消費者考量節省電量而開始採用光纖照明，雖然光纖照明的單價較一般照明高，但因具備色彩、冷光、材質柔軟易折不易碎，且易被加工成各種不同的圖案等特點，因而可彌補 LED 燈光束呆板無變化之缺點。

推薦 01 ▶ PHILIPS 飛利浦

為了讓民眾使用無虞，PHILIPS 飛利浦會先自我要求，將產品通過國際高標準的檢驗，產品除了必須通過國家 CNS 的檢驗外，也會經過國際 IEC（國際電工委員會）的檢測，雙重檢測除了是對產品的要求，更希望提供民眾安心、放心的照明產品。目前 PHILIPS 飛利浦除了獲得 CNS 認證外，LED 燈泡也獲得節能標章。

圖片提供 © 飛利浦

▲ 飛利浦全系列 LED 燈泡皆榮獲國際 IEC 安心認證，9W 的 LED 燈泡，可取代 60W 白熾燈泡，壽命為 15,000 小時。

推薦 02 ▶ OSRAM 歐司朗

德國照明品牌「OSRAM 歐司朗」，身為全球光源製造商，長期專注於照明領域發展，並不斷開發投入人造光源照明技術，近年除了重工程專案，也以市場需求為出發，提供消費者全方位照明解決方案，在國際市場上佔有重要地位。隨著全球能源問題愈來愈嚴重，歐司朗也積極投身於新一代光源的開發，響應節能環保趨勢，為地球盡一份心力。自 90 年代末推出第一代白光 LED 光源產品後，歐司朗就不斷在 LED 產品上加以研究與開發。

圖片提供 © 歐司朗

▲ 歐司朗全系列 LED 燈泡皆通過國家 CNS 安全標準，無光生物風險，無紫外線，紅外線及藍光危害，使用安心，省電又環保。

▼ 開窗設計做得好，也能減少電能耗損。

圖片提供◎禾築國際設計

Point 3 冷氣

推薦 01 ▶ 日立冷氣

除了使用日本壓縮機，日立近期也推出頂級變頻分離式冷氣，榮獲數 10 項專利的渦卷式壓縮機，因為以 5 項主要精密零件組成，因此故障率低，運轉時的震動率遠低於迴轉式壓縮機，省電又靜音，並使用防螨靜電濾網及奈米銀光觸媒來達到除菌抗敏效果，滿足消費者對室內空氣品質的需求。此外更推出 Set-Free 頂級變頻多聯式空調，有側吹式、上吹式全新設計的室外機，故可自由搭配多樣化室內機，還可與『上位系統』整合，讓管理更有效率。另外，也針對大坪數、多樓層的居住空間設計『8 房集中控制器」，可清楚掌控各房間運轉狀況，避免電力浪費。

推薦 02 ▶ DAIKIN 大金空調

秉持省電，還要再更省的精神，大金每年持續推陳出新，近年推出的頂級旗艦系列，今年成長 3 成，其 2.0kW ～ 5.0kW 的機種全數獲得國家 1 級能效標章，與舊機種比較，提升能源效率約 45%。其中，待機省電的新功能，可使一般待機時約消耗 12 ～ 24 W的必要電力，大幅降低至 2.2 ～ 2.4 W，長時間待機更節能。除此之外此外，也將推出『Emura 歐風系列」，採用獨家研發的環保冷媒『R32』，相較於現行環保冷媒 R410，可再降低 75%的二氧化碳排放量。

推薦 03 ▶ 台灣三菱電機

強調環保技術的三菱電機，持續朝耐用、高效率、安靜、省能源目標前進，省電的關鍵來自於新研發的直流 PAM 變頻控制模組，搭配電子式膨脹閥，溫差大時電子膨脹閥打開，增加冷媒流量，溫差小時則相反，

大大減少壓縮機的負荷，達到高效能運轉、精準溫度調節的目的，並以智能技術達到送風節能作用，均勻每個角落。

▼ 大金頂級旗艦系列中，適合各式居家空間，搭配上更有彈性，而且室內機體積變小，讓裝潢設計更完美。

圖片提供© DAIKIN 大金空調

? 裝修迷思 Q&A

Q. 省電燈具是不是都很醜，無法讓家中生活呈現質感？

A. 會有這樣的說法，主要是因為 LED 燈多半為直光及冷光，故無法呈現空間氣氛。若想要兼具節能及美觀，消費者可考慮選購光纖商品。此外，目前也有廠商代理國外光線控制系統，搭配 LED 燈具使用，可調整光線強弱或透過感應器，自動開或關燈，都是在省電上相當有幫助的品項。

Q. 變頻冷氣只要比 EER 值就夠了？

A. 變頻冷氣的 EER 值，是指能源效率比的意思，主要是用來了解冷氣使用時所消耗的能源，一般而言，越高的 EER 值，代表冷氣越節能。除此之外還要比變頻，所謂的變頻功能，指的是能將室內的溫度控制在正負溫差約 0.5 度上下，因為具有恆溫的功能而達到更省電的效果，再來要有標示「年耗電數」 綜合上述三點才是挑選變頻冷氣的準則。

圖片提供 © 雲墨空間設計

▲ 改用節能燈具，光度夠又可以省錢。

裝修名詞小百科

電磁波：又稱電磁輻射，是由同相振盪且互相垂直的電場與磁場在空間中以波的形式傳遞能量和動量，其傳播方向垂直於電場與磁場構成的平面。電磁輻射的載體為光子，不需要依靠介質傳播，在真空中的傳播速度為光速。

老鳥屋主經驗談

捏捏 家裡之前使用的是一般窗型冷氣，後來換成某日系大廠品牌的變頻冷氣，夏天一個月電費差了好幾千，第一次收到帳單時我還嚇了一跳。雖然當初安裝新冷氣時有因為價格比較高而覺得心疼，但以我家冷氣用量，其實幾年就回本了，相當划算。

鍾肥爸 這幾年不斷看到 LED 燈泡的廣告，主打效能比傳統燈泡好、壽命更長，實際替換之後，省下來的費用還滿可觀的，而且也比較不會有眩光的問題。

PART 3 降溫

照著做一定會

Point 1 油漆塗料

推薦 01 ▶ NIPPON PAINT 立邦漆／全新 2 代冰漆

全塗料結合 IPS ＋技術，淨味全效分解甲醛新配方，塗刷後即開始捕捉吸附空氣中有害游離甲醛，將其分解為安全水分子，持續不間斷地淨化空氣。

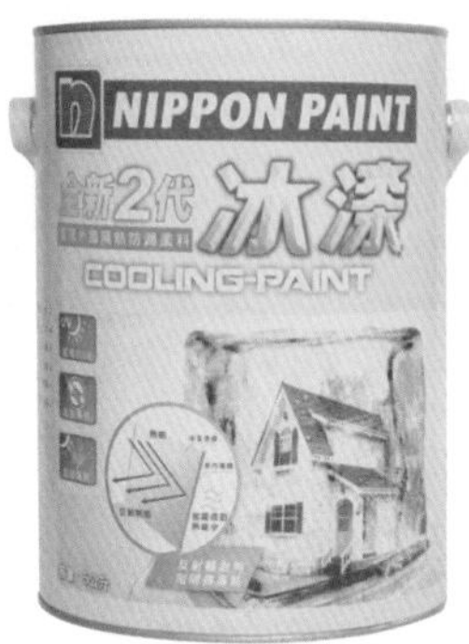

攝影＿江建勳

推薦 02 ▶ 崴令應材／冰冰漆

施工於屋頂或天花板上，透過折射陽光，可有效降低建築物表層溫度，進而降低室內溫度。為保持高效隔熱效果，冰冰漆多以白色居多，然考量視覺美觀，可代為客製化配色，配色之冰冰漆價格需另洽廠商。

推薦 03 ▶ Tudi ／納涼漆

日本特殊乳膠加德國多孔材料，具反射太陽幅射熱能作用，塗在頂樓或外牆就能隔熱，室溫可降低 5 度。

推薦 04 ▶ 虹牌／晶涼隔熱漆

透過特殊表面光硬化的技術，能與紫外線作用，產生防塵、隔熱的效果，而且還有高耐候、防水的特性，很適合台灣多雨潮濕的環境使用。

推薦 05 ▶ 得利倍剋漏屋頂防水漆

顛覆傳統防水漆延展性差、日曬容易變硬脆化的缺點， 得利倍剋漏防水超耐配方，含 Fibrado 隔水纖維和具備 500% 漆膜彈性，還加了長效耐候雲母， 提高漆膜耐酸鹼性，漆膜耐候的強度變強，就不怕酸雨或是長時間曝曬在陽光下，防水效果更持久。

Point 2 橡膠隔熱磚

橡膠隔熱磚其構成要素是以橡膠地磚與高密度 PS 發泡隔熱材，黏成一體成塊狀隔熱材，運用發泡隔熱材讀力氣泡阻絕空氣產生對流作用，而達到隔熱效果。可鋪設於屋頂地板，隔絕熱的傳導，也讓水泥地不直接面對陽光熱源，進而達到節能作用。

圖片提供 © 東岱環保工程

圖片提供 © 雲墨空間設計

▲ 如果是西曬的房子，建議可刷冰漆隔絕熱氣。

圖片提供 © 馥閣設計

▲ 空氣對流好，動線流暢，也會讓空調用量降低。

？裝修迷思 Q&A

Q. 冰漆施工會不會很麻煩？

A. 一點也不會，塗料開罐之後只要攪拌均勻，想要刷塗、滾塗、噴塗都可以，如果作為面漆使用時，基本上不需要稀釋，但要避免在濕冷天氣或是相對濕度 85% 以上的環境下施作，否則會失去其效果。

Q. 冰冰漆效果可以維持多久呢？

A. 隔熱效果則依台灣 SGS 、美國 Intertek 、中國中央 CMA 、新加坡綠建材標章等、檢測本產品耐候 10 年以上，但可能依現場環境不同而有所增減。為確保最佳功效，建議您可以每 1 ~ 2 年用清水刷洗一次，或每 3 ~ 5 年補漆一層，維持表面清潔洗淨，可永保最佳隔熱反射效果。

裝修名詞小百科

甲醛：甲醛（HCHO）是一種無色易溶的刺激性氣體，可經呼吸道吸收，其水溶液又稱「福馬林」，具有防腐作用。而甲醛樹脂被用於各種建築材料，包括膠合板、毛毯、隔熱材料、木製產品、地板、煙草、裝修和裝飾材料，且因甲醛會緩慢持續放出，因而成為常見的室內空氣污染之一。

老鳥屋主經驗談

Lisa 就跟女生出外會拿陽傘一樣，有了可以折射紫外線的隔熱膜，家裡真的涼爽不少，而且貼了以後家中曬得到太陽的地方，傢具也比較不會變質損毀。

捏捏 家住頂樓冰冰漆雖然塗在建築物頂樓，實際測試家裡溫度，有刷之前跟沒刷室內溫差差了四度，很驚人。我們是自己 DIY，不過在刷之前要記得把屋頂掃乾淨，否則小石子或沙會讓漆很容易脱落，另一點，就是挑個傍晚或清晨去刷，才不會被烤成人乾啊！

Project 18

色彩

掌握配色概念，讓家更有特色

每個顏色都有自己的個性，當它們搭配在一起，自然會帶來更多的變化。要如何從眾多色彩裡找出最速配的配色？相信是許多裝修新手的困擾，其實只要循著以下法則，就能完美搭配各種顏色，發揮加乘作用，讓世界更多彩繽紛。

重點提示！

PART 1 配色原則

上千種的顏色要怎麼挑、怎麼搭配才好看，建議不妨先從色彩羅盤、認識顏色個性著手，透過安全的同色搭配、繽紛的鄰近色搭配、活潑的互補搭配方式，創造屬於自己的個性空間。→**詳見 P214**

PART 2 色彩基礎概念與情緒能量

紅色，在色相、明度、彩度的差異之下，可以是熱情溫暖，也可以是成熟穩重，高明度有膨脹、前進的視覺效果；低明度則有緊縮、後退的感覺，善用色彩傳達你想要的空間氛圍。→**詳見 P216**

PART 3 色彩的功能

變化多端的色彩，以塗料來表現是最快的方式！不用拆除隔間就能創造延伸、變大等改善空間感，也是一種個人品味、居家氣氛的營造。→**詳見 P220**

職人應援團出馬

傢具職人

馥閣設計 黃鈴芳

1. 善用局部跳色為空間帶來焦點。當空間裡全部為中性色彩，如天花板的清水模灰，牆面的白及木質的咖啡，形塑出廚房簡單乾淨氛圍後，再以紫色黑板拉門擋住地下室上來的樓梯口，橫拉可作為展示櫃門片，還可讓孩子家人在黑板上塗鴉留言，豐富整體空間！

2. 黑白配突顯時尚感。如果怕選色不好處理，最簡單的方法就是黑白配。在線條分明的簡約空間裡，以白色為基底的空間，搭配經由黑色烤漆後的鐵件，強烈的黑白時尚感交錯對比著，空間變得很有個性，也將成功突顯了建築線條。

圖片提供 © 馥閣設計

老屋職人

禾築國際設計 譚淑靜

1. 善用色彩對比呈現減壓空間。空間的色調編排，不應只有牆面，還有傢具配件都是很好突顯空間的色彩學，像是特別運用白、灰、藍及鐵色，搭配黃、棕、綠及竹皮木色，表現冷暖交融的效果，也讓空間表現沉靜減壓又不失層次趣味的居家風格。

2. 淡藍天空色帶來沈靜純樸感。為形塑臥室的寧靜氛圍，因此將主牆漆以淡藍色為主，與木質床組相呼應，並帶出以淺色搭配原木的自然純樸質感，讓空間更具有現代簡鍊卻又不失溫馨感。

圖片提供 © 禾築國際設計

色彩職人

養樂多__木艮 詹朝根

1. 色彩選擇要因人而異。在空間裡運用色彩心理學多少都有影響，像是個性較低沈的人，則建議選擇亮度及彩度較亮的色彩搭配，如黃色及紅色，若是個性較急燥的人，則建議選擇較冷色系搭配，如藍色等，讓情緒起伏因空間色彩而趨緩。另外，綠色則適用在閱讀環境內。

2. 運用兩色去做反差減緩壓迫感。面對空間太過侷促時，一般會建議用白色放大空間感，但其實運用兩個色彩去做反差效果，反而會讓空間因視覺的關係而有放大的感覺，例如綠色及黃色的對照下，綠色反而會比黃色來得深邃，而有視覺延伸效果。

圖片提供 © 養樂多__木艮

PART 1 配色原則

照著做一定會

Point 1 看懂色彩羅盤搞定配色

技巧 01 ▶同色相走深淺變化

同色，也就是同一個色相裡，深淺不同的顏色變化。選定一個主色，往裡頭加白色就成了粉色調（淺色系）、加黑就變成深色調，加灰就成了中間色調；每個色相都可以加入不同程度的黑、灰、白，而發展出高達數十種層次的顏色。同色搭配，意即在單一色相裡選擇不同色調的顏色來組合，也稱為同色系配色法。

技巧 02 ▶鄰近色互搭協調又豐富

鄰近色，就是色相環上彼此相鄰的兩個色相；選定一個主色相，左右兩邊的色相即是它的鄰近色。由於鄰近的兩色會帶有對方的色彩特質，因而可組合出協調又豐富的色感。凡是在主色相左右兩邊的顏色，全都是它的鄰近色。鄰近色的配色在大自然很常出現，例如，藍中帶綠的湖水、紅黃褐的斑斕楓紅，構成繽紛又和諧的萬千世界。

技巧 03 ▶強烈對比互補色

選定一個主色相，它的對面即是互補色，由於這兩色的特質差異最大，因此對比最強烈，最基本的互補色有紅 VS. 綠、藍 VS. 橙、黃 VS. 紫這三種組合。我們若凝視某種顏色，久了之後，眼睛就會因為疲勞而自動在視網膜加上它的補色，好讓感官獲得休息。

▼ 從外環往圓心，依序為純色、加白的淺色調、加灰的中色調、加黑的深色調。

圖片提供 ©Dulux 得利塗料

▼ 色彩羅盤圓心的灰色等腰三角形，三角形的頂端指向主色，兩邊銳角則分別朝向鄰近色。

圖片提供 ©Dulux 得利塗料

▼ 指針的對面就是該主色的互補色，也是對比的一種。除了互補之外，還有明度、彩度、冷暖、面積等對比。

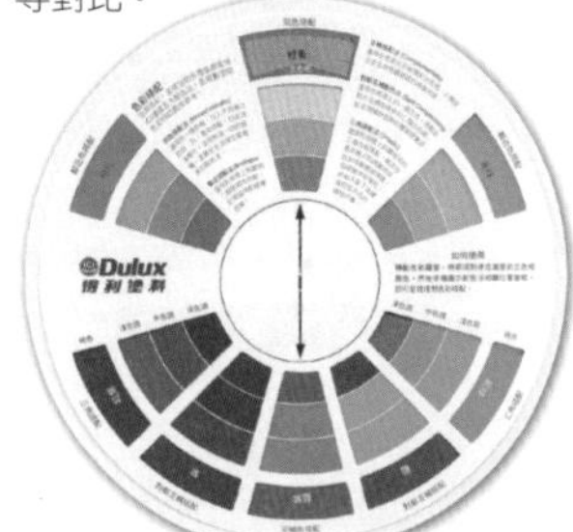

圖片提供 ©Dulux 得利塗料

Point 2 利用顏色個性找速配

Concept 01 ▶安全的同色搭配法

同色搭配法的最大好處，在於它跳脫單一色彩的單調；同時又由於色彩彼此之間高度的共通及同質性，而產生和諧、秩序與穩定的感受。這可說是最安全、被人接受度最高的配色。若要應用在空間，不妨強化用色比例或拉大色階差異，藉由顏色的主從關係來增加活潑感。

圖片提供 ©Dulux 得利塗料

▶ 物體的背光面與迎光面即為某個色相的深、淺色調，可利用這個配色法，來強化空間的立體與層次。

Concept 02 ▶繽紛的鄰近色搭配法

選用色相環上相鄰的兩到三個色相，可組成悅目又豐富的配色。若全用鮮豔的純色，可產生鮮明的躍動感；若以中間色、淺色或深色，則顯得柔和又繽紛。

Concept 03 ▶活潑的互補搭配法

亮麗、活潑的色彩搭配互補色，又名心理補色。反差最大的兩種色相，會在對比之中突顯彼此的色彩特質，而構成呈現生動鮮明的視覺效果。不過此手法最忌諱1:1的用色比例，若這兩個顏色勢均力敵，就會失去對比的強烈作用。

▲ 可藉由調整面積大小、降低明度或彩度來減輕互補色的強烈效果。

? 裝修迷思 Q&A

Q. 就算知道什麼配色間會產生什麼樣的效果，但要怎麼拿捏面積？

A. 室內設計界流傳著一則空間配色的「黃金比例」（6：3：1）。通常，牆壁這種背景色會達到六成的用色比重、傢具與傢飾佔據三成，地板等其他區域則佔一成，就能營造出和諧又具層次感的色彩空間。

Q. 好多顏色都好喜歡，該怎麼挑選呢？可以全都用上嗎？

A. 想配得精采的秘訣就是：主色不應超過三種！而且， 最好選在面積最大的牆面來表現主色，其餘地方為次色，並局部點綴第三個顏色來重點式強調就能打造出繽紛有致的空間。

裝修名詞小百科

同色系：同一色相加入不同程度的黑、灰、白色，營造出深淺層次的色系，此為同色系。

對鄰互補色：選定一個主色相，它的對面即是互補色：互補色左右兩旁即是對鄰互補色。差距150～180度的顏色，都能構成互補。

老鳥屋主經驗談

Erin

自行佈置居家時，若不知該如何選擇空間主色，不妨從面積最大的牆壁來著手！例如，黃、紫的互補配色，可將黃色刷在牆上，紫色則表現在面積比例較少的沙發、窗簾等傢具傢飾；反之亦可。

晉如

不同手法的配色，都應注意主從關係。但最簡單的方式還是透過面積大小來做調整，以空間配色來說，面積最大或最顯眼的，就是主色囉。

PART 2 色彩基礎概念與情緒能量

照著做一定會

Point 1 色彩定位，顏色立即清晰易辨

定位 01 ▶色相（Hue）

顏色給人的感受，也有冷暖之別。以大分類而言，紅、橙、黃等暖色系讓人覺得溫暖；藍或藍紫等冷色系則讓人感到知性。當我們開始認識顏色時，不妨試著進一步描述每個色相裡的濃淡、明暗變化，以「紅」為例，除了「熱情溫暖的正紅」，還有加了些許白色所變成的「甜美可愛粉紅」；明度低一點的就成了「成熟穩重暗紅」等等。

定位 02 ▶明度（Light Reflectance Value）

明度越高，折射出來的光越多，顏色也越明亮；反之，顏色就越暗沉。同一個色系裡，明度越高的顏色看起來感覺越輕快；與相同面積的其他顏色並列，高明度者看來似乎較膨脹、會往前進的樣子。明度越低者，看起來就越厚重；即使面積相同，明度越低的顏色在整個畫面裡看起來會有較緊縮、後退的感覺。

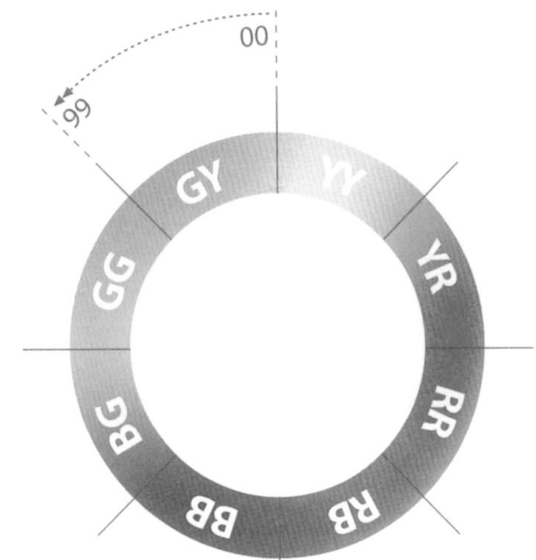

圖片提供 ©Dulux 得利塗料

▲ 將我們所熟悉的紅、橙、黃、綠、藍、紫等六大色相逆時針排列成環狀，就是色相環。

▼ 顏色，是光線對物體折射後，映入眼簾、透過視神經傳遞到大腦，我們就「看到」了顏色！

圖片提供 ©Dulux 得利塗料

圖片提供 ©Dulux 得利塗料

▲ 一滴非常飽和的藍墨落入水中，還沒被稀釋的部分彩度最高、也最鮮豔。

定位 03 ▶彩度（Chroma）

三原色「紅、黃、藍」，也就是彩度 100％的純色，在所有顏色裡面最為鮮豔、純淨。降低彩度的方法，就是進行混色。混過的顏色，稱為「中間色」或「濁色」。混色次數越多，顏色就越渾濁，彩度也越低。如果混入黑色，彩度與明度同時都會降低，成為深色調。倘若加入白色，彩度雖會被抑制，明度卻會因此而提高，成為淺色調。

TIPS

視覺強烈的「三角搭配」

在色相環構成等距離的三個顏色，就是所謂的「三角配色」，這些顏色由於色相屬性差異大，故能形成搶眼的視覺效果。12 色的色相環有五組「三角搭配」。其中，以紅黃藍的三原色最為搶眼。至於二次色的橘綠紫，由於彼此具有共通性，衝突感因此降低。三次色的黃綠、藍紫、橙紅，以及橙黃、紫紅、藍綠這兩組，對比依舊出色，但感覺更為和諧。

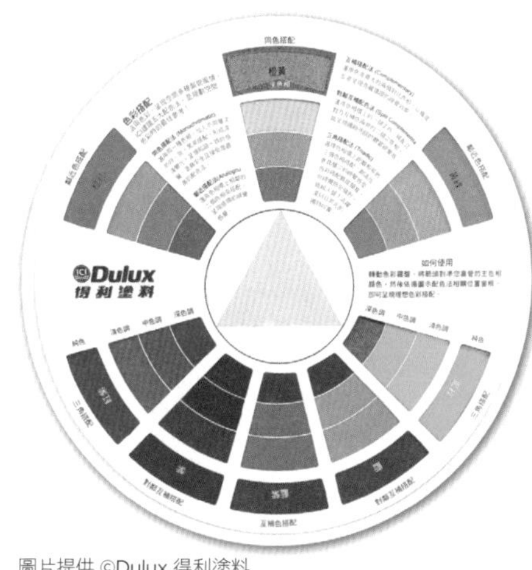

圖片提供 ©Dulux 得利塗料

▲ 色彩羅盤圓心的灰色正三角形，三角形的頂端指向主色系，兩邊銳角則分別朝向距離相等的色系。

Point 2 熟知色彩個性

Concept 01 ▶摸索色彩獨特個性

當我們用色相、明度、彩度精確看待色彩，些微明暗層次或彩度鮮豔程度的變化，就足以改變色彩的面貌。而每看一個色彩，就會自然湧出不同的心理感受，使每個色彩都有其獨特的個性。眼睛看到了顏色，就會喚起某些特定的心理感受。

▼ 看著這張圖，請盡情想像如何透過色彩來表達你的感受吧！

Concept 02 ▶繽用色彩表達你心裡的感受

「色彩」是空間情感的溫度計。開啟感官，細細探索你對色彩的感覺，往每一個色系不同深淺明暗找去，觀察自己對顏色的反應及感覺，你就會找到對味的色彩！來玩一下色彩心理遊戲！試著用色彩來描述你心中的感受。如：「火紅色」就感受到熱情；「淺橙色」呈現愉悅的感覺；「水藍色」最能展現清涼的氛圍……這個遊戲可以一直玩下去。

圖片提供 ©Dulux 得利塗料

色彩 VS. 心理感受的對照參考

感受／情緒	顏色	色系	感受／情緒	顏色	色系
甜美		紅色系	紓壓		藍色系
浪漫			睿智		
熱情			開朗		
奢華			冷冽		
喜悅			深沉		
友善		橙色系	清新		綠色系
積極			生機		
豐盈			樸實		
愉悦		黃色系	浪漫		紫色系
希望			知性		
尊貴			神祕		

? 裝修迷思 Q&A

Q. 買幾桶喜歡的油漆直接上漆就可以搞定了？

A. 其實如果室內牆面出現風化鬆脫的粉末，甚至出現大面積的漆膜剝落，得先刮除所有粉化、剝落之漆膜，清潔牆面，確認沒有油脂殘留或灰塵。在乾燥狀況下重新上漆，選用合適之底漆進行封固，防止面漆再次剝落。

Q. 房子的內外牆，甚至金屬、木材等不同建材都可以用同一種油漆嗎？

A. 不同建築部分需要面對的自然防護各異，將房屋分成屋頂露臺、外牆、內牆與金屬木材四個部分去選擇適合的漆料。例如油漆金屬木材，最好挑選防鏽防潮具強化底材防護力的油漆。

裝修名詞小百科

色相：是色彩相貌的名稱，也就是我們所認知的紅、橙、黃、綠、藍、紫等顏色。將這六大色相逆時針排列成環狀，就是色相環。

明度：也就是顏色對光的折射程度。

彩度：也就是顏色的飽和程度。彩度越高，顏色越鮮豔，所表現的情感就越強烈。

老鳥屋主經驗談

Elaine 自己油漆房子很好玩，但要先做好防護才行！以舊報紙或塑膠布覆蓋地板、傢具、用遮蔽膠帶沿踢腳板、牆角門窗邊緣等筆直貼牢。沒有壁癌問題的舊牆面，用抹布將牆面髒污灰塵清除乾淨後，塗刷一道得利全效底漆。

Wilbert 就算清楚知道自己想要什麼樣的風格，但真正面臨選擇漆色時還是一個很頭痛的問題！不妨利用「得利電腦調色漆」提供多達 2016 個漆色選擇，現場調漆只需 5～10 分鐘。

PART 3 色彩的功能

照著做一定會

Point 1 用塗料立即打造魅力空間

Function 01 ▶用一面牆創造視覺焦點 Focus
色彩，本身就是一種力量，當它成為空間中的主角時，空間立即有了焦點與生命力。

Function 02 ▶創造居家風格 Style
每種風格都有道地的用色基調，鄉村風的居家多以黃、橘的色調塑造溫暖氛圍；許多摩登現代風格居家，則以明亮的糖果色營造搶眼的視覺效果。

Function 03 ▶展現品味 Taste
色彩能展現品味及喜好，你所喜愛的顏色，往往能散發出獨特的個人風采。

Function 04 ▶營造空間氛圍 Atmosphere
色彩能營造出各種情境氛圍。想要什麼樣的Fu，就用能帶給你這種情緒的顏色！

Function 05 ▶改善空間感 Space
運用色彩的冷暖、明暗及鮮豔程度等不同特性，可帶來各種視覺上的變化，改善我們對空間的感受。

圖片提供 © 相即設計

▲ 在單一牆面刷上大面積的油漆塗料，牆面立即成為臥室焦點。

▼ 色彩的功能不侷限於牆面，紅色單椅的色彩力在空間中扮演十足跳色效果。

圖片提供 © 瑪黑設計

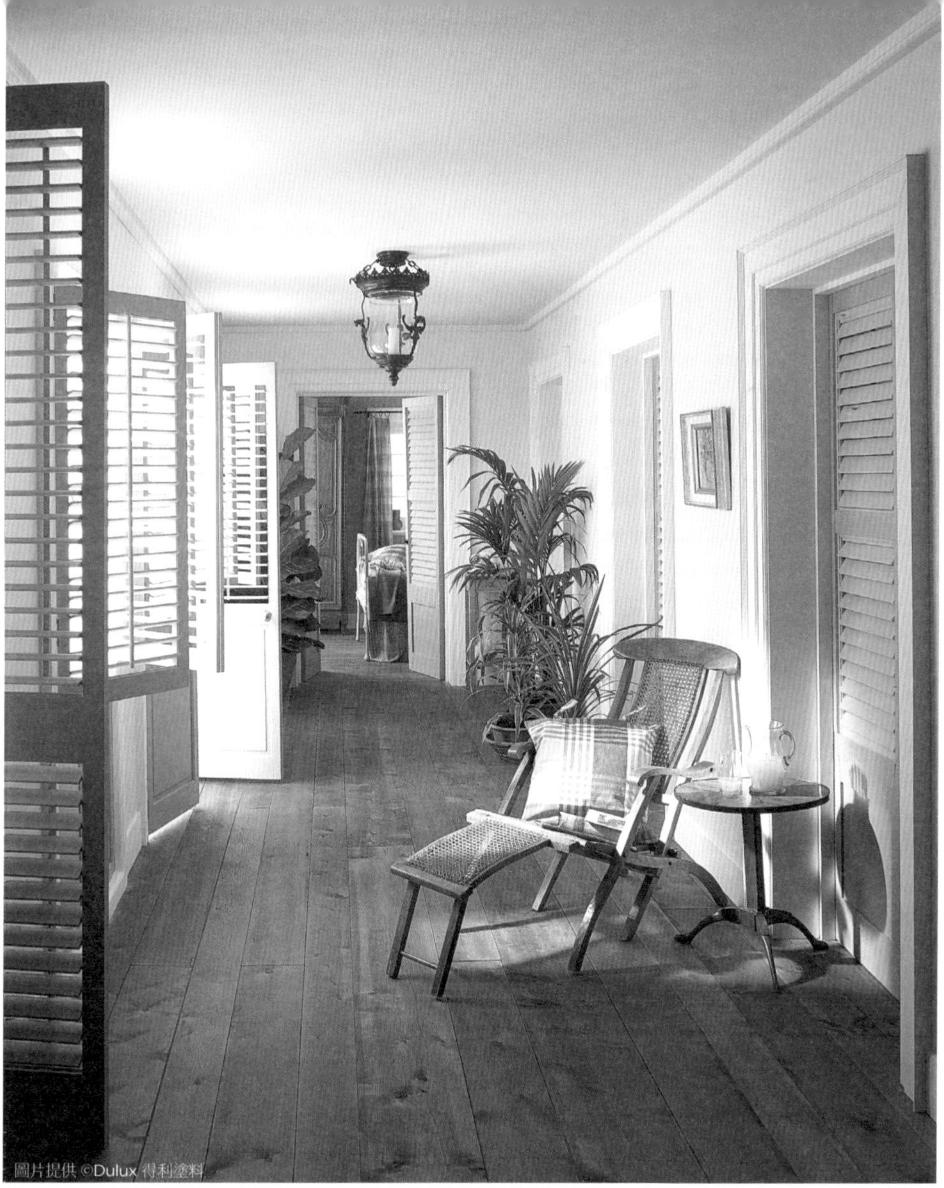
圖片提供 ©Dulux 得利塗料
▲ 天花板塗刷明度較高的顏色，空間感就輕盈了許多也有加大空間視覺的作用。

Point 2 5 大塗料選色秘訣

秘訣 01 ▶ 從【淺色系】及【中性色系】開始

初學者可從較容易接受的「淺色系」及「中性色系」開始。比起純白的牆面，選用帶有一點其他色調的淺色系塗刷牆面，空間會顯得有層次變化，洋溢著淡淡的情懷。偏向土褐色的大地色系或是偏向灰藍的大氣色系，都是一般人熟悉的中性色。能夠傳達大自然風情的中性色彩，與任何傢具搭配起來都十分協調，這也是最多設計師愛用的色系。

圖片提供 ©Dulux 得利塗料
▲ 利用冷色、淺色的視覺膨脹效果來放大空間。

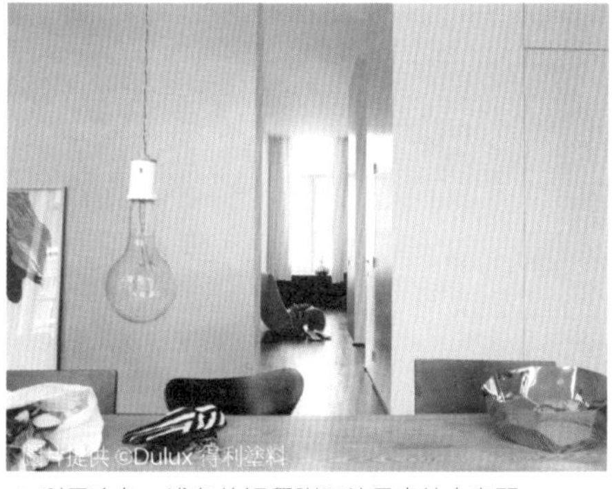

秘訣 02 ▶從日常生活用色、空間風格選擇色彩
每個人或多或少都有自己比較偏好的色彩，如自己喜愛的服裝色系。試著將這些顏色「轉移」或「放大」到住宅空間裡，就容易符合你喜愛的色彩傾向。將喜愛的傢具或傢飾色彩延伸到牆面色彩。如沙發或畫作的顏色。基本上每種空間風格，都有不同風格的基本色調。例如白與藍可以搭配出地中海的風格。

秘訣 03 ▶善用「色彩案例」及塗料專業
色彩是需要眼見為憑或親身體驗，最直接的方式是，善用國內外裝潢雜誌、坊間出版的色彩書，透過圖片的輔助參考，來協助想像未來的空間風格。確認喜愛的整體色彩感覺後，再考慮空間的採光條件，使用專業色卡，就可以選出最速配的顏色了。

秘訣 04 ▶與現場相同光線的條件下
比對選色。空間中的光線強弱、人工光源 / 自然光源、燈泡是白光或黃光、塗刷面積大小、周圍搭配的顏色都會影響漆色的呈現。就算是同一個顏色，在不同光線條件下，顏色也會看起來不同。所以建議挑選漆色時，在與塗刷現場相同光線的條件下，使用塗料專業色卡進行比對選色。

秘訣 05 ▶面積大小會影響色彩感受
使用彩度高的顏色時，大面積的塗刷看起來會比小面積的塗刷顯得顏色較深；淺色則相反，大面積的塗刷比小面積的塗刷看起來顏色更淡更淺。建議挑選顏色時，根據塗刷的面積和想要呈現的色彩強度，參考色卡上不同色階的漆色做出最適當的選擇。

圖片提供 © 力口建築

▲ 書房側牆運用紅色與壁貼，營造溫暖、和諧又豐富的色系。

▼ 整個公共空間的牆面皆刷上橙紅，主色比例高達七成，輕快調性讓典雅空間也能透著幾許輕鬆感。

圖片提供 © 齊舍設計

▲ 以純白為底，妝點三成的鵝黃，展現空間層次並拉遠景深。

? 裝修迷思 Q&A

Q. 想讓天花板看起來更高，只能利用鏡面來增加視覺反射嗎？

A. 藉由天地壁的配色，來營造高挑或穩重的空間感，將兩片緊臨的牆面塗刷同色，而天花板則使用最明亮的顏色，往上延伸的直線可以引導視覺無限延伸，讓天花看起來更高。

Q. 想要讓室內空間感更好，除了移動隔間牆位置就沒有其他方法嗎？

A. 其實利用顏色的特性，就可創造出往外或向上延伸、感覺變大的牆面，或是抬升、朝後退的空間背景。試著統一鄰近牆面的顏色來製造出寬敞感，利用冷色、淺色的視覺膨脹效果來放大空間。

裝修名詞小百科

色彩：色彩之所以能變化多端，是因為色相、明度、彩度彼此交互影響。這三個屬性組合構成各種色彩；只要光線明暗或鮮豔程度起了微妙變化，色彩就會換上另一種面貌。

三角色彩：在色彩羅盤上選定一個主色，在盤面上左右等距的色相，即是它的三角色彩（Triadic Colors）。

老鳥屋主經驗談

江江 通常我們都會希望打造夢幻繽紛的孩子房，但是孩子長大後未必會喜歡。現在利用色彩塗料來裝飾孩子們的房間，未來想要改變風格只要再重新油漆就好，非常方便快速！

Lynn 對租房子的人來說，想要改變居家風格有很多限制。透過在牆面、傢具的色彩搭配，租屋的室內生活也能很有個人特色！

Project 19

風格

居家超個性，打造自我生活感

大部分的人對於居家風格只有簡單的概念，無法具體而明確地表達自己想要的到底是什麼，最後呈現的結果只是流於形式的空間樣式，完全不是夢想中的居家。不同空間風格都有各自的特色及裝修要點，精選目前較為主流的空間風格特點，從中發想出屬於你自己個性的居家樣貌。

重點提示！

PART 1 北歐風

多會使用保存良好的二手傢具，傢具造型多以實用、作工精緻為基礎，對於顏色的拿捏也與生活環境有關，在純白與木質色中搭配鮮明的色彩，在寒日中帶來正面力量。→詳見 P226

PART 2 LOFT 風

挑高寬廣的空間，除了私密空間外，僅以傢具簡單劃分區域，具有絕對的開放性；並且搭配充滿濃厚個性化的藝術品或傢具，近年竄紅的工業風傢具，正好滿足了追尋 Loft 風格的使用者喜好。→詳見 P228

PART 3 現代極簡風

傢具或傢飾品可以挑選具有設計感或高質感材質，突顯空間文化內涵。→詳見 P230

PART 4 古典歐風

主要受到英式古典和法式古典影響，法式古典就是知名的凡爾賽宮廷風格，有許多細膩且優雅浪漫的設計，在雕刻藝術的呈現上，素材多元華麗。→詳見 P232

PART 5 鄉村風

美式鄉村風承襲英式鄉村風，源自於精緻古典風格的簡化，傢具的設計上較英式鄉村風柔軟蓬鬆，不僅座面，連扶手和背墊都圓滾飽滿。英式鄉村一張飽滿沙發是必備傢具，布料多半以花朵或小碎花為主。→詳見 P234

職人應援團出馬

格局職人

王俊宏室內裝修設計工程有限公司 王俊宏

1. 在簡潔線條中營造空間焦點。北歐風格中，除了跳躍式的色彩，另如何在空間裡運用巧思營造空間的視覺焦點。在極簡的空間設計中，運用造型書架，或是透過空間格局翻轉的規劃，創造出更令人意想不到的空間視野。

2. 善用複合式機能更貼近使用者需求。都會型的空間設計裡，思考複合式機能的家具配置及空間區隔，成為設計重點。例如廚房的中島兼具餐桌、工作桌或書桌機能，使得餐廚空間合一；客廳包含書房的使用機能，於是沙發背後不是隔間牆，而是一張界定空間的書桌。

圖片提供 © 王俊宏室內裝修設計

工程職人

演拓空間室內設計 張德良、殷崇淵

圖片提供 © 演拓空間室內設計

1. 善用大理石營造穩重氛圍。大理石溫潤高雅的質感及其自然紋理，再加上石材穩重的材質調性，相當適合大宅設計，例如雪白銀狐、銀狐大理石、安格拉珍珠、金香鬱和蛇紋石等數種質感優雅的大理石材，讓空間感更加豐富。

2. 線板營構天花板優雅層次。大宅空間的大器質感來自崇高恢宏的氣度，因此天花板設計是相當重要的關鍵。運用線板堆疊來創造天花板的層次感，同時也消除大樑的壓迫感。

風格職人

摩登雅舍設計 王思文、汪忠錠

1. 手作壁畫讓家變得獨一無二。居家空間要如何突顯「獨家」感？擁有一幅設計師親手打造的壁畫，絕對是最吸睛的焦點！例如在白牆上以油畫手法，繪製一朵搶眼的大牡丹，一來充滿驚喜感，二來表達富貴的意涵，更能顯現屋主的貴氣氣質，同時也帶出鄉村風的手作質感。

2. 善用壁紙、壁爐營造鄉村風。電視牆以壁爐造型注入鄉村風元素，沙發背牆則挑選圖案典雅的花朵壁紙，搭配上華麗的水晶燈，營造低調奢華的優雅鄉村風；客餐廳之間的牆壁上半段，以鏤空手法製造延伸與透光性，讓採光能恣意穿梭，空間變得更加明亮。

圖片提供 © 摩登雅舍室內裝修

PART 1 北歐風

照著做一定會

Point 1 空間規劃：少即是多的關鍵 idea

概念 01 ▶簡約實用的設計

去除繁複的裝潢，對樑柱或天花也沒有過多的包覆行為。

概念 02 ▶考量居住者生活習性

包括家中每一位成員的居住習慣和嗜好，空間規劃相當靈活，很可能門一打開就見到廚房，客廳反而在屋子的末端。此外，北歐相當重視孩童，設計師會將小孩對於家的想法和喜好慎重納入設計規劃當中。

概念 03 ▶去除多餘的隔間

讓空間可以更大，且居家公共空間是重要的情感交流場域。

Point 2 材質運用：強調與自然和諧相處

概念 01 ▶大量運用木質元素

北歐本身木材資源豐富且容易取得，因此在建築中使用相當多的木頭。但在木頭的砍伐和種植上努力取得平衡，並具有永續與自然共存的概念。但因台灣較為潮濕、溫差大，地板使用實木材質，容易會有熱脹冷縮的問題，可選擇適合台灣的海島型木板、超耐磨仿木地板，或以夾板貼木皮的方式處理來打造木感居家。

概念 02 ▶異材質強化設計

木質空間是北歐風格一部分而已，輔以便利取得的玻璃和鐵件等金屬材質作為搭配，也讓北歐風設計感勝出。而能增加溫暖感的布織品則是軟裝潢的要件之一。

概念 03 ▶透光性

北歐居家經常使用玻璃，主要就是希望當光線進入家中時，可以完整在空間中流動，包括許多建築物的屋頂開窗，或具有大面積的落地窗，甚至公寓建築的玻璃窗框等，也都是希望陽光可以輕鬆登堂入室。

概念 04 ▶使用綠建材

北歐人格外重視綠居家的概念，使用環保性和無毒的建材，而自從台灣政府明文規定，已有綠建材標章可以依循，在台灣也有不少家庭開始使用珪藻土或健康磚等綠色建材，創造出更健康的居家環境。

▼ 北歐對家人的重視大過於工作，公共領域的區域比例至少佔整個居家空間的 1/2 以上。

圖片提供 © 水相設計

Point 3 機能＆收納：同步滿足美感與實用性

概念 01 ▶展示型收納表露生活美

現代取向的北歐風不像鄉村風有著難以收拾的「大量雜貨」，但對於許多必須經常拿取、使用的生活用品，他們傾向把它們擺在方便拿取的地方，採取開放式的收納，也許是掛在牆上或是立在架上，多數時候會特別挑選顏色或花樣，就為了在收納時也可以當作另一種空間擺飾。

概念 02 ▶向上發展的櫃體設計

北歐因為居住空間高度較高，很多收納櫃體會往上方發展，主要是希望可以讓一般不太會用到的空間有更多的使用機會。

圖片提供©a space..design

▲ 北歐風徹底回歸到使用者需求，呈現出一種人人都會嚮往的「家的樣貌」。

? 裝修迷思 Q&A

Q.Scandinavian Design 就是 Nordic Design 嗎？兩者有什麼差別？

A. 兩者都是指「北歐」設計。「Scandinavian」屬於較為狹義的地域性稱呼，指的是「瑞典」、「挪威」和「丹麥」，但若廣義地指涉「斯堪地那維亞國家」，並將芬蘭和冰島都納入，也就是「Nordic」範圍了。

Q. 北歐風是否就是大量留白的木質空間？

A. 北歐風雖然強調線條極簡與設計感，但北歐居家也非常喜歡吸收大自然靈感及元素充分運用於家中，因此大量自然材質、繽紛鮮豔色彩及活潑趣味圖案，亦是北歐風格特徵之一。

裝修名詞小百科

Gustavian 風格：瑞典國王古斯塔夫三世對瑞典古典風格大力創建，核心來自法國凡爾賽風格，擁有古典的經典線條，搓揉了北歐簡單、清爽、舒適生活方式和意境，可說是最早的北歐風緣起。

現代北歐風：強調一種簡約、實用且舒適的精神，現今流行的北歐風主要是走 mix &match 的路線。設計的三個關鍵字是：簡單的 Function、永續的 Material、無限的 Light ！

老鳥屋主經驗談

May

兒童房完整規劃了玩樂區、休息區、收納區，並考量小孩安全選擇了圓角的桌椅，開放式櫃體配合籃子或筒狀的收納用具，讓小朋友可輕易將東西歸位。雖與公共區風格略有不同，但可明顯感受孩子受到重視的開心。

蔡媽媽

家裡原本是偏日式的設計，改裝時我刻意保留了大量的木作，但在櫃體與地板的顏色上換成較輕淺的顏色，新買的傢具則選擇線條較簡單的款式，搭配鮮豔的布料、地毯，馬上就能轉化成北歐風。

PART 2 LOFT 風

照著做一定會

Point 1 無隔間開放空間＋大尺寸傢具

概念 01 ▶去除多餘的隔間

空間裡沒有特定隔間，減少私密程度，頂多就是臥房及衛浴會稍加遮蔽，整體開放無障礙。

概念 02 ▶用挑高強化隨性

Loft 風格最明顯的特徵就是開闊又挑高的空間，有時會規劃上下層的夾層複式結構，裸露有如戲劇舞台鷹架搭景效果的樓梯和大樑。

概念 03 ▶大尺寸傢具運用

因空間具有相當大的靈活性，加上開放又挑高的形式，也造就必須搭配尺寸比例較大的傢具燈飾物件，才能呈現合宜的住家氛圍。

圖片提供 © 澄橙設計

▲ LOFT 風格是由倉庫衍生而來，因此空間強調去除多餘的隔間。

Point 2 裸露原始硬體空間及管線

概念 01 ▶不加修飾的電線及照明

水泥地板搭配刻意裸露的電燈電線及水管，燈飾及照明也只是形式上，多半運用大量的自然光線，重點照明也不加修飾。

概念 02 ▶裸露的天花板及牆面

裸露直接表現磚牆的天花板及壁面，甚至連樑柱都是未經修飾的粗糙，就像未完成的空間。

概念 03 ▶漆成黑白的各種水管

Loft 空間的焦點就是錯綜複雜的「明管」，為避免太過雜亂，通常會全部漆成白、灰或黑色，也是商空最愛使用的形式。

Point 3 與工作室結合的藝廊空間

概念 01 ▶讓居家表現藝術家的個性

可利用大型繪畫或雕塑作品，讓居家表現藝術家的個性，就像一邊自己住、一邊當工作室，感覺置身紐約的開闊 Loft 空間。

概念 02 ▶表現如藝廊的效果

個人的蒐藏品也可以展現 Loft 風居家的個性，隨意擺放在開放空間中，也許懸掛於屋頂，或許整排靠牆安置，表現如藝廊的效果。

概念 03 ▶開放工作室與居家串連

開放工作室與居家結合是 Loft 風常見的形式，因此也出現許多不一樣的巧思，例如客廳旁就是工作區，利用沙發做區隔。

攝影 ©Sam

▲ 結合居家跟工作室的 Loft 空間，是從事設計創作及藝術工作者的天堂。

Point 4 前衛與復古混合並存＋經典設計

概念 01 ▶古典傳統搭配現代設計師傢具

Loft 風常見古典傳統的硬體空間，搭配前衛現代的傢具，或結合古董傢具及設計師傢具燈飾，保留原建築的挑高及具有歷史意義的牆面，利用現代傢具去堆砌居家的品味與強化使用機能，讓家就像是個藝術品。

概念 02 ▶復古二手傢具搭配前衛畫作

Loft 空間裡運用二手古董，或復古傢具，搭配前衛大膽的藝術畫作，除了展現衝突美感，也形成有趣的色彩對比與協調，充滿趣味，也帶來人文藝術氣息。

圖片提供 © 澄橙設計

▲ Loft 風空間讓使用者能大玩混搭遊戲，創造空間無拘束又不修邊幅的灑脫與創意。

? 裝修迷思 Q&A

Q. 不是挑高空間也能規劃 loft 風嗎？

A. 沒有挑高的空間若要呈現 Loft 風，硬體部份最好盡量把握「開放無隔間」、「裸露原始空間」這兩大原則，先將「形」做出來，再透過混搭手法強化內在個人品味，就能體現 loft 無拘束的自由精神。

Q. 既然強調混搭，loft 風應該沒有什麼材質上的限制吧？

A. 由於 Loft 原本是指倉庫，在素材的選擇上若是過於溫馨〈如木皮過多〉，會彰顯不出設計力道；將玻璃、鐵件、水泥這類質地較冷硬的元素作為主軸，再搭配線條俐落、工業感較重的傢具和家飾，是比較恰當的選擇。

裝修名詞小百科

裸露手法：保留硬體磚牆結構，甚至包含裸牆、裸柱，及未經細粉的不勻稱水泥牆、外露的電線及水管線、鏽蝕斑駁的鐵製樓梯，都是 Loft 風的重要特色。

明管手法：刻意將因應生活機能所需的鐵管暴露在外，讓管路線條成為空間裝飾之一，藉此營造空間不修邊幅的隨興感。

老鳥屋主經驗談

ayen 我喜歡二手傢具、老木頭，如果家和別人一樣就不好玩，Loft 風最大的特點就是能玩出自己的特色，比如說我用收藏的木頭釘成書架，工作室大書桌也是用老木頭拼接製作，有趣、隨性就是我們想要的生活。

Robert 我喜歡 Loft 空間的隨性，但不希望太過冷冽，所以用紅磚牆、木地板來做鋪陳。這些色調本身就屬於大地色系，並從中抽出一些暖色系來做傢具搭配，既能感覺整體色彩的協調性，也藉由材質的相互映襯突顯風格質感。

PART 3 現代摩登風

照著做一定會

Point 1 天地牆面遊戲

概念 01 ▶避免過多造成矯情設計

當代摩登風格中，有時會利用原有的老建築、老公寓元素，搭配簡約的現代傢具，創造衝突落差及時尚感，但減少空間多餘元素，反而會一切到味「剛剛好」，遵守「少即是多」，過多反而矯情。

概念 02 ▶整合又各自獨立的思考

例如，餐廳、廚房天花板延伸一致，但利用不同地坪材質來區隔。此外，小空間不適合規劃太多隔間牆，因此可利用地坪材質的不同，來區分公共與私密空間。

圖片提供 © 靈邑設計

▲ 利用大塊鋪陳幾何線條來形塑天地，猶如大型裝置藝術的手法，使空間能發揮震撼的視覺魅力。

概念 03 ▶牆面就是藝術品

例如，開放空間立面藉由幾何造型的比例與對應，透過不同視角更衍生出對稱或反差框景。

Point 2 機能格局動線

概念 01 ▶用同材質延續空間感

不論是全開放，或是利用玻璃素材延展視覺穿透的機能區塊，都可利用相同壁面或地板材質延續空間感，使空間感由室內擴展到室外。

概念 02 ▶一櫃多用的機能設計

為了讓空間更簡潔，現代居家特別訂做多機能傢具，例如連結餐廳餐桌的廚房收納櫃，由於水平面與餐桌同樣高度，不但可當餐櫃，還可作為備餐檯及早餐吧台。

概念 03 ▶移動式隔間開創更多可能

利用移動式隔間，例如拉門，或是短牆、矮櫃來界定區域，不僅能維持視線的串聯，也創造更多交流的可能。

Point 3 色彩材質實驗

概念 01 ▶用光為白空間調色

白色如同一塊畫布，會因光線的色彩而變化，使空間在清晨、傍晚、夜間，因為室內與室外光線而有不同表情；陽台上，加上室外燈光及植栽的處理，豐富了空間的表情，同時讓室內空間延伸，達到借景的效果。

概念 02 ▶用暖色調中和冷調空間

現代居家經常使用中性色或冷調白色作為主調，而橘色及紅色是相當溫暖的色系，局部使用於冷調純白色空間中，能夠中和空間視覺溫度。

概念 03 ▶跳色讓空間亮起來

例如，在灰色混凝土空間裡的紅色現代材質傢具，除了是視覺焦點也讓氣氛活潑起來。

圖片提供 © 幸福生活研究院

▲ 光線是白色空間最佳的裝飾。

Point 4 傢具傢飾搭配

概念 01 ▶古典元素與當代藝術結合

藝術品佈置是摩登風居家一大特色，不妨在空間中保留一些古典元素，再搭配一些現代感強烈的畫作或藝品，透過混搭手法來開創設計與藝術的對話。

概念 02 ▶塑料傢具吻合現代簡約美學

傢具是用具，更是一種文化。在訊息愈趨複雜的年代，簡約、洗鍊的設計逐漸成為當今美學主流。其中一體成形的塑料傢具因提供環保、簡單、流線等特色，吻合現代人務實需求及審美趣味，也是此空間設計的關鍵元素之一。

概念 03 ▶活用織品展現空間個性

運用織品做色塊鋪陳或展現圖樣視覺，不僅方便靈活也能創造空間獨特性。

▲ 以古典奢華為主軸的空間設計，配置水晶吊燈與典雅傢具，包括展示品也特別強調邊框設計，強化精緻度。

? 裝修迷思 Q&A

Q. 現代摩登跟極簡風格的不同

A. 為因應工業產品的模組化與標準化，極簡風格多以簡潔或者簡單圖形為主，著重在線條的俐落表現。而現代摩登風格裡，還包含了折衷主義與裝飾藝術等過渡時期設計元素，可以大玩線條、材質、色彩與混搭，視覺層次更豐富！

Q. 現代摩登具備多種設計可能性，東拼西湊難道不會顯得雜亂嗎？

A. 簡潔的背景線條是現代摩登風格能兼容並蓄的一大主因，但因通透感也是風格精神之一，混搭時還是要掌握一下「簡多繁少」的線條比例，和「畫龍點睛」的色彩原則，空間就不會太 over。

裝修名詞小百科

天地壁一致的概念設計：例如，設計規劃時將戶外景色及自然元素帶進空間內，因此，地板運用原木地板展現自然氣息，牆壁選用向上伸展的樹枝影像壁紙，感覺就像往天花板的上空延伸。

牆面雕塑：利用幾何或線性形塑壁面，並大塊鋪陳與展演天地區塊，為空間定出現代俐落感，猶如大型裝置藝術空間，發揮震撼的視覺魅力。

老鳥屋主經驗談

May 我喜歡現代摩登風格最大的原因，是它雖然重視線條的表現，卻不像極簡那麼沒有人情味。住家中我用大圖影像壁紙來創造強烈視覺，跟一些復刻的經典傢具搭配在一起，有種新舊融合的折衷感，效果很好。

Nicole 我家線條、硬體設計走的是簡單俐落為主，材質、設計著重在實用性上，但是會挑選一些色彩較為鮮艷的傢具傢飾品點綴，如主臥室我選了一張紅色單椅，馬上就有聚焦效果，加上陽光跟燈光日夜不同表情，來過的朋友可都讚不絕口呢！

PART 4 古典歐風

照著做一定會

Point 1 選定空間風格走向

概念 01 ▶大面積風格元素定調空間主題

決定好空間主題之後，可以運用一個大型的風格元素，或是直接選配整組的系列傢具來為空間定調。

概念 02 ▶隨性多樣化的傢具運用

歐式居家的傢具配置較為隨性，假使沒有限定單一時代風格，則建議可以於同個空間，一次選配 2 ～ 3 款經典沙發，並藉由色彩或是材質的運用，讓每項傢具得以互有聯繫。如此一來，即使傢具樣式各自不同，也不會顯得突兀。

概念 03 ▶用一盞水晶燈營造古典情調

水晶燈是古典風格不可或缺的重要元素；一般來說，大量而細小的水晶，給人較為濃厚的華麗感；但假使想要營造多一點休閒質感，則可以選配單純的鍛鐵吊燈，或以大片、少量的水晶垂墜加以裝飾即可。

攝影 © Amily

▲ 在空間中佈置一個角落端景，不僅能作為視覺焦點，也是強調風格重點手法之一。

Point 2 決定物件的擺放位置

概念 01 ▶對稱中的不對稱設計

古典風格中強調「對稱」設計，但要小心不能一味追求對稱，而忽略了原本應有的使用機能和空間美感。建議可以選擇色系、材質或是風格相近的傢具、櫃體，來營造「一組」的感覺，即使不用刻意對稱，也能很有古典感。

概念 02 ▶藉由空間大小挑選傢具

傳統的古典傢具，通常較一般傢具來得大些，如果又遇上線條較為繁複古典的空間，更需要注意傢具配置的比例和方式。建議先確認空間高度再進行家具的選配，才不會在買了後，發生放不下或是太過壓迫的窘境。

概念 03 ▶將燈飾垂吊於視線高度

如果客廳沒有足夠高度，建議將水晶燈設計於餐桌上方就好，在不影響行徑動線的條件下，不需將燈具設計得太高，而是等高於站起就能看見的視線高度，才不會浪費這項特別規劃的視覺焦點。

圖片提供 © 麗居國際

▲ 在歐式風格中，混搭一些具東方色彩的傢飾配件，可強化空間層次感。

Point 3 配件為空間加分

概念 01 ▶為空間設計一個角落端景

營造歐式居家的同時，不妨為空間設計一座角落端景，作為視覺的焦點。即使簡單佈置，亦能創造空間亮點。

概念 02 ▶適度混搭異國元素

受到大航海時期與帝國殖民主義的影響，東西混搭的折衷主義在當時蔚為一種風潮。因此，善用一些具文化氣息的東方元素，如宗教神像或是搭配青花瓷造型的陶瓷燈具等，都能為空間帶來畫龍點睛的加分效果。

概念 03 ▶用畫作為空間增值

具有藝術增值效果的畫作，也是古典空間中的重要元素之一。畫框的樣式建議盡量符合空間的線條質感，所以不妨在整體空間規劃完成之後，再進行畫作選配。

概念 04 ▶適度搭配風格飾品裝飾

在歐式風格中，除了擺上經典造型或是印有歐式花紋的布沙發作為空間主角外，傢飾配件的搭配也相當重要。藉由中式花紋的陶瓷花器、印花瓷盤、歐式燈具，或是一張波斯地毯和歐式花紋的地毯，不僅豐富了空間表情，也能有效提升居家質感。

▲ 善用一些具文化氣息的東方元素，如宗教神像、具中式花鳥圖騰的屏風和壁紙，或是搭配青花瓷造型的陶瓷燈具等，都能為空間帶來畫龍點睛的加分效果。

? 裝修迷思 Q&A

Q. 歐式古典跟金碧輝煌的設計是同義辭？

A. 裝飾線條多與金色系的材料的確是古典設計給人的刻板印象，然而，古典歐風其實又可細分為諸多類型。規劃歐風住家時，建議先深入了解風格本身的文化內涵，再參酌自己的生活習慣，方能在美感與機能需求中取得平衡。

Q. 喜歡歐風設計，卻又擔心太過繁複有壓迫感。

A. 如果沒有限定單一時代風格，只要掌握 1. 一盞吊燈作為主燈、2. 善用異國文化元素、3. 取材自然的設計語彙、4. 深色飽滿的色彩運用，以及 5. 經典的古典單椅 這幾項大原則，就能輕鬆佈置出具古典味的空間。

裝修名詞小百科

新古典：隨著龐貝古城的遺跡出土，設計師們鑑於巴洛克線條已發展到過於糜爛，於是相繼採取了簡化後的希臘、羅馬建築元素，創造出較舊式古典更為簡單質樸的建築規劃。

Art Deco：不強調人文質感，而是展現更多裝飾性，將歐式古典推向更多元的設計方向。

老鳥屋主經驗談

Lisa

因為去了歐洲旅遊，很喜歡那樣的房子，就想用古典風格來裝潢，很多關於設計的常識都是從網路上得到的，我還會把電影場景記下來，學習裝修與佈置的手法。

Sandy

裝修前其實在風格上還有點拿不定主意，所以預留了較簡潔的背景空間。採買傢具時發現多半挑得的是偏向古典歐風的款式，覺得當初應該多加一些線板來呼應，才會讓視覺效果更整體。

PART 5 鄉村風

照著做一定會

Point 1 南歐鄉村風

南歐鄉村傳統的石砌建築會在室內保留石塊的突出，天花板通常也會有橫向的裝飾樑，主因是古屋屋簷所留下的結構痕跡。除了古樸牆面外觀，木製傢具多會經過人工打磨處理，搭配空間中精雕細琢的鍛鑄欄杆及馬賽克手工拼貼，展現人文感。居家色系則以明亮飽和為主，視覺效果豐富，兼具地域性特殊風情。

概念 01 ▶木橫樑天花增添鄉村味道

利用實木橫樑來做裝飾，不僅增添了鄉村風的設計元素，也能讓各個區域空間的設計有所區隔。同時木橫樑也讓空間有橫向延伸的效果，製造寬闊的視覺感。

概念 02 ▶拼貼方式展現手作鄉村味道

磁磚拼貼主要是從西班牙鄉村風格中衍生而來，在當地運用的十分廣泛。拼貼圖案的表現技術，沒有規格限制，可縮小呈現也可放大組合。

概念 03 ▶鮮明色系展現活潑愉悅氛圍

南歐鄉村風格的用色較為大膽，多以橘、黃、藍、綠等色系，來表現明亮耀眼的視覺效果。

圖片提供 © 采荷室內設計工作室

▲ 石材、橫樑的粗獷與鮮豔色澤相應，共構出悠閒又熱情的南歐氛圍。

Point 2 法式鄉村風

源自於法國宮廷為極致表現工藝之美而所創作的「蛇形線條」，是法式鄉村與其他鄉村風格最大區別。法式傢具以桃花心木作為主要材質，因深受普羅旺斯、波爾多等田園居家風格影響，故以洗白或者原木顏色來表現。法式鄉村風格不僅舒適，也洋溢著優雅的文化氣息，因此繪畫、雕塑、工藝品等，是不可缺少的裝飾品。

概念 01 ▶餐桌椅細節決定鄉村風格

法式鄉村的餐桌椅除了使用原木色系，也會做刷白處理，至於桌腳、椅腳甚至椅背的彎曲造型更是不可少。

概念 02 ▶木地板烘托木質溫潤效果

木地板的色調與木紋可依空間風格做選擇，染色加重或紋理粗獷能呈現穩重感；減輕染色則能帶出柔美色調的效果。

概念 03 ▶白色線板勾勒優雅鄉村味

營造空間鄉村味，線板也是不錯的方法之一。白色線板不僅有修飾作用，也讓天花線條更為豐富，同時還能看見有別以往的鄉村風情。

圖片提供 © 摩登雅舍

▲ 法式鄉村集優雅和舒適概念於一身。

Point 3 英式鄉村風格

大約形成於 17 世紀末期，主要是人們看膩了奢華風因而轉向清新的鄉野風。大量採用紅磚頭、泥磚來造屋。小碎花、格子圖案是英式鄉村風格的主調。因承接歐洲古典風格，從格局到傢具傢飾皆保留了高度精緻感，傢具的尺寸也都維持實用的大小，沙發多以線條優美、顏色秀麗的手工布面為主。

概念 01 ▶壁紙快速構成鄉村風元素

壁紙帶圖騰樣式，既能豐富壁面又能營造氛圍，歐式鄉村多以花草、藤蔓等植物圖案為主，美式、英式鄉村則經常使用格紋或線條樣式。

概念 02 ▶長條壁板展現鄉村風特色

在鄉村風居家裡也經常看見企口板板材的使用，刷上白色油漆，或是利用技術製造出斑駁效果，就能讓空間呈現濃濃的鄉村風特色。

▲ 清新的碎花圖案是英式鄉村的招牌元素。

概念 03 ▶波浪造型營造浪漫感

一般置物櫃多以直橫線條來表現， 但在鄉村風空間裡，常見波浪造型的櫃體或飾板，唯美線條提升甜美感，同時也讓空間瀰漫著一股鄉村休閒度假感。

Point 4 美式鄉村風

美式居家空間較英式開闊，傢具的尺寸更寬大，配置上也更為輕鬆。多以牛奶白或色彩較為柔和的色調為主，展現明亮、舒適氛圍。圖騰多為小碎花、格子以及條紋，材質上多以棉、麻等天然材質為主，保留美國開國文化的樸實木紋與花色，粗獷中帶有精緻的質感。

概念 01 ▶木門＋門框突顯鄉村風的恬適

鄉村風的門多半選擇使用木門，刷上白色或淡雅色彩後，並搭配門框設計，相互突顯鄉村風的風格特質。窗戶部分除了加入木門窗之外，還會加上木百葉，這樣的設計形式不但帶來裝飾效果，也讓門窗更具立體質感。

概念 02 ▶經過改良壁爐變身成電視牆

在歐美鄉村風中，一家子總喜愛圍著壁爐取暖、談心，凝聚所謂家的感覺，但在台灣壁爐使用機會不大，所幸經過改良，保留語彙並讓壁爐搖身變成電視牆或電視櫃，成功留住鄉村風重點元素。

概念 03 ▶方格設計讓空間有一窗好風景

木製、鐵件的格子門與牆，簡潔的線條搭配單純的色系，點亮了空間中的鄉村調性，視覺的穿透感也讓格子門與牆，有一窗好風景。

▼ 美式鄉村在簡單與少裝飾的大原則之下，帶出一種生活的舒適度。

Point 5 日式鄉村風

空間大量運用白色，並搭配原木傢具傢飾，帶出鄉村風的樸拙可愛。另外，形塑日式鄉村風不可或缺的就是雜貨飾品，像是餐碗、收納罐、草木盆栽、木器、花器等，都是該風格特有的風情。日式鄉村會刻意將傢具或空間，做出仿舊樣子，表現使用過的歲月痕跡，或者是用木條釘成木箱做成收納櫃，表現手作人文風味。

概念 01 ▶大地色調＋白色＝溫馨舒適

日式鄉村風空間裡，常見將全室以白色作為基底，部分牆面刷上大地色系，使空間非常舒適溫馨，另外，也可以透過不同技法在壁面做繪圖處理，也能讓空間更有立體層次感。

概念 02 ▶五金把手突顯櫃體人文味

鄉村風櫃體多半採用外露式五金把手，日式鄉村在線條表現上較為簡潔，透過沉穩的五金色澤能強化櫃體造型，經過時光洗禮更能帶出濃厚人文味。

▼ 日式鄉村強調手作感，並喜歡用雜貨來點綴空間。

圖片提供 ©11+3 幸福暖暖 Zakka House

Point 6 北歐鄉村風

北歐人重視光線和明亮感，室內多半採用白、米白、原木色系為主。空間規劃多採開放式，並搭配平整直線條或流線型的居家動線，相互製造放大感。風格中大量使用木元素，亦有延續使用舊傢具的習慣，除了保留原本色系之外，也會將傢具做刷白處理。

概念 01 ▶ 手工質感減帶來溫暖

鄉村風格注重手工質感，建材著重帶有自然痕跡，櫃體設備也為了避免工業化的剛硬冷冽質感，會搭配木作或企口板來做包覆，呈現溫潤舒適的鄉村氛圍。

概念 02 ▶ 分享生活是佈置的關鍵精神

鄉村風的佈置即是要「分享生活、分享使用」，如此自在的生活方式，才有家的感覺。

圖片提供 ©IKEA

▲ 北歐鄉村重視光線和明亮感，喜歡藉由蒐藏二手傢具傢飾搭配 DIY 方式，表現個人特色、品味及生活感。

? 裝修迷思 Q&A

Q. 鄉村風空間一定都是用布沙發嗎？

A. 鄉村風的確大多以布沙發為主，質感柔軟舒適外，還可依季節做色調樣式上的替換，較符合鄉村風恬適感。若想選用皮沙發，可將皮革色系與地板相呼應，搭配帶點舊舊、班駁感覺，一樣能營造出懷舊鄉村感。

Q. 選配佈置軟件時須注意什麼？

A. 在抱枕或窗簾圖騰選擇上，小碎花、直格與格紋都是是英美鄉村風裡常見的經典主調，而南歐鄉村的花型則稍大些。布料除了棉布外，也多了亞麻材質，更能感受其樸拙的自然感觸。

裝修名詞小百科

蛇形線條：「曲線美」的概念，最早是由英國著名畫家、美學家荷迦茲提出的，他在《美的分析》一書中指出：「一切由所謂波浪線、蛇形線組成的物體都能給人的眼睛以一種變化無常的追逐，從而 生心理樂趣。」

分享使用：是指生活物件不會乖乖地收放在抽屜裡，而是用吊掛、擺放方式展現出來，不單純只有展示功能，也有將自己喜愛的物品分享，以及隨手使用的精神意義。

老鳥屋主經驗談

捏捏 鄉村風格的好處是，看到喜歡的物件先帶回家，遲早有一天會出現在它應該的角落、位置，而且可以表現屬於自己的生活感。

King 為了符合日系鄉村風的風格，我用了很多白色木作，但木作很花錢，為了省錢，包括所有櫃體與腰牆，甚至門片都先畫好設計圖，請木工師傅照尺寸裁切後，統一送至工廠烤漆，既不會讓家裡變得髒亂，也可節省裝修時間與費用。

Project 20

設備

四季都好用，跟灰塵、寒流、濕氣說再見

隨著各式功能的設備逐漸在家庭中普及，居家生活中的空氣品質也可以獲得全面的優質控管，無論是舒適的溫度、清新的氣息或者乾爽的氛圍，透過萬全的設備計畫下，更進一步改善居家空氣品質，讓生活更健康美好。

重點提示！

PART 1 挑選全熱交換器

全熱交換器對於居家空氣品質的改善有很大的幫助，可由坪數、人數以及空間屋高去決定適合的機種、機型大小，在安裝時也必須注意管線距離的設計。→詳見 P240

PART 2 挑選空調

變頻、靜音、淨化空氣是空調的選擇關鍵！ EER 值越高越省電，另外，如果位於頂樓、西曬務必挑選空調噸數大一點的機種，而吊隱式空調雖然美觀，但必須預留天花板封板高度。→詳見 P242

PART 3 挑選暖風機

別以為暖風機都大同小異，其實又可分為鹵素燈、陶瓷燈、碳素燈管，當中以碳素燈管的暖房效果最好，不論浴室是否有對外窗，暖風機可解決潮濕問題，創造冬暖夏涼的舒適感。→詳見 P244

職人應援團出馬

節能職人

澄毓綠建築設計顧問公司總經理 陳重仁

圖片提供 © 禾築國際設計

1. 選擇一台良好除溼機。關於防止黴菌及細菌孳生，並讓人體舒適的環境，就是將室內溼度控制在 40 ～ 70%以內，因此選擇一台性能良好的除溼機是必要的。只要是切記，使用除溼機時要將門窗關上，將外部隔絕才能有效除溼，也才能延長除溼機壽命。

2. 居家要有落塵區規劃。在國外的住宅區都會在入門處設置一個用地毯鋪設的落塵區，以方便將身上的灰塵及腳上泥沙在此抖落，並在入口處上方設計風口落塵，避免帶入屋內。但受限於台灣法規的關係，無法在公共空間設計落塵區，建議不妨可以利用玄關鋪設地毯或是磁磚，在此做一落塵處理，以避免大量灰塵被人體帶入空間裡。

材質職人

大涵空間設計 趙東洲

圖片提供 © 大涵空間設計

1. 地暖系統防溼抗寒兼顧。由於台灣氣候變化大，尤其是寒流及梅雨季，使得家裡又溼又冷，容易讓老人家身體感到不適，因此建議可以安裝地暖系統，透過由下而上的熱傳遞，讓居家溫度維持在攝氏 20 ～ 25 度之間，同時也能保持空氣間的乾燥，減少病菌孳生。

2. 徹底除塵的中央集塵系統。市面上吸塵器的設計只能過濾大型灰塵，但細微的灰塵就無法根絕。其實在國外很流行中央集塵系統，透過埋管設計，連接在屋外的主機運作，所以灰塵直接被排在屋外很好用也衛生。雖然價位是一般吸塵器的 2 ～ 3 倍，但就家中避免氣喘兒發作的情況下，這樣的投資是值得的。

工程職人

演拓空間室內設計 張德良、殷崇淵

1. 安裝全戶除氯設備，用水安全健康有保障。為消毒，所以目前住宅所用的自來水都含氯，很容易在清洗食物時被飲用，或是洗澡洗衣服而殘留在身上，引起過敏、起疹子。因此建議在家裡進水處安裝全戶除氯設備，對家人健康才有保障。

2. 導風機＋中繼馬達強制排煙。現在流行開放式廚房，即便輕食為主，但仍多多少少會使用到大火而需排放油煙，導致家中有異味，或對身體造成傷害。建議不妨在瓦斯爐前加裝導風機，並在廚房與餐廳的天花板上方做防煙垂幕，並裝中繼馬達加強排煙，還給室內空間乾淨的空氣。

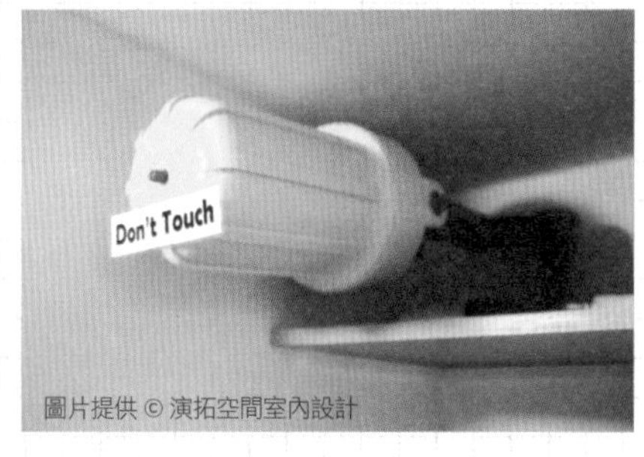

圖片提供 © 演拓空間室內設計

PART 1 挑選全熱交換器

照著做一定會

Point 1 了解全熱式交換系統功能

功能 01 ▶幫都會區密閉室內做全面換氣

全熱式交換系統就是將室外導入的新空氣和室內的髒空氣，透過機器內的風道交換後，讓新鮮空氣進入室內，與密閉的室內空氣進行對流並輔助換氣，進而提升居家空氣的品質，讓密閉式的住宅空間也能呼吸到新鮮空氣。

功能 02 ▶克服不良建築環境

針對地下室、戶外吵雜需裝氣密窗等不方便開窗者，由於室內外空氣無法順暢對流，因此最需要裝設全熱交換系統，裝設後最好 24 小時全天開啟，讓家裡隨時可保持空氣對流。此外，當下雨不方便開窗，或沙塵暴來襲，也因有了全熱交換系統而不用擔心呼吸不到新鮮空氣了。

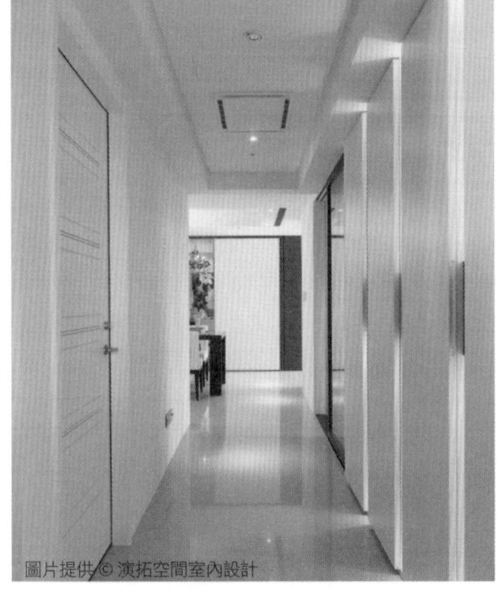
圖片提供© 演拓空間室內設計

▲ 安裝吊隱式全熱交換系統需注意屋高，最好安裝於走道，避免運轉噪音影響生活品質。

Point 2 全熱交換系統可供選擇的機種

機種 01 ▶吊隱式

主機與風管均吊掛隱藏於天花板內，是目前最多人選擇的方式，但配管後多以封板設計來保持美觀，因此，需有足夠的屋高條件才可安裝。

機種 02 ▶直立式

直立式的機型須另行規劃櫥櫃來收納主機，因此對於空間利用上較吃緊的小坪數屋型較不適合，一般以大坪數或別墅住宅較合適。

機種 03 ▶直吹式

不需另配風管，一般多使用於公共空間，如辦公大樓、飯店、獨棟別墅等。

Point 3 全熱交換系統安裝環境的重點

重點 01 ▶最佳裝設位置於走道、儲藏室上方

擔心因為機器運作時會產生些許噪音，所以，最佳的主機體裝設位置應該是在走道上方或儲藏室上方，為了避免影響居家的生活品質，較不建議裝設在臥室或書房、沙發上方等經常會有家人久留的空間中。

重點 02 ▶天花板高度不得低於 3 米

一般來說，機體會放在公共空間中的天花板上方，再視不同個案的格局及需求，透過風管的配管分散至各個房間中，由於機器本身有厚度和管線需要遮掩，所以會再以封板來做美化設計，如此會使天花板更低而造成壓迫感，因此若家中屋高低於 3 米，則不適合裝設全熱交換系統。

重點 03 ▶老屋須拆天花板，新屋可與空調設計一併考慮

安裝全熱交換系統，並無新屋或老屋的限制，只是老屋必須要先將天花板拆除，才能安裝機體及配置風管，因此，若是新屋或有意重新裝潢者最好事先與設計師討論，並考慮大樑是否有需要洗洞以減少管路的曲折，而擺放的位置也可選擇一併放在空調附近，並不會影響室內冷房效果。

Point 4 採購全熱交換系統

方法 01 ▶坪數、人數與用途影響機型大小選擇

要決定機型大小主要先考量坪數，通常 30 坪的 5 口之家，只需要選擇小型機型就夠用了，若是超過 50 坪以上的大住宅，建議可使用中型機型，適合的機型大小有所差異，必須請專業人員做評估、計算後再選購。

方法 02 ▶風量因管線距離遠近會有所差異

從室外引入的新鮮空氣均可以經由風管的配送到達想要的任何房間，不過需提醒的是會因管線距離的遠近、以及風管的轉折等因素使風量有所損壓，同時也易造成具主機近的出風口因管線短而風量過大，管線遠處風量又不足，所以建議可選擇可調式出風口，從風口處來調整風量。

方法 03 ▶進氣口與出風口的位置影響空氣品質

進氣口與出風口應避免距離太近，最好在不同牆面或至少距離 60cm 以上，因為排出的髒空氣若在進氣口附近，則可能立即又被吸入室內，雖有淨化的程序但卻失去交換戶外空氣的用意。另外，進氣口也應儘量避開防火巷或排煙管附近。

圖片提供 © 大金空調

▲ DAIKIN 全熱交換器 適用 5 ～ 6 人，採用新式超薄膜元件，大幅提升熱交換效率，夜間獨立換氣運轉，在夜間空調關閉時運作。

? 裝修迷思 Q&A

Q. 任何環境都可選用全熱交換器來改善空氣嗎？

A. 全熱交換系統一定要與戶外空氣交換，因此，若戶外空氣品質過差的環境並不適用，例如，市場或餐廳排煙區旁之類的環境，最好請專家做現場評估。

Q. 裝了全熱交換系統後，是不是就不需裝空調或除濕機呢？

A. 全熱交換系統的主要功能在於幫室內換氣，藉此提高空間含氧量，排出病毒和過敏原等，但並無除濕或變溫功能，所以即使裝了全熱交換系統仍不能廢棄空調和除濕機。

裝修名詞小百科

全熱交換系統設備元件：全熱式交換器共分為四部份，即交換主機、風管、面板控制器以及進風與出風口配件，主機是提供空氣流動動力與保留室內冷暖溫度的關鍵，而控制器有如大腦可控制系統，因應季節與環境變化，至於風管則負責輸送空氣。

室內空氣品質管理法：環保署已於 101 年 11 月 23 日經公布後施行「室內空氣品質管理法」，凡公眾使用建築物之密閉或半密閉空間及大眾運輸工具，皆需要進行空氣品質的檢測，至於私宅空間雖仍無規範，但是室內空氣品質的控管已成為未來趨勢。

老鳥屋主經驗談

Chole 因為沒有找設計師的關係，不知道有全熱交換器產品，然而實際了解過後，覺得我們家通風條件很好且位於高樓，也不見得有安裝的必要性，但如果是潮濕的地區倒是滿適合的。

Robert 本來覺得全熱交換器很貴，一直在想有安裝的必要嗎？但設計師認為我們家位在熱鬧區段，如果開窗有灰塵又吵，最後很慶幸有裝全熱交換器，就算沒開窗室內也不會很悶。

PART 2 挑選空調

照著做一定會

Point 1 依房屋條件決定空調型式

條件 01 ▶窗型：房子本身留有冷氣口或窗戶者
窗型冷氣是早期最常見的冷氣機型，但許多新式建築並未留有窗型孔，而無法安裝，因此，主要以較為老舊的公寓為主，挑選時要注意冷氣孔適合一般型或直立式，且可依擺放位置來決定左吹、右吹、雙吹或下吹式等。

條件 02 ▶壁掛式：不適合窗型，且天花板不希望作封板者
壁掛式空調可分為分離式與多聯式二種，簡單説分離式就是一對一（即一台室外壓縮機對一台室內機），而多聯式是一對多（一台室外壓縮機對多台室內機），目前多聯式空調最多可到一對九，滿足同一屋簷下不同房間的冷氣需求。

條件 03 ▶吊隱式：主機與風管均可埋藏天花者
吊隱式空調因可將機體隱藏於天花板內，讓冷氣有如隱形，對於重視空間美觀者最適合，但其缺點在於不易自行清潔保養，萬一管線漏水可能面臨敲天花板的問題，而且安裝費用也相對較高。另外，吊隱式空調因功率大，相對噪音也大，裝設時建議要預留比機器大 1.3 倍的空間才能降低音量，日後請人清洗也較方便；同時若家中天花板高度不高，可能會因天花板封板使室內產生壓迫感。

Point 2 從坪數、周邊條件來決定冷氣噸數

條件 01 ▶坪數是決定冷氣噸數的初步條件
購買冷氣前要先了解使用空間的坪數，依此推算可先替各房間或區域算出基本的空調噸數。

條件 02 ▶應將影響環境的週邊因素加計計算
在挑選冷氣大小時，住處的環境條件也會影響空調噸數的選擇，例如頂樓、西曬、東照等立地條件對室內溫度影響頗大，需要的噸數也要跟著調整變大，建議可買比計算出來的噸數在稍大一些為佳。

Point 3 從功能需求來挑選冷氣

功能 01 ▶節能首選，變頻機種省電、省荷包
在電費高漲年代，強調省電的變頻機種日益受到歡迎，變頻指的是能將室溫控制在正負溫差約 0.5 度上下，藉此維持恆溫而達到更省電的效果。此外，也可由機體上標示的節能標章及能源效率 (EER 值) 標示來選擇最省電的產品。

功能 02 ▶寧心首選，靜音功能不破壞生活品質
冷氣機產生噪音的主要來源為壓縮機與風扇的運轉，或因機體內部鋼管碰撞、出風滾軸的設計及冷煤流動等，不過，由於壓縮機技術的大幅進步，再加上廠商各自鑽研不同的改進噪音技術，目前冷氣大多能有效控制噪音值在 40 分貝以下，最低的甚至只有 19 分貝，幾乎已如圖書館一般安靜。

功能 03 ▶健康首選，淨化空氣功能更清新
由於空調運轉時室內為封閉狀態，因此，保持空氣清淨度更顯重要。目前空氣清淨功能主要有兩種方式，一種是藉濾網、光觸媒、抗菌清淨機制等來消除室內髒空氣，可去除空氣中的灰塵、塵蟎、化學氣體，甚至可釋放負離子來吸附細菌。另一種則是在機體內安裝「防霉」裝置，避免冷氣啟動後機體內部因水珠凝結與空氣中的塵埃雜質混合而產生霉味。「防霉」作用是保持機體內部乾燥，讓機器達到防霉與防鏽，使得吹送出來的空氣更加乾淨。

▲ 在思考空調機體擺放位置考量樑、窗戶等物件，擺放在樑旁邊、邊几上方避免干擾整體設計感。

? 裝修迷思 Q&A

Q. 加裝吊扇可讓室內更均冷嗎？

A. 一般來說，吊扇能增加空氣對流，進而加速冷房效果。但不規則空間 以 L 型為例，因為氣流不會轉彎，所以最好在轉彎分出的兩個區塊中，各裝設一台空調，如果預算只夠裝一台，建議可在轉彎處放一台電風扇，幫助氣流循環，但千萬不要在空間中裝設會將冷氣打到地上的吊扇，反而會更讓冷氣無法流竄至其他空間。

Q. 冷氣機電壓有分 110V 和 220V，二種有何差異？

A. 台灣住宅的電力配置多以單相 110V 和 220V 電壓為主，工業或商業用電則有 380V。以冷氣來說，除非是老舊房子沒有 220V，必須購買 110V 的冷氣，否則建議購買 220V 的冷氣機種，用電安培數較小，相對也較為省電。

裝修名詞小百科

EER 值愈高愈省電：能源效率比 EER（Energy Efficiency Ratio）值，是以冷房能力除以耗電功率 W。也就是說，冷氣機以額定運轉時 1w 電力 1 小時所能產生的熱量（kW），EER 值是代表冷氣效率的重要指標，此值愈高即愈省電。

能源效率分級標示制度：經濟部自 99 年 7 月 1 日起實施冷氣與冰箱之能源效率分級標示制度，依 EER 值的高低將電器分為 1 級藍色、2 級綠色、3 級黃色、4 級橘色，以及 5 級紅色，最高第 1 級為最節能，依此類推。消費者可依標章辨識產品能源效率，以便購買省電綠色產品。

老鳥屋主經驗談

Nicole 冷氣機體因有部分露在屋外，因此住家地理環境也需一併考慮，如士林、北投或溫泉區，因有硫磺氣容易腐蝕金屬，冷氣需再加做防硫功能處理；至於基隆、淡水地區則因沿海空氣鹽份含量較高，室外機最好具有防鏽功能。

Chole 我們家裝的是壁掛式冷氣，因為爸爸擔心吊隱式冷氣一旦做了天花板，房子會變得更矮，不過後來管線有發生漏水的情形，才知道是師傅當初施工不確實，以後如果再裝修要特別注意。

PART 3 挑選暖風機

照著做一定會

Point 1 依熱源系統挑選

熱源系統 01 ▶鹵素燈管：適合小區域暖房、可兼作照明

鹵素燈管電暖器是靠燈管內的電熱絲發熱產生暖氣，因為電熱絲發紅時溫度相當高，所以不小心碰到水，燈管可能因冷熱差而破裂或減短使用壽命，另外，長期置放於潮濕環境也容易發生線圈迴路短路的問題，另外，鹵素燈暖風機會因距離而影響熱度，越靠近發熱源熱度越高，距離越遠則有溫差，最適合小區域暖房使用。而其優點則是可作為浴室另一項照明功能。

熱源系統 02 ▶陶瓷燈管：兼具抽、排風乾燥與暖房功能

以電流通過陶瓷板進行加熱，在利用風扇循環擴散熱器，由於陶瓷加熱不像燈管加熱耗氧量較高，加上機器耐濕，更適合於浴室使用，抽送風扇式的陶瓷電暖器可內嵌於天花板中，作為抽、排風、乾燥、暖房用，不過其缺點為風扇噪音較大。另外，吹送出的風離陶瓷燈管越遠，所產生的溫度遞減也越快，尤其當在沐浴中身體淋濕後再吹到風時，反而會覺得冷。

熱源系統 03 ▶碳素燈管：遠紅外線光不刺眼、暖房速度快

碳素燈管原理與鹵素燈管相似，但是將燈管中間的金屬絲改以碳素纖維，常見以金屬絲表面加碳素纖維，或是碳素纖維與金屬燈絲並用的方式，藉由碳素纖維發熱而散發出遠紅外線來傳遞熱能。碳素燈管的光線較不刺眼且可防水，熱轉換率高，達到暖房效果的速度快，相對也較省電。但其缺點為主機附近的溫度稍高。

▼ 暖風機不僅能夠提供舒適的洗浴溫度，並能在短時間將濕氣帶離浴室，改善潮濕及發霉的惱人問題。

圖片提供 © 麗舍生活國際股份有限公司

Point 2 從坪數大小選暖風機功率

坪數 01 ▶浴室面積約 1 ~ 2 坪

建議可使用 110V，熱能功率 1150W 左右的浴室暖風機，但仍應採獨立電源使用才安全。目前市面上廠牌不少，例如日本 TOTO、三菱、康乃馨、阿拉斯加、Panasonic 等。

坪數 02 ▶浴室坪數約 4 ~ 5 坪

大坪數浴室建議選用獨立電源 220V，2200W 左右的高熱能功率浴室暖風機，會比電源 110V 的機種來得省電，因機器價差僅約 NT.1,000 ~ 3,000 元左右，但是日後在電費上的長期支出，會產生相當可觀的價差。目前市面上只有日本品牌可以做到電源 220V、功率高 2200W，還具備無線遙控功能；而其它廠牌雖有 220V 電源，但功率僅 1100W 左右，無法真正達到省電功效，也只能以有線遙控操作。

圖片提供 © 生原家電股份有限公司

▲ 安裝暖風機時需要注意必須使用無熔絲開關，並採用獨立迴路，不與其他電器共用。

Point 3 何種家庭狀況最需要安裝暖風機

狀況 01 ▶有幼兒及長輩的家庭最需要

家中有小嬰兒的父母最能體會，冬天幫寶寶洗澡就像是大作戰一般，要速戰速決，怕是讓孩子冷到，其實只要加裝一台浴室暖風機就能讓怕冷的人在暖呼呼的浴室中開心洗澡，當然，家中的長輩或體弱的成員都應該有這樣的照顧，才不會因天冷洗澡而受寒。

狀況 02 ▶無對外窗或換氣功能差的潮濕浴室

浴室若無對外窗或空氣流通性不佳，則容易因長期潮濕而孳生黴菌，不僅有害健康，也會因地板溼滑而提高浴室的危險性，因此為了家人健康安全著想，可在浴室內加裝具有乾燥或換氣功能的暖風機，除了可在短時間內讓浴室乾燥，維持乾淨、衛生、安全的環境，甚至下雨天也不怕沒地方晾衣服，因為只要將浴室暖風機打開就可讓衣物快速乾燥。

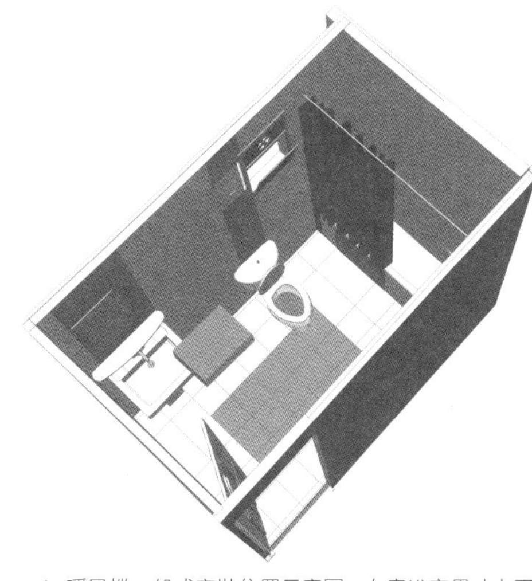

▲ 暖風機一般式安裝位置示意圖。在意浴室異味者可將抽風口安置於馬桶上方。

Point 4 嵌入式暖風機的安裝環境及注意事項

安裝重點 01 ▶重視暖風、乾燥者，安裝於浴室中間

想要暖風機的熱擴散效果更好，需注意機器裝設的位置，最好是安裝在浴室中央處，如浴室為乾濕分離設計，則建議將機器裝在乾燥區，再將出風口對著淋浴間，如此洗澡時可獲得最佳暖房效果，若要讓浴室乾燥時則只需打開淋浴間門，讓暖風吹到裡面烘乾即可，若擔心廁所異味者則可將排風口安裝於馬桶上方。

▼ 暖風機機體與天、地、壁必須保持適當距離，例如距離地面至少需有1.8公尺以上。

圖片提供 © 濱邦空間室內設計

安裝重點 02 ▶與天、地、壁之間必須留有安全距離

嵌入式暖風機機體須與天、地、壁之間保持一定距離，首先機體距離地面需有 1.8 公尺以上，與天花板之間因需要加裝排氣孔，所以天花板與樓板間高度不能小於 30 公分，若牆壁無排氣孔則須另外鑽孔，而排氣孔與牆壁間距離至少要在 20 公分以上。

安裝重點 03 ▶確認天花板結構的強度

由於暖風機機體是被懸空架設於天花板之內，雖然支撐骨架所用的角料無論是三夾板或 PVC 材質皆可，但必須挑選強度較佳的材質，而且確實安裝使之牢固，才不用擔心天花板塌陷的危險發生。

▼ 暖風機乾濕分離式安裝位置示意圖。避免將機體安裝於浴缸或淋浴處上方，導致機器受潮，縮短使用壽命。

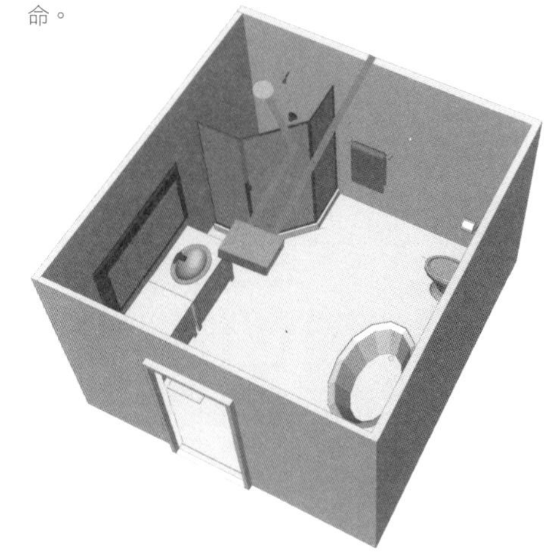

? 裝修迷思 Q&A

Q. 浴室暖風機可防潮，清潔時水洗也沒關係？

A. 暖風機即使有防潮功能仍不可直接以水沖洗，而且機體各部都不能直接噴灑水，以免造成馬達故障或加熱器漏電等危險。在清潔上約三個月清潔一次過濾網，以防止灰塵阻塞，而面板汙垢則可用中性清潔劑以溫水溶解後擦拭即可。

Q. 暖風機安裝的時機要在裝潢前或裝潢後呢？

A. 因嵌入式暖風機需由面板來控制，所以必須在浴室尚未貼磁磚前先預留管線位置，另外，若選用 220V 的機型則需要專用電源及獨立開關，建議裝設前最好請水電工程檢視並規劃好電力線路，以免發生危險意外。

裝修名詞小百科

暖風機瓦特數：也就是發熱功率，瓦特數越高加熱速度越快，所以越大空間相對要選擇越高的瓦特數，不過若是空間坪數大，但又不想選擇瓦特數較高的機種，也可將設定時間加長，同樣可達到暖房效果。

暖房效率：意指在一定時間內讓特定空間內的溫度上升，並藉由風扇達到快速均溫效果，而非只在暖風機前才有高溫，建議浴室內應挑選快速暖房效率者，避免洗澡前須久候，或洗完澡浴室才慢慢變暖。

老鳥屋主經驗談

Nicole 浴室暖風機真的很好用！雖然我們家通風很好，可是像這次坐月子、幫寶寶洗澡更深深覺得暖風機的必要性，冬天的時候也才不會太冷。

Chole 以前舊家沒有安裝暖風機，這次搬家裝潢特別安裝暖風機，不只是冬天洗澡比較溫暖，浴室也能保持乾燥，而且如果夏天洗澡霧氣太大，開一下對流也比較舒服。

Project 21

衛浴

回家好紓壓，沐浴泡澡超舒服

衛浴設備雖然已走向設計感、精緻化的造型，然而仍須回歸基本的實用性，材質、功能的選擇格外重要，才能提供舒適的沐浴環境。

重點提示！

PART 1 淋浴花灑

花灑走向精品概念設計，並出現加強節水節能的環保訴求，固定、手持花灑還是較為貼近屋主的使用習慣。→詳見 P250

PART 2 面盆

面盆材質相當多樣化，包含陶瓷、石材、玻璃、金屬等等，以空間使用、搭配性來説，白色面盆還是居家裝潢首選。→詳見 P252

PART 3 浴缸

浴缸的價差非常大，鑄鐵浴缸體積笨重、壓克力浴缸的保溫效果好，浴缸安裝後 24 小時之內不宜使用。→詳見 P254

PART 4 馬桶

近來越來越強調馬桶的省水功能，帶動免治馬桶的趨勢，省水馬桶建議以助壓式、奈米陶瓷材質、兩段式沖水為佳。→詳見 P256

PART 5 水龍頭

主體芯大多以陶瓷芯材質為主，可使用 10 年以上，外材質建議選用不鏽鋼，兼具環保也較耐用。→詳見 P258

職人應援團出馬

圖片提供 © 演拓空間室內設計

工程職人

演拓空間室內設計 張德良、殷崇淵

1. 洗手台後可規劃淺平台超實用。一般人在使用洗手台時，總會有瓶瓶罐罐的，因此建議不妨在洗手台後方至壁面設計淺平台，距洗手台高約 7 ～ 10 公分，寬度約 10 ～ 12 公分，置物順手又好用。

2. 選擇埋壁式馬桶，清潔真方便。一般中古屋在裝修衛浴時會遇到馬桶位置變更的問題，而必須架高地板十分不便。建議不妨選擇埋壁式馬桶，即不用更改地板高低差問題，而且懸空馬桶在清潔上也十分方便。

圖片提供 © 摩登雅舍室內裝修

風格職人

摩登雅舍設計 王思文、汪忠錠

1. 鏡後燈光設計照出好臉色。一般人都會在衛浴空間梳妝打扮，因此建議在選擇洗手台的鏡面玻璃時，不妨嵌入間接燈光照明，不但可以讓牆面有層次感，透過間接照明在清洗或保養化妝上，也讓臉色更好看。

2. 在乾溼分離處加設塊毯，衛浴不再溼搭搭。雖然衛浴做了乾溼分離，但往往在使用上覺得溼搭搭的感覺，建議可以在乾溼分離的入口處加塊地毯，不但可以吸附住由淋浴間或泡澡區帶出來的水外，更可以保持衛浴其他地方乾燥，不易產生滑倒的顧慮。

寢具職人

寬庭 Kuan's Living

1. 優雅亮眼的浴巾帶出衛浴空間好心情。別小看浴巾扮演的角色，除了是擦拭臉部或身體的作用外，選擇具備優雅亮眼的色澤，功能上高度柔軟和良好吸水功能的毛浴巾，也能點亮素靜的衛浴空間，並讓良好的視覺感與觸覺敢，帶來優美的衛浴時光。

2. 運用香氛為衛浴帶來舒適氣味。想快速為浴室除臭嗎？運用 100% 純天然的香氛帶來的效果吧。它不僅讓人在嗅覺上產生愉悅感，無論是香氛杯臘還是香皂，都是衛浴空間裡很好的裝飾小物，會帶來柔和而浪漫的愉悅感。一般來說，薰衣草、甜馬鬱蘭、芫荽仔會讓人有舒眠放鬆感，而選擇檸檬、甜橙、葡萄柚、大西洋雪松、丁香、佛手柑，會讓人精神愉悅，適合出門時使用。另檀香、薰衣草、杜松、天竺葵有沉澱心情；玫瑰、鳶尾花、紫羅蘭則帶來幸福感，可視情況選擇。

圖片提供 © 寬庭 Kuan's Living

PART 1 淋浴花灑

照著做一定會

Point 1 認識固定、手持、花灑種類

種類 01 ▶固定式花灑

分成外掛式和埋壁式，通常固定於牆壁或是天花板。外掛式花灑若有問題較容易維修；埋壁式花灑則藏於天花板內，維修較不容易。

種類 02 ▶手持花灑

最常見的是手持式蓮蓬頭，構造簡單，裝設原理較不複雜，又方便使用，不論裝在浴缸上或淋浴間都很適合。

種類 03 ▶花灑淋浴柱

包含頂端花灑、手持蓮蓬頭、淋浴柱等等產品。使用者可依自己的喜好，挑選含有不同功能的淋浴柱，例如水溫記憶、按摩噴頭、自動控溫等等，選擇相當多元化。

圖片提供 ©TOTO

▲ 隨著現代人愈來愈重視家居空間設計，衛浴設備產品除了實用之餘，也很重視外型。

Point 2 省水蓮蓬頭款式

款式 01 ▶氣泡噴灑型

利用起泡作用使空氣混入微小水滴，能造成較大的濕潤面積，並減少使用水量，即使是壓差小的高樓層使用，也不會降低出水量或沖洗力。

款式 02 ▶霧化型

此款蓮蓬頭可產生許多小而霧化的水滴，使濕潤面積變大而減少用水量，水打在身上的感覺較輕柔，不會有疼痛感。

款式 03 ▶具暫時控制開關型

蓮蓬頭上附有控制開關，可在洗澡擦肥皂時先將水流暫停，避免浪費用水，但必須注意是否有定溫設計，也就是開關前後須保持同樣水溫，才不會引起燙傷的危險。

款式 04 ▶固定節流型

將節流器埋入並固定在蓮蓬頭內，但節流器會使水流速度降低，水量減少，因此較不適合低樓層或水壓不同的的居家使用。

▼ 造型簡約中帶現代感，讓衛浴空間也能很有時尚感。

圖片提供 © 麗舍生活國際股份有限公司

Point 3 掌握材質特色

材質 01 ▶黃銅鍍鉻

黃銅製的花灑使用年限長、耐撞擊外，單價比較高。

材質 02 ▶塑膠鍍鉻

塑膠製的較耐用，但一般人會有因不耐熱而散發有毒物質的疑慮。基本上平常衛浴時的溫度並不會高於四十二度，因此塑膠類花灑仍可安心使用。

材質 03 ▶不鏽鋼

不鏽鋼材質因無法做出造型上的變化，因此較少見。

? 裝修迷思 Q&A

Q. 我家住在頂樓，水壓平時就有不足，適合安裝淋浴柱嗎？

A. 裝淋浴柱的水壓至少要 2 公斤以上，若水壓不夠，可以加裝抽水馬達增加水壓。購買淋浴柱時，一定要先詢問此款淋浴柱所需水壓量。如果擔心水壓不足，建議購買所需水壓量較小的產品，以免購買安裝後，無法使用。

Q. 聽說現在蓮蓬頭也有省水裝置，在選購時有什麼注意事項嗎？

A. 通常省水型蓮蓬頭流量，每分鐘約 8~9 公升，比起傳統非省水型每分鐘出水 15~25 公升，至少可節省 40% 以上。不過，省水蓮蓬頭如果設計不良，往往因流量減少及流速減緩引起使用上的不便。另一種省水方式則是在產品本身的設計上，加裝控制開關，不使用時按壓開關即可止水，尤其適用於雙把手冷熱混合水龍頭，可節省重新調節溫度所浪費之水量。

圖片提供 © 麗舍生活國際股份有限公司

▲ 像是瀑布般的花灑設計，讓淋浴的過程變得很享受。

裝修名詞小百科

花灑：花灑是近幾年流行的衛浴用品，但到底什麼叫花灑？所謂的花灑 (Head shower，也就是將傳統蓮蓬頭固定在牆壁、天花板或淋浴柱上，水由固定的花灑灑下，就不用手持著花灑洗澡。

埋壁：是指水路管線埋藏在浴室壁面或天花板內，從壁面或天花板出水，視覺上較美觀。

老鳥屋主經驗談

樂樂 噴嘴的配置數量愈多，也代表著淋浴範圍愈大，出水量自然也越多，另外還可搭配微調功能。不過還是要看家中的水壓是否充足，應該先測試自己家中的水壓量，再決定產品種類比較保險。

蔡媽媽 因為家裡住一樓，水壓比較小，所以庭院裡頭加裝了一個抽水馬達，淋浴的時候水壓才夠大。沒有加裝前，淋浴真的很不方便，水柱都很小。

PART 2 面盆

照著做一定會

Point 1 陶瓷面盆最常見

陶瓷面盆是一般最常用的材質。陶土好壞將影響硬度，陶土品質佳才能以高溫窯燒，窯燒溫度愈高，外部才能達到全瓷化，使其硬度高不易破裂。另外，若在陶瓷面盆的表面再上一層奈米級的釉料，能使表面不易沾污且好清理。

Point 2 石材面盆硬度高

石材和玻璃所製成的面盆大都是搭配整體環境，外觀造型為首要條件。其中大理石由於紋路天然細緻、硬度高，但因天然石材有毛細孔，容易藏污納垢，而且笨重不易搬動，因此在特殊公共場合較常使用。

圖片提供 © 楠弘廚衛

▲ 不要小看面盆，一個好的面盆，可以兼顧美觀和實用，讓居家生活更完善。

▼ 跳脫一般對浴室設備的純白印象，大膽使用活潑的艷麗橘色，讓整間浴室頓時變得生氣蓬勃，為空間注入現代都會的時尚設計色彩。

圖片提供 © 舍生活國際股份有限公司

Point 3 面盆安裝要注意防水收邊處理

由於面盆有分為上嵌或下嵌式，兩種安裝的檯面都要注意防水收邊的處理工作。獨立式的面盆則要注意安裝的標準程序。

Point 4 固定臉盆要確保支撐力夠

在選購面盆時，要注意支撐力是否穩定，以及內部的安裝配件螺絲、橡膠墊等是否齊全。為避免面盆掉落，可加強固定螺絲的點，可從「點」拓展成「線」或「面」，穩定度自然相對牢靠許多。面盆裝置妥善時，應檢查螺絲和面盆之間的壁面是否因旋轉過緊而出現小裂痕，若有此情形應即時反應。

Point 5 面盆尺寸需以比例衡量

有時面盆的造型好看，但安裝在空間可能會有比例上的問題。另外，材質的表現也會影響外觀，挑選時記得多方比較。

圖片提供 © 楠弘廚衛

▲ 下嵌式面盆和檯面式面盆兩者同時使用，不僅強化了機能的便利性，其溫婉的白瓷和深色浴櫃、檯面形成對比，呈現優雅自然的氛圍。

裝修迷思 Q&A

Q. 有陣子新聞常報導面盆爆炸，要如何避免？

A. 通常面盆會掉落碎裂，都是因為使用時重壓。因此在使用上切勿重壓或是倚靠在上面施力，且當面盆出現小裂紋時，就得格外注意避免擴大而發生爆裂。

Q. 使用不鏽鋼材質的面盆，是不是比較安全？

A. 不鏽鋼面盆不但耐用又好清洗，不會有爆裂的問題，但造型受到限制，對於講求整體設計的空間仍不夠精緻。若想兼顧美觀和安全，建議挑選有支架的面盆，就不會有掉落的危機了。

裝修名詞小百科

奈米級釉料：近年來蓬勃發展的奈米建材，已經可以利用在家居建材上，打造出無菌安全的居家空間，所以有廠商也將奈米科技應用在衛浴設備，強調奈米抗菌塗料，可對抗有害物質侵入人體的危險，肌膚接觸時也能安全無虞。

存水彎：最常見到的就是臉盆下方 的S型彎管，而在浴室排水管道 處也會有，主要功能在於隔絕臭 味、阻隔蟑螂及螞蟻等，通常下 方會附有檢修頭，方便檢視與維修。

老鳥屋主經驗談

Jacky 我個人是喜好陶瓷面盆，另外，若在陶瓷面盆的表面再上一層奈米級的釉料，能使表面不易沾污且好清理。

阿元 其實我一直很想替換不鏽鋼面盆，因為就不會有爆炸歸裂的危險。只是現在市面上的不鏽鋼盆都做的很難看，實在無法接受，所以我還是選擇陶瓷面盆。

PART 3 浴缸

照著做一定會

Point 1 壓克力浴缸保溫效果佳

缺點是硬度不高，表面容易刮傷，但色澤鮮艷、質輕耐用是其特點，不過由於種類多樣，因此市場上的價格落差也相當大。

Point 2 FRP 玻璃纖維浴缸價錢便宜

可大量製造，價錢相對便宜。其最大的特色在於體積輕巧與搬運安裝方便，但由於容易破裂且保養不易，也成為使用上最大的缺點。

Point 3 鑄鐵浴缸價格高

保溫效果最佳，使用年限相當長，在表面會鍍上一層厚實的珐瑯瓷釉。但價格高昂，體積笨重不易搬運。

Point 4 鋼板珐瑯浴缸光滑好整理

主要是一體成型的鋼板外層上珐瑯，色澤美觀，表面光滑易整理。保溫效果佳，但不耐碰撞。

Point 5 以指甲壓測硬度與厚度

浴缸的硬度和厚度不足時，容易出現破損，建議先敲敲看檢測為實心或空心，並用指甲壓一下浴缸，會凹陷則代表硬度不足。也可輕坐在浴缸邊緣處，感受浴缸是否穩固，會傾斜或翹起來表示穩固性可能有問題。

Point 6 浴缸安裝後 24 小時之內不要使用

浴缸安裝後填補矽膠，固化需要長達 24 小時，建議在這段時間內不要使用，避免發生滲水情況。如果安裝完畢發現浴缸使用上有滲水，建議請原本施工的師父回來查看，看是施工上出了問題，或是管線上有了毛病。

▼ 有了一個好浴缸，就能夠在家裡享受美好泡澡時光。

圖片提供 © 楠弘廚衛

▲ 浴缸的周邊都有附上白色長條軟墊，往外一推變成了浴缸兩側的靠頭軟墊、往內拉則變身成為一張柔軟的休閒床，讓人在沐浴時可以充分享受休閒與放鬆的樂趣。

? 裝修迷思 Q&A

Q. 浴缸很容易卡白色的汙垢，可以用菜瓜布刷洗嗎？

A. 清潔時要用中性的清潔劑，若使用強酸或強鹼會傷害浴缸表層。若材質為壓克力或 FPR 玻璃纖維，建議擦時用軟布去除污垢即可，不可用菜瓜布，以免刮傷表面。

Q. 新浴缸才裝沒多久，發現浴缸底部在滲水？

A. 浴缸裝設時要考慮邊牆的支撐度要夠，如果沒有做好的話，因為水量多跟少上下移位的關係，會產生裂縫進而滲水。浴缸施工時儘量避免將重物放置浴缸內，容易造成表面磨損，若不慎磨損可用粗蠟打亮。

裝修名詞小百科

琺瑯瓷釉：琺瑯在工藝上，是指以熱融方式固定於金屬、玻璃或陶質胎上的彩色玻璃質物質。琺瑯製作技法繁多，有些可為單調的金屬表面裝飾繽紛色彩，代替昂貴寶石。琺瑯基本上是困難的工藝技術，但琺瑯顏色可維持長久，但因燒融過程中金融體與琺瑯的膨脹系數不同，容易造成龜製或剝落，需要細心呵護。

老鳥屋主經驗談

威廉 浴缸裝設時要考慮邊牆的支撐度要夠，如果沒有做好的話，因為水量多跟少上下移位的關係，會產生裂縫進而滲水。浴缸施工時儘量避免將重物放置浴缸內，容易造成表面磨損，若不慎磨損可用粗蠟打亮。

Emily 我比較喜歡有腳的浴缸，就像是國外常見的那種。只是那種浴缸尺寸都很大，家裡衛浴空間不大，實在無法擺放。用泥作堆砌的浴缸，我很不錯，可以依照喜愛決定形狀和顏色。

PART 4 馬桶

照著做一定會

Point 1 馬桶與水箱設計選擇

選擇 01 ▶單體式

馬桶與水箱為一體成型的設計，多為虹吸式馬桶，特點為靜音且沖水力強，但要注意的水壓不足的地方如頂樓不適合安裝。

選擇 02 ▶二件式

馬桶和水箱分離，利用管路將水箱與桶座主體串聯，造型較呆板，優點為沖洗力強，缺點則為噪音大。

選擇 03 ▶壁掛式

將水箱隱藏於壁面內，外觀只看到馬桶。安裝時利用鋼鐵與嵌入牆面的水箱連結，優點為節省空間，缺點則為安裝手續麻煩，需事先規劃。

Point 2 馬桶沖水功能選擇

選擇 01 ▶虹吸式

要是以虹吸效果吸入污物，由於壁管長、彎度多，所以容易阻塞，用水量也比較大，但聲音相對來得小，而且存水量較淺所以不易濺出，容易清洗。

選擇 02 ▶漩渦虹吸式

運用獨立水流沖向馬桶，使水池面產生反時鐘的漩渦，原本的虹吸現象加上漩渦的導引力量，進而將污物吸出。

選擇 03 ▶噴射虹吸式

是將原本的虹吸馬桶再增加一條水道口在水封底下，沖水時增強虹吸現象，加強馬桶的沖水力道。

▼ 挑一顆好的馬桶，讓日常生活更舒適。

圖片提供 © TOTO

Point 3 注意排水方式與管距

買馬桶時除了品牌、顏色、款式以外，也要注意排水方式和管距，讓施工過程可更為順利。馬桶的形式將決定管徑（馬桶中心與壁面之間的距離），一般約在 17 ～ 30 公分之間。馬桶中心離牆面 40 公分，總長 70 公分，一個人坐上馬桶的空間最少約 70 公分。另外，馬桶不對門、不放浴缸旁，盡量放在門或牆後的貼壁角落，才能有隱私感覺。

圖片提供 © 麗舍生活國際股份有限公司

▲ 沖水式馬桶是一般家庭最常用的馬桶形式。

Point 4 安裝馬桶工法

工法 01 ▶濕式施工法

一般國內傳統都採用此施工方式，濕式施工是混合水泥砂漿後接合污水管與固定馬桶，日後若要更換馬桶，需破壞馬桶及地磚。

工法 02 ▶乾式施工

利用螺絲固定，適合用在乾、濕分離的衛浴設施。但台灣大部分的衛浴設備都集中在同一空間，會在地面製作洩水坡度，若採乾式施工法，較易產生馬桶水平不佳的問題。

? 裝修迷思 Q&A

Q. 省水馬桶沖得乾淨嗎？

A. 一般家中最常使用水箱式馬桶，而其中又以重力沖水式和助壓式最為普遍。重力沖水式雖然價格便宜，但沖刷力卻遠不如助壓式，可能需要多沖幾次浪費了水量，而利用加壓空氣增加水的沖力之助壓式，則可避免這個問題。

Q. 為什麼新買的馬桶竟然裝不上去？

A. 有幾個需要注意的地方，一是舊式馬桶管距大部份都是 30 公分左右，但是很多歐規的馬桶管距只有 10 幾公分，所以選購之前一定要詢問清楚。

裝修名詞小百科

管徑：指的是馬桶中心與壁面的距離，一般大約是 17 ～ 30 公分之間。

壁掛式馬桶：將水箱隱藏在牆面內，有別於傳統的落地式馬桶，更能清潔四周常見的衛生死角。

老鳥屋主經驗談

Tina 如果使用電腦式馬桶，設計時需要預留配電插座以及進水安裝。新成屋大多會事先在馬桶排水管附近設置電源，但不少中古屋舊屋通常沒有預留插座，需另外牽線，影響整體美觀。

阿甫 可能我做的跟影像有關，其實很重視美麗的事物存在空間內。所以就算是馬桶，我也很重視體態和材質，好看的馬桶其實真的可以為衛浴空間增色不少。

PART 5 水龍頭

照著做一定會

Point 1 材質分成銅鍍鉻、不鏽鋼水龍頭

銅鍍鉻以物理真空鍍膜融入龍頭的表面處理，呈現亮面的光澤，其緻密的鍍層讓龍頭的壽命更長久。不鏽鋼材質表面以電鍍處理，材質耐用不易變質。

Point 2 確認出水孔的孔數

在挑選龍頭時，必須先確認住家的龍頭出水孔為單孔、雙孔或是三孔，才不會選到不合用的水龍頭。

▼ 埋壁式龍頭讓沐浴區簡單且一體成形，獨特龍頭設計，提升浴室的精緻質感。

圖片提供 © 鼎睿設計

Point 3 注意出水孔的距離

在裝設時必須要確實固定，並注意出水孔距與孔徑。尤其是與浴缸或者水槽、面盆接合時，都要特別注意，以免發生安裝之後出水孔距離卻不方便使用的情況。

Point 4 注意是否有歪斜

不論是浴缸出水龍頭還是面盆出水龍頭，都要注意完工後是否有歪斜，若發生這樣的情況，需立即調整。

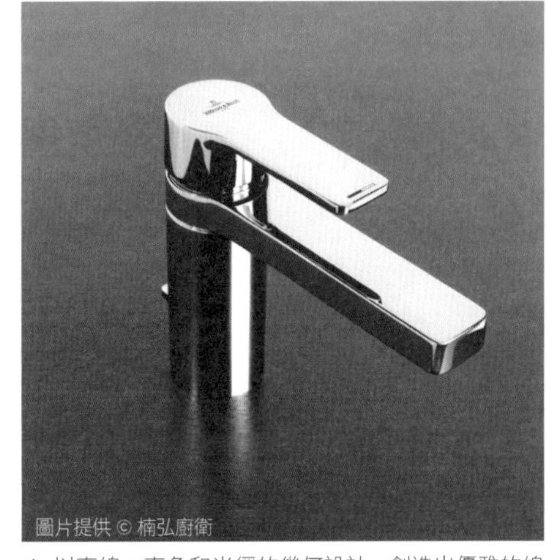

圖片提供 © 楠弘廚衛

▲ 以直線、直角和半徑的幾何設計，創造出優雅的線條。高品質的鍍鉻防刮耐磨，方便清潔，且無鉛的材質讓用水更加安全。

? 裝修迷思 Q&A

Q. 平常都用菜瓜布刷洗龍頭，久了就出現刮痕好討厭。

A. 建議使用清水和棉布輕輕擦拭即可，若使用不當的清潔劑，會造成掉色的危險。如果清水和棉布無法擦掉髒污，可改用中性清潔劑，但千萬不可以用菜瓜布刷洗，以免破壞龍頭表面的電鍍，讓龍頭表面刮傷而永久受損。

Q. 住在溫泉區，龍頭老是會硫化！

A. 龍頭材質有鋅合金、銅鍍鉻、不鏽鋼等，不鏽鋼則因不含鉛，兼具環保與健康，使用年限也較長，也較耐用、不易產生化學變化，因而常適用於溫泉區。但也因材質不易塑型，在整體造型受限，而無法有多種變化。

裝修名詞小百科

水壓檢查：主要為檢視水龍頭的水量大小是否足夠。若發現水量不夠大，記得檢查一下水龍頭出水口處的濾網，是否有雜質或被小石子堵塞，導致水量變小。

◀ 簡約的出水設計，營造出現代時尚感。金屬製的外身，延長耐用年限。

圖片提供 © 楠弘廚衛

老鳥屋主經驗談

May 要讓水龍頭保持跟新的一樣，其實很簡單，平常隨時保持龍頭乾燥，就能預防水漬的問題，浴室可放一條乾抹布，洗完澡之後順手擦一下，就比較不會留有水漬喔。

Robert 水龍頭安裝好之後一定要注意看有沒有歪斜，當初裝水龍頭的時候就發生水平沒抓好，結果看起來歪歪的，幸好我在現場就趕快請師傅調整。

Project 22

傢具

坐臥躺都舒服，把錢花在刀口上

硬體空間規畫好之後，隨之而來的是傢具課題，而傢具採購往往令屋主產生疑惑，究竟該買多大？材質之間的差異性又是什麼？一次告訴你傢具採購的完整概念。

重點提示！

PART 1 沙發＋單椅挑選

小坪數的沙發以標準三人沙發 210 公分寬，深度在 90 公分或以下為佳，單椅則在深度 80 公分以下為主，型式以圓形最適合。大坪數的沙發、單椅尺寸較不受限制，沙發深度可挑選歐規 110 公分以上會更舒服。→詳見 P262

PART 2 餐桌＋餐椅挑選

小坪數餐桌可選擇附有伸縮桌板款式，能隨時因應人數的增減改變大小，餐椅也能挑選折疊款，空間更好運用，而大坪數一般多以 90X160 公分的標準規格為主，如餐桌兼具工作桌亦可挑選大一點的規格。→詳見 P264

PART 3 書桌＋書桌椅挑選

小坪數的書桌深度不要超過 70 公分，寬度在 150 公分以內為佳，書櫃一般寬度約 5 ～ 7 尺左右。大坪數書櫃一般寬度約 5 ～ 7 尺左右，空間許可下可多買幾組同類型款式搭配。→詳見 P266

PART 4 床架挑選

排骨架是藉由一根根橫木板所組成，便利使用者拆解組裝，透氣性也較傳統床板來得好，如果要在床鋪下方加入收納機能，則建議使用整面一體的傳統床架。→詳見 P268

職人應援團出馬

傢具職人

思夢軒寢室精品館

1. 沙發保養有訣竅，清潔常保皮膚健康。現代人對沙發的選擇有自己的主張，因此市面上什麼沙發型態都有。但若是過敏體質或皮膚不好、容易出汗的人，建議選擇皮革製品沙發或自然材質如籐製或木製品較佳。尤其台灣屬亞熱帶環境，易潮溼納垢，這類自然材質的沙發或家具組在清潔及保養上，平均每二個月要做一次擦拭，即方便又容易且耐用。若是布沙發則建議每季要大清理一次較佳。

2. 結合視聽功能的沙發組機能強。若家裡有家庭視聽設備的人，因長時間坐在沙發上看電視或欣賞影片，因此建議不妨挑選機能性強的沙發，像是除了符合人體工學設計外，背部、頸部與腰部都要有支撐等等，讓身體呈現最舒適的情況下將身心都完全放鬆。

圖片提供 © 思夢軒寢室精品館

色彩職人

養樂多__木艮 詹朝根

圖片提供 © 養樂多__木艮

1. 注意尺寸與空間比例的重要性。在選購傢具時，要注意空間是否能放得下，否則會讓空間更顯擁擠，而使得傢具不適用。像是台灣流行美式鄉村風，但以正統的美式沙發卻不適用於台灣狹小的空間格局，因此建議不妨挑選英式沙發搭配一張單椅來很比較恰當。

2. 挑選符合人體工學的椅子。無論是什麼椅子，建議最好還是到現場選購，並試坐才知好不好，適不適合。以餐椅為例，為配合餐桌高度，寬多介於 42 ～ 46 公分左右，座高一般多為 45 公分。至於書桌椅因長時間工作，則建議選購好一點的人體工學椅，在在腰部、上背部及把手要有支撐，對人體最好。

寢具職人

寬庭 Kuan's Living

1. 沙發加靠墊，使用功能多。有時不一定要換整組沙發，運用飾品也可以讓舊家具回春。例如靠墊抱枕除了也是很好的居家空間裝飾，大靠墊可以用來作坐椅時頭部背墊，小靠墊則可以放置在雙臂之下，側躺時當抱枕，甚至夾在雙腿之間，帶給人體舒適的機能性。

2. 結合視聽功能的沙發組機能強。若家裡有家庭視聽設備的人，因長時間坐在沙發上看電視或欣賞影片，因此建議不妨挑選機能性強的沙發，像是除了符合人體工學設計外，背部、頸部與腰部都要有支撐等等，讓身體呈現最舒適的情況下將身心都完全放鬆。

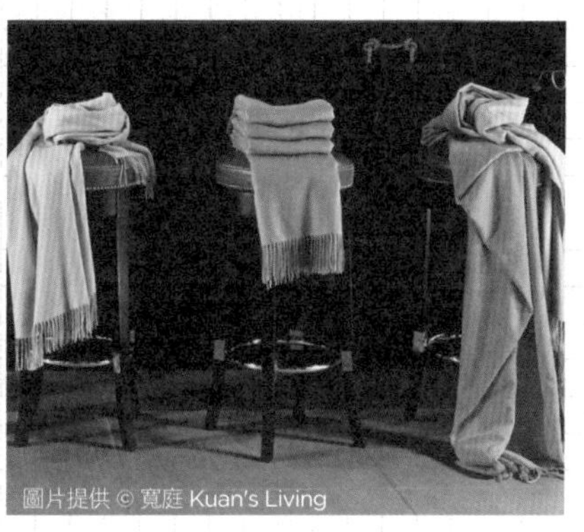
圖片提供 © 寬庭 Kuan's Living

PART 1 沙發、單椅挑選

照著做一定會

Point 1 沙發和單椅要有反差

沙發和單椅的材質和造型要有對比和反差，才能製造空間中的律動與視覺效果。

Point 2 注意沙發內部細節

挑選沙發應注意泡棉的等級、獨立筒的耐用程度、是否含有甲醛及甲苯，最好能請店家提出證明。

Point 3 量好尺寸再購買

購買沙發前一定要測量好尺寸再挑選，而且要親自試坐才行，不要嫌麻煩只用看的就下手。

Point 4 試坐了解舒適度

選購沙發時，除了試坐還要注意沙發後背高度是否適中、坐墊海棉材質是否有足夠支撐力，這些都是影響舒適度的因素。

圖片提供 © 寬月空間創意

▲ 電視櫃不要設計在背光處和動線處，避免光線不佳、看電視時老是被打斷的困擾。

客廳沙發茶几如果擺的不好不對，就會造成客廳空間看起來更小，或是動線不順不方便。

Point 5 皮沙發不適合貓

若家中有養貓，最好捨棄皮革沙發，盡量選擇塑膠類或絨布、麂皮製的傢具，改以皮製的抱枕加以點綴。

Point 6 貴妃椅可和沙發對比

貴妃椅的材質、造型、顏色可和沙發不同，例如素色的沙發就可以搭花布的貴妃椅，讓傢具與傢具間有所對話。

Point 7 玻璃材質製造穿透感

茶几可選擇圓形或不規則形狀的玻璃材質，製造穿透感及生動度。

Point 8 茶几可選玻璃材質

為了讓空間更加穿透，也可選用高度較低的大茶几，大約比沙發低 10 ～ 15 公分左右。

Point 9 電視櫃著重功能性

電視櫃的功能性非常重要，至少要有擺放 DVDPlayer 的位置，簡單的抽屜及收納功能也是必要條件。

圖片提供 © 寬月空間創意

▲ L 型規劃非常適合組合式傢具，或是成套的傢具，讓人感覺較為舒適輕鬆不拘束。

? 裝修迷思 Q&A

Q. 我們喜歡大螢幕的觀賞效果，螢幕越大看起來越過癮。

A. 客廳沙發與電視之間的距離愈長，電視螢幕的大小就必須愈大，這應該算是基本常識，但是透過更精準的數據來選擇，會讓客廳比例更好，空間看起來更大。（尺寸換算：一呎〈1'〉等於 12 吋〈12"〉、一吋等於 2.54 公分、一呎等於 30.48 公分！）沙發與電視距離 210 公分，建議選擇 32 吋螢幕，距離 245 公分，建議選擇 36 吋螢幕，305 公分左右，則是大約適合 42 吋螢幕。

Q. 要以格局挑選傢具，還是以傢具喜好為主？

A. 挑選傢具應以空間架構為主，且一定要考慮到使用習慣與需求，若過度以傢具喜好為主，容易造成空間不對稱，過大的傢具會影響動線，過小的傢具則影響視覺比例，所以應該先了解格局的關聯性，再去測量尺寸、挑選傢具，如果先買好傢具再設計格局，往往會演變成空間遷就傢具規格的狀況，可能會造成不必要的空間浪費，正確的觀點應該是了解格局與動線後再挑選傢具。

裝修名詞小百科

仿古傢具：主要指的是將全新的傢具依照過去經典傢具元素，刻意在色澤及表面上營造歲月痕跡、做出舊傢具味道。

復刻傢具：依照原舊款經典傢具造型材質，重新打造出幾乎一模一樣的新傢具，有的知名品牌傢具，會將旗下幾款最知名的絕版經典傢具重新進行復刻再限量銷售，但目前提到所謂的「復刻」，多半指的是「仿製」的傢具，也就是仿冒傢具，在網路上常看到許多傢具賣家自稱商品為「復刻版」，購買時還是要小心。

▼ 沙發深度建議以 85 ～ 95 公分為佳，若希望坐著還能舒服地盤腿，則深度需到達 100 公分。

圖片提供 © 雲墨空間設計

老鳥屋主經驗談

威廉 不管空間有多小，我覺得沙發和茶几、電視櫃的寬度最好要留至少差不多 60 公分左右，保留一個人可以走的動線，才能方便活動。

阿元 我家坪數沒有很大，所以我沒有買茶几，而是用邊几取代，再搭配一字型沙發讓客廳空間比較寬敞。

PART 2 餐桌椅挑選

照著做一定會

Point 1 留意木製桌面

餐桌材質以實木為佳，但有些餐桌的木製桌面可能不好清理或不耐熱，因此必須特別留意。

Point 2 玻璃和大理石材質易清

餐桌一般不建議挑選冰冷的大理石材質，或會看到椅腳、造成混亂感的玻璃，但若是很注重餐桌保養及清潔的人，則可選擇大理石面或玻璃面材質。

Point 3 特殊單椅不宜當作餐椅

雖然單椅也能拿來當作餐椅，但若是獨特性強烈的單椅則不適合作為餐椅，較適合放在客廳或角落，一來能散發自己的魅力，二來也不會讓餐廳顯得突兀。

▼ 餐桌與餐椅的搭配除了風格色系外，還需注意尺寸與人數的配合。

圖片提供 © 寬月空間創意

圖片提供 © 寬月空間創意

▲ 餐桌長度以 190 ～ 200 公分為佳，可同時作為工作桌使用。

▼ 餐櫃與餐桌間的距離也要注意，開抽屜或開門，都要避免與餐桌衝突，至少需 70 ～ 80 公分左右為佳。

圖片提供 © 寬月空間創意

Point 4 餐椅不需成組購買

餐椅不一定要成組購買，可選擇不同形式及元素的單椅代替，讓來訪的朋友以椅子認座位，製造社交話題。

Point 5 餐椅張數無須買齊

餐椅張數不需要全部買齊，可用其他空間的單椅代替，讓椅子變成可機動使用的單品。

Point 6 布料材質不耐髒

餐椅盡量不要選購難清理的布料材質，以皮質或塑料為佳，同款式的皮質單椅還能營造餐廳的正式感。

Point 7 板凳椅彈性大

除了單椅之外，搭配可坐多人的實木或布面板凳也是不錯的選擇，能讓餐椅的使用彈性更大。

▲ 需注意椅子拉開後的距離感，餐椅距離牆面若為通道要距離 130 ～ 140 公分，不需走人距離約為 90 公分。

Point 8 餐椅不宜太重

餐椅拖拉的機率很高，過重會不方便使用，因此不要選購太重的椅子，在空間允許下，也可選擇有扶手的餐椅。

Point 9 餐桌可選特殊造型款

若打算將餐桌當成書桌、工作桌使用，可選擇具有造型、藝術感的款式，打破以往傳統方正的餐桌形象。

? 裝修迷思 Q&A

Q. 網路上的傢具可以買嗎？

A. 先看看賣家的評價如何，再來就是有無提供傢具的細部照，最後一定要親自到實體店面看實品，千萬不要只看圖片就下標購買，尤其是高單價的傢具更要謹慎三思。即使賣家在站內的評價不錯，也別完全相信，最好再上知識＋或其他討論版搜尋，利用網友的經驗分享試探賣家真正的風評。

Q. 餐椅的風格都需要一致嗎？

A. 餐椅以不超過兩種風格為限，假設需要六張餐椅，則建議四張同風格、兩張不同風格，在變化中又不失穩定感。但以整體風格來說，假設客廳走鄉村風，那麼餐廳也必須有鄉村風傢具，讓不同風格的存在合理化，達到互補性。

裝修名詞小百科

老件傢具：指的則是真的舊傢具，分為兩個部分，一個是具有蒐藏增值及藝術價值的古董傢俬真品，另外一種則是流傳已久、年代不可考的舊傢具重新修復。

二手傢具：顧名思義，就是經過轉手的舊傢具，也許年代並沒有很久遠，也有可能是人家丟棄或不要的傢具重新修復後再出售的，就像是「二手衣」一樣。

老鳥屋主經驗談

蔡媽媽 我比較有潔癖，所以當初挑選餐桌的時候特別注意好清潔的問題，最後銷售人員推薦我用大理石，真的很好擦拭，餐椅則是買皮革材質，也能簡單擦拭。

Sandy 買傢具一定要非常注意材質的耐用性，我們家餐椅買的是刷白鄉村風款式，才坐沒幾次居然發生椅座裂開的問題，真的很扯！詢問廠商之後也無法解決，感覺很悶。

PART 3 書桌椅挑選

照著做一定會

Point 1 了解需求再買

選購書桌前必須先了解自身需求，適合單體的書桌或組合隨機改變的書桌造型。

Point 2 書藏量多宜選實木材質

如果書的收藏多，盡可能不要買系統組成的書櫃，因塑合材質較不耐重，以實木或木芯板為基底的板材為最佳。

Point 3 書椅以方便舒適為主

需長期久坐的書椅，最好選擇設計符合人體工學、支撐力好、有輪子的款式，方便移動拿取資料，但若地板鋪設木材質，則不適合選購有滾輪式的椅子。

▼ 工作用的書桌要夠大，至少深度要有 70 公分，最好旁邊能有備桌放置資料，可靠牆擺放並面採光。

圖片提供 © 雲墨空間設計

圖片提供 © 雲墨空間設計

▲ 選購書桌前必須先了解自身需求，適合單體的書桌或組合隨機改變的書桌造型。

Point 4 現代線條好搭配

辦公椅的造型以現代線條為佳，或選擇可升降的塑料椅，較能和整體空間搭配。

Point 5 造型避免笨重感

辦公椅以方便工作為取向，因此舒適是首要條件，顏色可以選擇好搭配的黑色，在造型上則避免過於笨重的款式。

Point 6 閱讀用書椅不需輪子

若閱讀、上網的時間長，書椅最好不要有輪子，才不會一直滑動影響活動進行。

Point 7 可用單椅取代書椅

可使用餐椅或單椅代替書椅，但注意尺寸必須寬一點，大約介於餐椅與單人沙發的尺寸之間，坐起來才會舒適。

Point 8 沙發床要好移動

沙發床一樣要試躺，也必須好移動，使用時才不需大費周章搬動。

▲ 一般而言，在心理安全性上人的視線必須對應門口，因此坐的方向不要背門，也就是椅背不要對著門。

? 裝修迷思 Q&A

Q. 可以用單椅取代書椅嗎？

A. 答案是沒問題的，但注意尺寸必須寬一點，大約介於餐椅與單人沙發的尺寸之間，坐起來才會舒適。此外，需長期久坐的書椅，最好選擇設計符合人體工學、支撐力好、有輪子的款式，方便移動拿取資料，但若地板鋪設木材質，則不適合選購有滾輪式的椅子。

Q. 書桌可以選擇正方形的嗎？

A. 較佔空間的正方形並不適合當書桌，所以最好不要以麻將桌當書桌，造型上可選擇線條柔和的弧形。

裝修名詞小百科

裝飾性設計：當設計師在某個物體或設計上加上顏色、線條、質感和花樣時，就產生裝飾性設計。

結構性設計：任何設計的整體考慮因素，包含尺寸、比例、形狀、材質選擇和構造方式，都會決定結構形式。成功的結構性設計表現在毫無裝飾的外觀、材料妥善運用和各組成物件之間的連結上，具有適當的比例、大小、形狀和機能。

老鳥屋主經驗談

Max 我們家的書桌是偏向上網、休閒閱讀用途，高度有稍微設計低一點，差不多在 72 公分左右，用起來很舒服，而且設計師是規劃長型桌面，以後也能和孩子一起用。

Robert 書櫃應該是設計在書桌後方，最方便拿取，另外我也在書桌上方添購小型書架，都是不錯的選擇。

PART 4 床架挑選

照著做一定會

Point 1 排骨架不宜搭配彈簧床墊

因無法要求排骨架間距與床墊彈簧排列方式、大小相同，容易造成床墊彈簧找不到支撐點，促使彈簧下陷或卡在排骨架的間距中，而造成床墊無法支撐身體，甚至縮短床墊使用壽命。若真的希望使用排骨架，則建議床板上放置木板墊片，或排骨架間距以不超過 2cm 為原則。

Point 2 選用掀床要注意氣壓棒品質

掀床的優點在於床架的支撐性較好，收納更加一目了然，但需注意氣壓棒品質要夠好，並且上層床墊如果太重或較高的話，就不是那麼好用了，且更需注意使用上的安全問題；反之，床下抽屜收納空間雖較掀床少，卻方便使用者拿取收納，但床板的支撐性卻比較差，用久了容易產生變形的情況，是值得注意的地方。

Point 3 金屬床架維護不易

鍛鐵床纖細量體並具多變造型，因而受到喜愛，但由於金屬比熱小，冬季比較冰冷。此外，如果床架金屬材質品質不佳，不僅維護上易有生鏽問題，隨使用時間一長，更容易發出雜音干擾睡眠。

Point 4 床框外型簡約俐落

除了一般常見的木頭床架之外，床架樣式還有床框，外型俐落、好看，但床框四周會多出框架厚度，所佔面積較一般床架大些。

Point 5 四柱床適用大坪數

四柱床典雅華麗，可加上紗幔讓睡眠空間更加安穩隱密，但其通常體積較大，所需空間高度也較高，並不適合小坪數或低矮空間，容易導致壓迫與不適之感。

▲ 臥室裡最大的傢具就是床具，床架的形式及風格會影響臥室整體的氛圍及表現。

▲ 掀床的優點在於床架的支撐性較好，收納更加一目了然，但需注意氣壓棒品質要夠好。

Point 6 電動床可調整床墊彎曲度

電動床可配合使用需求，藉由遙控方式局部調整床墊的彎曲度，由於左右兩側床墊分開，床上的兩個人不會互相干擾，但目前在台灣普遍率仍舊不高。採購上，多會搭配床墊一起購買。

Point 7 床板種類影響軟硬度

種類 01 ▶板床

大塊木板片是一般比較常見的床板類型，造型簡單。如果希望能在床鋪下方加入收納機能（如：掀床或抽屜）的話，則會建議使用整面一體的傳統床架。

種類 02 ▶排骨床

即以木料為素材，彈性夠、透氣佳是它的優點，雙人床按照結構組成可分為兩種，一種是採單排的木條排列，由於每一根木條的長度較長，彈性與柔軟度較高；另一種是放置雙排的排骨床，它的每一根木條長度都比單排排骨床來得短，這種排骨床的硬度比較高，喜歡睡硬床的人建議可以選擇這種類型。

Point 8 了解床架的材質

種類 01 ▶木料

進口的床組中經常使用胡桃木、櫻桃木及櫸木等木料，其中胡桃木和櫻桃木的花紋變化比較多，而台灣櫸木強韌耐磨、耐衝擊、富彈性。至於其他木料如：紅木，具耐蟲的特性，柚木的安定性及耐久性高，松木的結眼很多，材質較軟，會散發出淡淡的香味；橡木的質地堅硬，木紋較大

種類 02 ▶金屬

金屬材質有鋼管、銅、鍛造及鋁合金等，鋼管及銅製品的床都頗具現代感，至於鍛造床的表面雖然不如鋼、銅來得光滑，但是老舊的質感卻營造出古樸的感覺。

▲ 木料是較為常見的床框材質選擇，不同的木種特色不一。

種類 03 ▶籐、紙纖

籐及紙纖所製成的床，因材質的細緻及編織方法的不同，產生另一種與眾不同的休閒味。

? 裝修迷思 Q&A

Q. 買床時應該是先買床架？還是先買床墊？

A. 答案是要同步進行挑選。由於兩者大小、高度會相互影響採購選擇，更重要的是，床架材質同時也會影響床墊躺臥的感覺，因此不論設計師或是店家多會建議兩者應該同步搭配。而床墊和床架加起來落高度在 50 ～ 60 公分之間、略高於膝蓋的高度最佳，以減輕使用者起床時，自床上站起時，給予膝蓋的壓力程度。

Q. 排骨架和傳統床架（床板）的差異是？

A. 所謂的骨排架是藉由一根根橫木板所組成，便利使用者拆解組裝，透氣性也較傳統床板來得好；但如果希望能在床鋪下方加入收納機能（如：掀床或抽屜）的話，則會建議使用整面一體的傳統床架。

裝修名詞小百科

Sleigh Bed 雪橇床：顧名思義，雪橇床就真的看起來像是雪橇一樣，床頭背板及腳踏板都呈現彎曲的形式，是 19 世紀時相當經典的床具設計，適合古典及燈罩清理。

四柱床：顧名思義就是床的四周有四根象徵建築結構的柱子，四柱床歷史流傳久遠，有著經典比例與絕佳的美感，通常會有穩固的基座，配合高級木紋貼皮的床頭板，適合古典及燈罩清理。

老鳥屋主經驗談

King 我們家選的是木頭床架，感覺比較溫暖，而且也擔心金屬床架會有生鏽的問題，另外，四柱床是我沒考慮過的，覺得很佔空間，也怕小朋友會撞到。

May 我家是選床框式的床架，外型俐落、好看，但床框四周會多出框架厚度，所佔面積較一般床架大些。

Project 23

睡眠
舒服睡好覺，一覺到天亮

現代人生活壓力大，許多為了失眠苦惱，輾轉反側一整夜就是睡不著，除了針對生、心理進行調整治療之外，打造一個好眠臥房，也成為不可或缺的要素之一。良好的通風、採光和溫度、濕度之外，舉凡寢具、床墊、枕頭和被心的挑選，更是左右好睡與否的重要原因。

PART 1 寢具挑選

採購寢具就要先認識支紗數，紗的支數越高，紗就越細，用這樣的紗織布越薄，布相對越柔軟舒服，但是支數高的布要求原料的品質要高，而且對紗的工及織法和也要求比較高，所以布的成本比較高。→詳見 P272

PART 2 床墊挑選

想要好好睡一覺，不僅空間氛圍要到位，買張好床墊更是最基礎的要素之一。不同床墊的採購要訣，床墊的清潔與保養，通通都在這！→詳見 P276

PART 3 枕頭、被心挑選

怕冷的人就挑輕盈柔暖的羽絨被，睡覺姿勢經常改變的人則建議選用記憶枕，根據自己對溫度、睡眠習慣等評估，就能選對適合的枕頭、被心。→詳見 P280

職人應援團出馬

傢具職人

思夢軒寢室精品館

1. 選對的床才易助眠。買床除了一定要親身試躺外，還要慎選商家，因為床墊和一般商品不同，看不到商品內部，因此正派且專業、負責的商家除了販售貨真價實的優質商品，而且會有公開透明的價格標示牌、商品皆附有完整的中文商品標示卡以及商品保證書，而且專業培訓的睡眠諮詢顧問更會提供專業的售前與售後服務。在網路上搜尋擁有消費者正面口碑評價的優良商家也是現今在挑選床墊前或後非常重要的一項功課。

2. 科技電動床已成趨勢。隨著老齡化社會的來臨，且現代人越來越講求獨立自在的床上活動空間與睡眠品質，透過電子遙控，且可以因應在床上看電視、看書或打電腦時之不同坐姿，以不同角度來完美支撐身體且獨立設計的電動床，儼然成為臥室新寵。

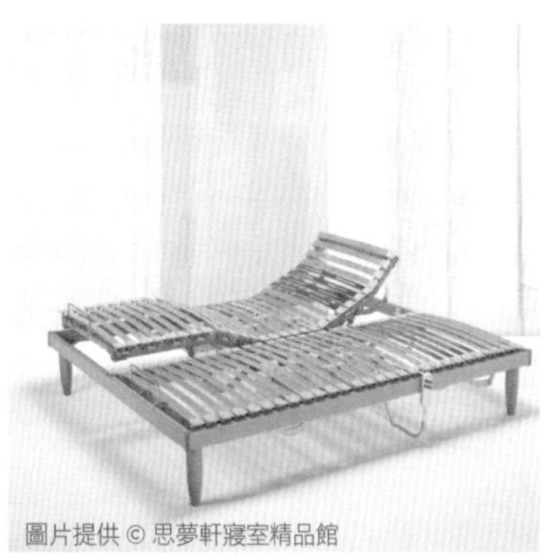
圖片提供 © 思夢軒寢室精品館

寢具職人

寬庭 Kuan's Living

圖片提供 © 寬庭 Kuan's Living

1. 善用大罩寢具。大罩的功用是隔離空氣中的灰塵和水氣，避免嬌貴的床組和空氣直接接觸，尤其適用於空氣品質不良的都會區域。一般來說，大罩的材質通常比較厚，通常以鋪棉、緞面等材質為主；蕾絲較細緻，因此較不會使用作為大罩。而且想要變更臥房風情，選擇一兩款顏色美麗、質感佳的大罩，就可以輕易改變整體臥室風格。

2. 善用寢飾配品。床組的配品，包括靠墊、披毯、隔離單、腰枕等等。不成套的寢具搭配使用，平日多購買一些素色枕套備用，便可創造屬於個人風格的獨特床組。一般來說，同色系搭配和對比色系搭配，可營造不同的效果。舉例而言，若靠墊和枕頭套屬於同色系，就可以營造舒適高雅的視覺感；若靠墊和枕頭套呈現對比色，則能呈現亮眼感，讓臥房氣氛明亮美麗。

風格職人

摩登雅舍設計 王思文、汪忠錠

1. 床組設計不要太過靠落地窗。想要有個好眠，首先床組不要距離門及落地窗太近，以免容易受到干擾。尤其是夏天因日出時間早，再加上太陽照射，很容易因為熱幅射及光害而無法再入眠，因此建議若習慣晚睡晚起或睡眠品質不好的人，窗簾最好做成雙層式，一層紗一層不透光，要必要時可以調整室內亮度。

2. 運用色彩及燈光凝聚安眠環境。臥室睡眠區講究寧靜，因此建議床頭不要設置太多東西，並且衣櫃最好仍做門片遮掩，才不容易讓人感覺心浮氣燥，進而干擾睡眠品質。多運用間接燈光及柔和的色彩搭配，只要心靜下來，睡眠品質就會好。

圖片提供 © 摩登雅舍室內裝修

PART 1 寢具挑選

照著做一定會

Point 1 認識緹花布 & 印花布

類型 01 ▶ 緹花布：多色纖維交織花紋

色織緹花主要是由多種的顏色的纖維交織而成，以紗線「織」上圖案，在布面上織造圖案的做法，各種圖案都可以經由不同的設計而織成；緹花花樣層次豐富，採用先染後織，色澤呈現立體而多彩，在布料上宛如浮水印般的感覺。其製作過程耗時費工，成本也比較高。另外由於織造技術的需求，緹花布通常需要較高的織密度，因此布的強韌度較好，觸感也較佳。

類型 02 ▶ 印花布：圖案印刷於成品布上

印花是在胚布織好後，將圖樣用印染的方式印刷在成品布上，類似傳統印刷；印花圖案仰賴「作版」分色，多一個顏色，就要多一塊色版，因此顏色愈多，分色工序愈精細，相對也就愈貴。若要色彩品質越好，所需時間與工序更繁複，但相對成本也會隨之提高。印花布特色多著重於色彩鮮明的多變活潑風格。

▼ 中西式不同的件數多寡，消費者能利用自己的需求做出最經濟的選擇。

圖片提供 ©WEDGWOOD 寢飾

▲ 不同花色、織法與材質的寢具，能為居家帶來截然不同的風格走向。

Point 2 挑選適合的寢具

原則 01 ▶ 床架種類挑型式

有些床架較不適合外露、或者是床底下做為收納空間的，建議可以購買中式床罩組加以作修飾。若是床墊直接放在地板上，或是空間較小的臥房，則可以選擇配件較少的西式床組。

原則 02 ▶ 季節冷暖挑材質顏色

天氣較寒冷的時候，自然會選擇材質較厚、較保暖的床罩組，以及視覺上讓人感到溫馨的暖色寢具。相反的，天氣轉為炎熱，簡便輕薄的床組、粉嫩清爽的色系就變得討喜，能讓人從觸覺到視覺都感受到清爽沉靜的舒適氛圍。

原則 03 ▶ 中西式套組挑件數多寡

中、西式寢具最大的特色差別在於是否鋪棉、包套件數不同。

中式寢具的床單及被套都有鋪棉，且床單、床裙一體成型，一般稱之為床罩。而且中式寢具通常都是整組販售，市面上有七件式或八件式的床罩組；內容物附有一件鋪棉床罩、一件鋪棉兩用被套、兩個鋪棉枕套、兩個薄枕套外加一個抱枕。

西式寢具床單及被套都無鋪棉，床單是有鬆緊帶的床包、或是沒有鬆緊帶的平單，用來直接包覆床墊作固定、沒有床裙；可以選擇配套購買也可以分開購買，搭配靈活。

床墊尺寸表

類型	尺寸	注意事項
California king Size〈CK〉	6 尺 X7 尺／ 182 公分 X212 公分	針對美國西岸的特殊床組。需搭配特別訂製的床具，寢具可搭配 King Size，但須另選床單，不能使用 King size 床包。
King Size〈K〉	6.4 尺 X6.7 尺／ 194 公分 X203 公分	寬度較寬，選購注意運送問題。搭配 King Size 的寢具。
Queen Size〈Q〉	5 尺 X6.7 尺／ 152 公分 X203 公分	最受歡迎的尺寸款式。搭配 Queen Size 的床具、寢具。
Single Size〈T〉	3.5 尺 X 6.2 尺／ 91 公分 X190 公分	單人床可多運用織品來豐富床上情境。搭配單人寢具。
Full Size〈TS〉	5 尺 X6.2 尺／ 152 公分 X190 公分	搭配一般雙人床即可，床組也是搭配一般雙人尺寸寢具。

Point 3 寢具價格差距原因

原因 01 ▶布的材質

布的材質不同也會造成價格的差距。比方說，精梳棉材質就會比一般棉花貴；如果使用高級金埃及棉或是加入蠶絲，成本當然就會提高。此外織密度不同，價格也會不一樣。愈高的織密度，代表每平方英吋的紗線支數愈多，當然成本也愈高。

原因 02 ▶染劑品質

寢具染料可分為一般染料與環保染料，染劑的好壞會造成成果的品質差異，而其成本更是相差三倍。印染機器施作絲光處理及防縮處理過程，皆會影響商品之品質。

原因 03 ▶專業設計質感

就像流行服飾一樣，高級寢具的創新也需要設計師匠心獨具，從使用的材料、呈現出來的花紋、顏色，到搭配的款式細節，都有其特殊的發想與創意，一季一季才能帶給消費者不同的視覺饗宴與選擇。因此與一般坊間寢具在價格上會有較大的差異。

▼ 使用高品質且環保的印染處理，並通過認證的優良商品讓人感到安心。

圖片提供 ©EDMOND FRETTE

? 裝修迷思 Q&A

Q. 如果不是特殊材質的寢具，用洗衣機洗完後，直接烘乾會比較節省時間？

A. 自行清洗的寢具，記得千萬別不要使用烘乾機，或按照洗滌標指示、於 25 ℃以下烘乾，一般只要晾起來自然風乾即可。此外用洗衣機清洗的寢具，如一般被套、毛毯，需先注意洗滌標上的說明，以常溫及中性清潔劑清洗，並裝入「專用洗滌袋」內、保護寢具不易損壞。

Q. 市面上的寢具看起來都差不多、價格差距卻這麼大，一定只是店家炒作的商業手段。

A. 從材質的使用、布料的製程，與染印方式、原料，加上設計師花了心血所設計的獨特款式，這些是以倍數為基準所拉開的成本差距，自然會產生高低不同的價格帶。所以視自己的需求與預算，向有口碑寢具品牌店家購買符合自己需求的產品，才能聰明消費、不花冤枉錢囉！

圖片提供 ©WEDGWOOD 寢飾

▲ 寢具的價格會因為材質、印染技術等等因素而有所不同，向有信譽的商家購買會比較有保障。

圖片提供 ©WEDGWOOD 寢飾

▲ 挑選寢具可隨季節的變化，藉著改變材質與顏色，從視覺與體膚感受不同的溫度。

裝修名詞小百科

紗支數：布的密度－布的經緯密度是指每平方英吋所使用的紗（條）數。按照英制計算法，紗支數越高、紗支就越細，織成的布質量代表越好。

床包（鬆緊床套）：在床套四邊有鬆緊帶可套住床墊並固定，因為輕薄容易收納，是消費者最喜歡購買的款式。

老鳥屋主經驗談

Erin 近來有許多黑心商品，所以我挑選寢具的時候會特別選擇有品牌公信力的，或者詢問是否有通過 ISO9001 認證及 SGS 檢驗嚴格把關的寢具，才會讓人格外感到安心。

Sandy 之前貪便宜買過幾百元的寢具，觸感不舒服，後來朋友推薦進口品牌寢具，精梳棉材質摸起來好舒服，重點是還有售後服務，而且其實有時候這些品牌都會推出特賣，買起來一點也不心疼。

PART 2 床墊挑選

照著做一定會

Point 1 挑床墊要符合身型

條件 01 ▶不憑外觀定優劣

床墊挑選應充份了解床墊內部結構，以及不厭其煩地反覆試躺，親身感受床墊的軟硬是否能夠完美支撐身體。在試躺的時候，注意床墊是否順應睡眠者的重量及體態，充份地撐托頭頸部與腰部、背部，與身體曲線服貼，達到休憩時完全放鬆的效果。同時需考慮空間高度和大小，並配合使用者身高與習慣，搭配符合人體工學的單品，常見高度約在 45 ～ 60cm 之間，以略高於膝蓋，能微滑下床為佳。

條件 02 ▶軟硬適中不傷脊椎

人體的脊椎呈現 S 型，床墊需要具備些微彈性，睡覺時才能保持舒適性，因此床墊不宜選擇太硬或太軟，以避免影響脊椎。床墊試睡時，先平躺在床上 5 分鐘，再進行翻身測試。建議正躺的姿勢需讓下巴、胸腔和腹腔呈現水平狀態，而側睡時，則需注意腰部要有支撐，且脊椎是否呈現水平狀態。此外，若是選購雙人床，則不妨兩人一同前往，才能更正確選出適合雙方的床墊。

條件 03 ▶符合身體需求

每個人對於床墊要求都有不同。以材質分，彈簧、獨立筒、乳膠等材質皆有不同觸感與特性，各有支持者，可以在表布與內部材質上多做比較，選擇符合自己需求的床墊。此外身體因年齡、體質，也會產生不同的需求差異。例如：長輩大多偏好選擇較硬的床墊；小朋友與過敏體質的人最好是用天然材質如乳膠等。

▼ 床墊選擇時除了充分了解內容物材質，更一定要親身試躺，才能選出最適合的款式。

圖片提供 ©HOLA CASA 和樂名品傢俱

▲ 除了選擇適合自己的好床墊，仍要維持環境清潔，才能擁有良好舒適的睡眠品質。

床墊種類介紹

種類	特色介紹
橄欖式彈簧	類似橄欖般上下狹窄、中央寬大的特殊設計，將彈簧間相互干擾性降到最低，但也由於其彈簧口徑較小，若想搭配彈簧式下墊時，必須特別注意下墊彈簧口徑大小是否符合。
獨立筒彈簧	為現代彈簧床的主要彈簧結構。隨床墊等級不同，產生不同大小口徑與數量，主要分為蜂巢式和棋盤式兩種。
連結式彈簧	在彈簧的上方加入一條橫向鐵絲串連起來，雖比較耐用，但是硬度較獨立筒硬，干擾性也比較高些。
開放式彈簧	在連結識彈簧上方略退一些，藉此增加彈簧彈性，並略微減低連結式彈簧的干擾性。
一線鋼	藉由一條連續鋼線環環相扣在一起，打造其 Q 感彈性。

Point 2 特殊情況選床墊

情況 01 ▶嬰幼兒＆過敏體質

對嬰幼兒與過敏體質者來說，建議天然乳膠床墊是最適合的材質。因非化學合成是取材於自然植物，對地球不會造成公害、並可自行分解，所以不會造成環境的污染，更可隔絕過敏原的困擾，符合抗過敏與環保的雙重訴求。

情況 02 ▶容易腰酸背痛

記憶膠材質有釋壓功能，能因身體溫度變化、感應人體的重量、並加以平均承托，讓身體各部位平均受力，並會完全依照身體曲線塑型，適合容易腰酸背痛的人。

情況 03 ▶淺眠怕干擾

淺眠的人最怕同睡者一個翻身、甚至半夜起床上廁所的情形，尤其一般聯結式彈簧床的彈簧相互聯結成面，只要一點受力、整張床都會連動，兩個人同時睡在上面，難免會互相干擾，影響睡眠品質。所以淺眠的人除了獨立筒式床墊可選擇外，現在還多了「一線鋼金字塔彈簧系統」，號稱能分散垂直與水平壓力，互不干擾、穩定結構、壽命較長，真正做到順應人體自然曲線。

Point 3 定期清潔延長床墊壽命

保養 01 ▶使用保潔墊隔絕髒汙滲入

平時應套上床單、使用保潔墊，避免髒污滲透到床墊內。也可以考慮外罩設計成可拆卸拉鍊式的進口床墊，可分層兩次洗滌，使用清潔上會比較方便，可拆洗設計對一般住家使用來說，較容易維持整潔，進而避免細菌孳生。

保養 02 ▶保持臥室乾爽

台灣位處亞熱帶，雨季長、濕氣重，床墊最怕潮濕，潮濕的床墊容易產生過敏原，造成黴菌滋生、人體呼吸道感染、並影響皮膚健康及免疫力功能，除了應該定期更換寢具，為避免床墊受潮，除了地面濕氣重、不建議將床墊直接置於地板，更需要在固定的時間，如換季的時候，可以將床墊翻面或換個方向，以維持透氣；同時使用除濕機，以延長床墊壽命。

保養 03 ▶不在床上抽菸、飲食

躺在床上看看書、看電視，再加上美食應該是很多人在家最享受的消遣，但是在這邊必須要告訴你，床墊內的填充物很容易吸收味道、煙塵，應盡量避免在床上吸煙；吃東西時掉落的食物喳喳會滋生細菌，甚至招來蟑螂螞蟻，進而滋生細菌、影響健康。

▼ 定期更換寢具、保持環境乾燥，並且不在床上飲食，才能維護乾淨舒適的睡眠環境。

圖片提供 © 舒眠室

? 裝修迷思 Q&A

Q. 進口床墊的品質一定比國產床墊好嗎？

A. 若是具有相當歷史與品牌知名度的歐美原裝進口床墊，無論在廠房規模、設備、製造技術、商品結構與品質都經過廣大消費者的口碑與認證，雖然價格較國產床墊較高，但因為一張床墊通常要睡上好幾年，因此 CP 值有時反而更高。

Q. 經常睡不好，晨起仍然覺得精神不濟，一定是床墊不適合我、要馬上更換！

A. 會影響睡眠品質的原因很多，有可能是因為床墊、壓力、環境、身體狀況等因素；但若突然間開始且持續性的在起床後會有腰酸背痛的情況發生時，此時就必須做更換床墊的動作。

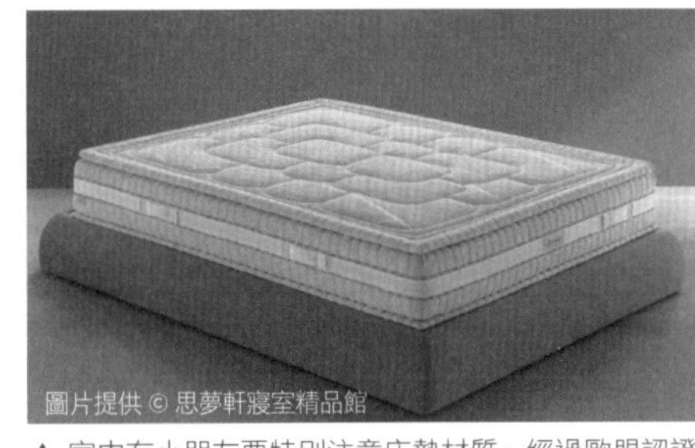
圖片提供 © 思夢軒寢室精品館

▲ 家中有小朋友要特別注意床墊材質，經過歐盟認證的材質，適合嬰幼兒與過敏體質者使用。

裝修名詞小百科

鋪棉床罩：比一般床包多了一層鋪棉，以增加睡眠的柔軟、保暖度，且多了床裙的設計，將床架、床墊一併蓋住，具有維持床墊的清潔功能。

保潔墊：有棉質與防水材質可選，鋪於床包與床墊間，防止髒汙滲透床墊。

圖片提供 © 思夢軒寢室精品館

▲ 人體的脊椎呈現 S 型，擁有良好結構與材質的床墊，完美的撐托效果，睡覺時才能保持舒適。

老鳥屋主經驗談

Erin 每次出國旅遊都覺得飯店的床好好睡，買床墊時特別詢問銷售人員，原來很多飯店都是上下床墊搭配一起使用，可以讓上墊的彈性更佳，增加舒適感。

Sandy 買床墊一定要實際試躺！尤其是雙人床一定要夫妻一起去挑，每個床墊都躺躺看，挑出來的床墊才能符合雙方需求，而且新聞有說過長時間使用不適合的床，容易對脊椎造成不良的影響。

PART 3 枕頭、被心類挑選

照著做一定會

Point 1 被心材質與挑選

材質 01 ▶羽絨被：保暖安眠

羽絨被是一到冬天就手腳冰冷，極度怕冷人的首選。羽絨朵狀的結構，輕盈、吸濕、透氣、又能有效控溫，並將潮悶的溼氣排出被外，是絕對保暖的安眠保證。選購時要注意市面上較低價的羽絨被，表布採人造纖維材質，非但不透氣、蓋起來會悶熱不舒服。還有加入香料的羽絨被，需注意使用時間一長，羽毛吸收人體和水混著香料，反而會更難聞。另外坊間名為「羽絲絨被」產品，其實是化學纖維材質，取其名以達到混淆視聽效果，消費者要張大雙眼看仔細了！

▼ 枕頭與被心適合與否，直接影響睡眠品質。

圖片提供©MUJI無印良品

材質 02 ▶ 蠶絲被：親膚調溫

蠶絲被親膚性佳，調溫功能好，且透氣性高，尤其適合過敏體質的人。

蠶絲被主要成分為天然的動物纖維，內含 18 種氨基酸和 97% 的蛋白質，其構造成份與人體皮膚極為相似，極具「親膚性」，具有良好的恆溫、透氣、吸濕性，能預防因濕冷環境引發的毛病。蠶絲被分為長纖蠶絲和短纖蠶絲，長纖蠶絲較保暖，也不易糾結，是品質較好的蠶絲。黑心蠶絲被最常見的魚目混珠方式，是在長纖蠶絲裡包夾短蠶絲、棉花、人造纖維或羊毛等。日子一久，這些雜質就會吸聚水氣而結塊，造成胚胎厚薄不均且透氣性不佳。

材質 03 ▶ 羊毛冬被：貼身保溫

針對需要高保暖度，又喜歡稍微帶有服貼彈性被子的人，則會建議使用羊毛冬被。

羊毛天然捲曲特性就像天然的彈簧，提供極佳的彈性，而這樣的纖維具有高回彈性能、又能容納大量空氣，有效隔絕外界冷空氣；加上羊毛本身的熱導率低，溫暖不易散失，很適合怕冷又喜歡有份量被子的人選用。

材質 04 ▶ 人造纖維被：質輕可水

部分人造纖維被有水洗特色，適合過敏以及習慣常替換倍心的使用者。

人造纖維被重量輕，部分可水洗，也較容易乾，使用上相當方便，價格上也比較親民。適合小朋友需要常換洗，或是當客房預備被心使用。

圖片提供 © 寬庭 Kuan's Living

▲ JT 藍鑽系列北歐白鵝絨冬被。使用位於北極圈極地芬蘭群島大朵白鵝絨，以 95% 羽絨、5% 羽毛比例，並結合立體車縫工法，讓羽絨能自然地伸展，達到透氣舒適感及良好溫度調節與循環效果。

Point 2 枕頭材質與挑選

材質 01 ▶ 乳膠枕

質地柔具彈性、透氣性佳，適合過敏的人使用。乳膠是由純天然橡樹乳汁提煉而成，蜂窩多孔設計能提升散熱效果，使枕內保持乾爽舒適。

材質 02 ▶ 羽絨枕

質地輕且服貼性好，適合喜歡包覆感的人使用，並且具備吸濕、透氣、有效控溫等優點。

材質 03 ▶ 記憶枕

適合姿勢常變的人，能提供良好的支撐性。挑選時要注意各種款式不同的撐托高度，一定要試躺看看才能選到最適合的。

材質 04 ▶ 化纖枕

清潔方便，適合經常更換枕頭的人使用。可水洗、易乾，價格較低。

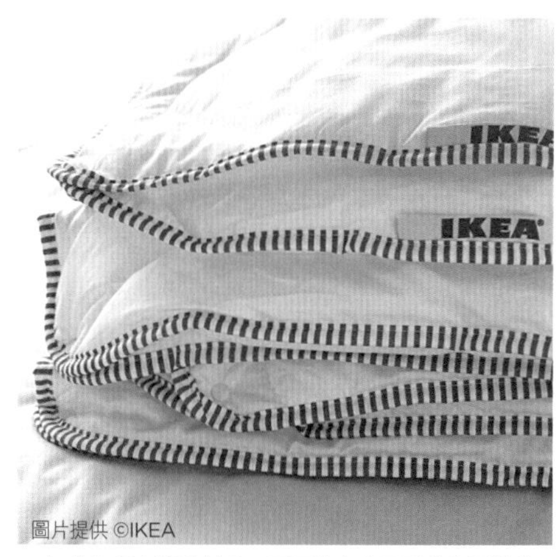

圖片提供 ©IKEA

▲ 無論何種材質的被心，只要符合自己需求與預算的，都是最適當的選擇。

Point 3 被心＆枕頭的保養與清潔

方式 01 ▶早、晚抖被

不管是天然材質的被胎如：蠶絲、天絲、天蠶絲、羽絨被，或是人造纖維被胎，要延長使用壽命，需養成早晚抖被的習慣。早上抖被是為了將吸收一晚的溼氣排出；晚上抖被是讓空氣進入被胎。如此適度地進行空氣交換，被胎就不容易因長期濕氣積累造成泛黃或濕重。

方式 02 ▶正確清洗、陰乾

除了強調可家中水洗的化學纖維被，其它被心都建議送乾洗。平時可以在晴天，放置於通風處攤平陰曬 2 ～ 3 小時，達到除濕殺菌、提高保暖及彈性。不要直接曝曬於陽光下，也不要重擊羽絨被，以免破壞纖維及表布。使用任何枕頭材質都建議搭配枕頭保潔墊、枕頭套；要保持枕頭內部乾爽，可定期陰曬在通風較佳的地方。

方式 03 ▶收納要保持乾燥勿壓縮

先以除濕機除濕或置於通風乾燥處，攤平放置約 1 天，待恢復蓬鬆狀，即可以自然摺疊方式收納於乾燥處。千萬不要密閉保存或壓縮，以防纖維受損。

▼ 正確的洗滌與晾曬方式，能保持被子與枕頭的清潔，延長使用時間。

圖片提供 ©IKEA

? 裝修迷思 Q&A

Q. 一般的被子，不知道小朋友會不會容易過敏不適，一定要買高單價的蠶絲被才是最佳選擇。

A. 符合使用者的需求與特性，才是最好的棉被選擇。小朋友的確可能容易過敏，但是同時卻具備易尿床、流汗的情形，所以可以先考慮信譽良好店家所販售的可水洗化纖被，平時可以居家水洗，也比較容易晾乾，常替換也可避免汗水、灰塵累積，預防過敏。

Q. 被心無法常清洗，所以要在大晴天時晾曬在太陽下一整天、好好徹底殺菌！

A. 不管是人造纖維或是天然材質被心，最好是在太陽不直射的通風處進行陰曬，避免材質因高溫損壞。同時若要進行拍打，也要小心切勿重擊，以防破壞表布與纖維。

裝修名詞小百科

歐式枕套：指枕套外圍有一圈壓框（內框約為枕頭大小），與美式枕套相反，歐式枕套多是有拉鍊設計，分為沒鋪棉的薄枕套與鋪棉枕套兩種，外圍的壓框多為裝飾與美觀用，一般多用在歐式風格寢具。

AB 版枕套：是被單、枕頭套設計，正反兩面使用不同的圖案與花色。

圖片提供 ©HOLA 特力和樂

▲ 羽絨枕以羽絨和羽毛為主要材質，有極佳的柔軟度和蓬鬆感，具吸濕和放濕性，適合重是透氣、舒適與包覆感的人。

圖片提供 ©HOLA 特力和樂

▲ 不同比例的羽絨和羽毛、與總填充量，會影響枕頭的軟硬度與價格高低。

老鳥屋主經驗談

King

之前女兒每天起床一定會打噴嚏，某次逛寢具時認識乳膠枕，銷售人員表示乳膠枕是純天然橡樹乳汁提煉而成，有天然抑菌效果，很適合過敏原體質及幼童使用，後來也真的有改善女兒的過敏，至少每天起床不再狂打噴嚏。

Max

睡覺時總是容易流汗，除了常換被單，但被心難免也會吸附汗水灰塵，久了會有汗臭味，還會發黃，有點噁心。為了能常清洗，就改用可用洗衣機的化纖被心，定期清洗，也很容易晾乾，相當適合居家使用

Project 24

預防糾紛

自保最放心，設計師、屋主都開心

裝修的專業性並非一般屋主能應付，尋求設計師的規劃成為多數人的選擇，從簽約、預算到施工、監工、驗收與保固等裝潢流程中，如何避免發生糾紛，必須注意的關鍵要件一次解答。

重點提示！

PART 1 裝修前期

裝潢初期最容易發生問題的就是找設計師，以及雙方對於設計費、車馬費等收費問題，挑選設計公司時，最好確定有無合法經營、實際走訪完工設計案為佳。→詳見 P286

PART 2 裝修中期

在施工過程如果發現任何問題，建議先和監工人員或設計師溝通，屋主最好一併驗收進場建材，檢查是否符合合約規格，並請設計公司提供監工日誌。→詳見 P290

PART 3 裝修後期

完工後可別急著付錢，必須等總驗收通過再付剩下的尾款，而且最好妥善保留所有合約文件。將每個階段雙方簽署之合約文件、監工日誌、竣工照、驗收表等內容妥善保存，作為日後需要處理爭議的憑藉。→詳見 P294

職人應援團出馬

法規職人

反詐騙裝潢監督聯盟講座律師 吳俊達

1. 要主動徵信設計公司。在跟設計師或設計公司簽約前，建議最好做一點基本徵信工作，像現在經濟部商業司都有免費的針對公司及分公司基本資料查詢系統，可以查證對方公司是否有合法登記有案。

2. 調查設計公司的財務狀況。屋主可記下對方個人的身分證及公司統一編號向票據交換所查詢對方的票據信用紀錄，同時也可以進入司法院的「裁判書查詢」系統，看看有無因裝潢糾紛而上法院的情況。

圖片提供 © 馥閣設計

工程職人

演拓空間室內設計 張德良、殷崇淵

1. 簽約時將設計師個人納入履約保證人。屋主在簽約時要注意是跟個人或公司簽約，建議最好在確認設計師擁有合法的「建築物室內裝修專業技術人員登記證」後，最好還是將設師本人加入合約中，當履約保證人，對屋主是雙重保障。

2. 詳實紀錄監工日誌。動則上百萬的居家裝潢，為讓屋主安心，建議設計師可以主動提供監工日誌給屋主隨時檢視及追蹤進度，甚至也有設計公司利用數位相機每天拍照，上傳給屋主，以便讓屋主也可以透過日誌與設計師及廠商的意見交流，將雙方口頭共識變成書面化，彼此才有依據。

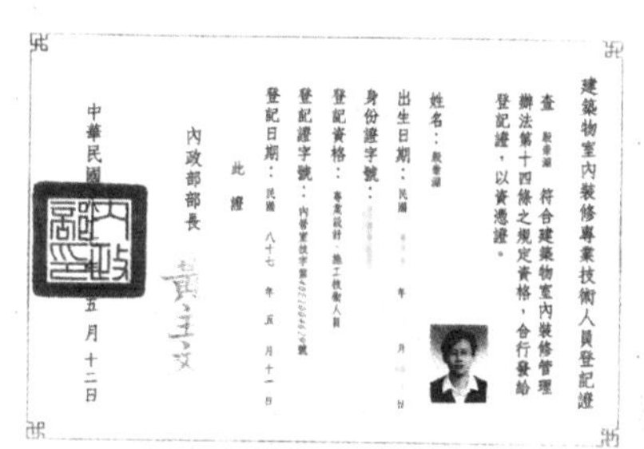

建築物室內裝修專業技術人員登記證

查 殷崇淵 符合建築物室內裝修管理辦法第十四條之規定資格，合行發給登記證，以資憑證。

姓名：殷崇淵

出生日期：民國 年 月 日

身份證字號：

登記資格：專業設計、施工技術人員

登記證字號：

登記日期：民國 八十七 年 五 月 十一 日

此證

內政部部長

中華民國 五 月 十二 日

圖片提供 © 演拓空間室內設計

材質職人

大涵空間設計 趙東洲

1. 合約要附註建材明細表，並拍照存證。為避免糾紛的發生，建議設計師及屋主在簽設計約時，以及在挑選建材時，最好面對面將所需使用的建材一一解釋清楚，並拿出樣本給屋主看，並一一註明各種建材運用何處，拍照存證，附在合約後方，即便未來可能非設計師施工，也提供詳實的建材資料，不怕施工者偷工減料。

2. 大尺寸或重點設計建議做放樣及 3D，好溝通。其實設計師及屋主容易產生爭執，多半是因為認知不一致所造成的，因此建議畫設計圖時，不妨跟屋主協議再多點錢，針對客廳主牆、廚餐廳及主臥等重點空間畫出 3D 圖，以便比對。同時若是大型且昂貴的傢飾傢具如百萬水晶吊燈等，不妨用木工做一模型放樣，讓屋主及設計師因看到模擬實物，更能確定產品的尺度及擺放位置。

圖片提供 © 大涵空間設計

PART 1 裝修前期

照著做一定會

Point 1 挑選設計師（公司）的重點

Check 01 ▶參考設計作品
透過設計作品可以評估設計師的設計美感與功力，但留心有無剽竊、盜用別人作品的照片。

Check 02 ▶確認公司是否合法經營與執業
業者由公司登記的徵信與實地訪查，可瞭解對方的專業規模。

Check 03 ▶實際走訪完工設計案
實地考察對方完工設計案，實績證明眼見為憑，也可藉此觀察設計師與前業主的關係。

Check 04 ▶測試設計師的專業力
名片頭銜、學歷、公司氣派，不等於專業能力，主動詢問對方裝修風格、建材、工法、預算、法規等相關問題，這是專業知識及經驗的測試。

Check 05 ▶別信可做所有風格的設計師
裝修風格很多種，吹噓什麼都會的設計師就很有可能什麼都不會。

Check 06 ▶依實際需求找設計師
舊屋翻修、商辦設計、新宅裝修無全才，依自身需求尋找該領域的專業幫手。

Check 07 ▶以自身狀況評估設計師的合適度
親戚、朋友介紹的設計師，要瞭解別人的裝修金額，預算有差距，別人的設計師未必適合你。

Check 08 ▶提防不當招攬、行銷及吹噓手法
例如設計師宣稱「他做過一堆大老闆的豪宅、公司規模多大、手下多少員工」，或向屋主表示「可贈送床組、廚具」，除了進一步求證對方說的話，可將其承諾以白紙黑字紀錄。

Check 09 ▶了解過早報價的動機與內容
如果設計師在認識、挑選階段就已經向你報價，得特別注意「低價搶標（接案）」、「日後一堆理由加價」的手法。

▼ 到設計師已完工的作品去實地參觀，是鑑定設計師好壞的方法之一。

圖片提供@演拓設計

圖片提供@演拓設計

▲ 找設計師時，親友推薦可當作參考，更重要的是依自己需求與狀況評估。

Point 2 畫圖前先確認設計費與車馬費

在一開始找設計師時就要先問清楚費用及能修改的次數，超過次數收費是合理的。設計費以合約簽訂方能達成共識，在無簽約前提之下，若設計公司無事先告知，消費者是可以拒付的。要避免糾紛，最好的方式是在找設計師丈量規劃時，先問清楚費用與能修改幾次、超過幾次需支付多少金額。

圖片提供 ©Patricia

▶ 裝修前丈量最好先跟設計師詢問清楚費用與修圖次數。

Point 3 以「設計合約」避免糾紛產生

Check 01 ▶先簽設計合約，再簽立工程合約

室內裝修合約基本上可以區分為「設計合約」及「工程合約」。比較好的作法是先簽設計合約，並針對設計圖說檢視是否都有達到需求，確認無誤後，再進一步與設計師簽立工程合約，在設計合約的履約過程中，屋主也能「再次」充分思考這位設計師是否適合自己。亦可避免設計圖與設計圖說未完成、屋主僅拿到幾張平面圖，或拿到設計圖說不滿意，實際上卻已經開工，甚至屋主已經支付頭期 20%～ 30%不等款項之情況。

Check 02 ▶明確規範設計合約內容

1. 設計範圍（標的所在地）
2. 乙方（指設計師）應提供之服務內容
3. 設計報酬的計價方式
4. 設計報酬的分期付款方式
5. 完整設計圖的標準
6. 變更及追加設計時之處理
7. 設計契約終止、解除時的雙方權利義務
8. 乙方提供設計圖説的瑕疵擔保責任
9. 合約生效及附件之效力
10. 訴訟管轄法院等條款

Check 03 ▶合約要求獨特性，破解抄襲複製

坊間有些不夠認真的設計師的確會不停的複製自己以前的作品，若不希望自己的家跟別人一樣，記得在合約中要求「獨特性」。對於自宅「獨特性」如有要求，建議必須在設計約中明確載明，或至少可註明：「乙方保證提供甲方的設計圖説、3D 模擬示意圖所呈現之裝修風格，完全依雙方討論、溝通結果所為，絕無直接援引自其他屋主相同設計之情事。」、「如有違反前項約定之情事，甲方得要求乙方無償重新設計，或全數退還已收取之設計費用。」。

▼ 畫圖會不會產生費用，目前台灣設計公司收諮詢費的情況不一，建議事先詢問是否收費較為妥當。

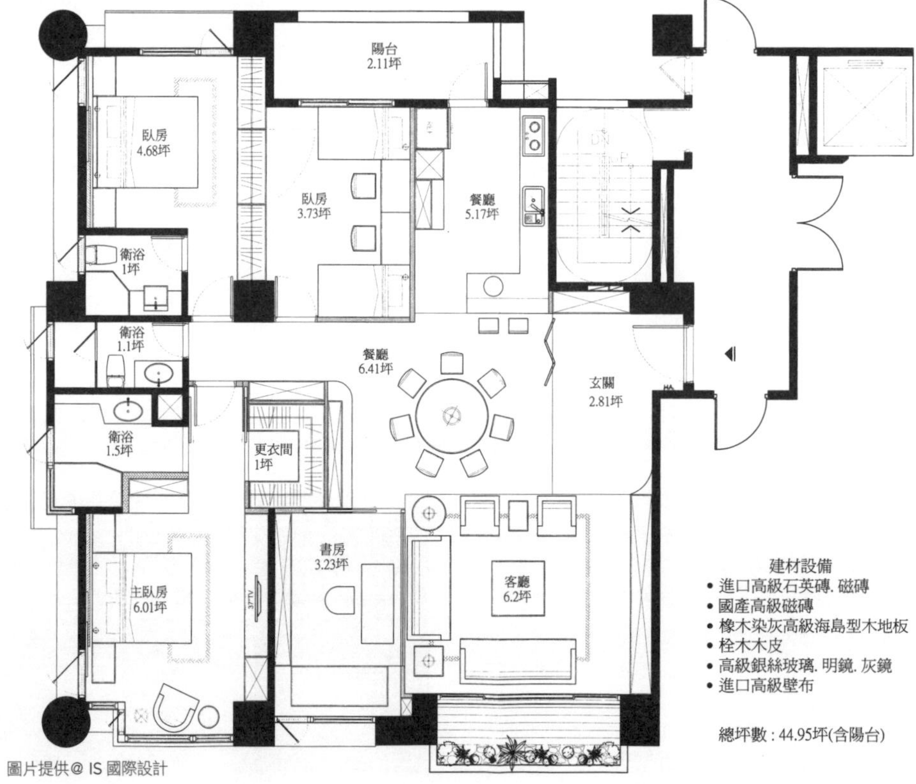

圖片提供@ IS 國際設計

▲ 坊間有些不夠認真的設計師的確會不停的複製自己以前的作品，若不希望自己的家跟別人一樣，記得在合約中要求「獨特性」。

? 裝修迷思 Q&A

Q. 設計師或工班沒有設立公司行號，這樣簽約有保障嗎？

A. 最好還是能有公司登記，比較有保障，以預防將來若產生糾紛或是保固維修找不到人負責的情形。個人工作室雖然價格較低，但純為個人信用，較可能發生倒帳或設計師找不到人的情況。

Q. 請設計師畫平面圖就代表要合作了嗎？

A. 要讓設計師規劃出符合實際需求的空間，現場丈量與評估很重要，可透過初步設計的平面圖來觀察設計師與自己的理念跟想法是否一致，會再經過第二次溝通修改，這時可依設計師能否溝通與接納自己意見，做為後續配合的依據。如果平面圖在經過第二次修改還是無法滿意，就要立即表明立場、停止合作了，以便節省雙方的時間與心力。

裝修名詞小百科

主動線：在考量隔間與動線之間的關係時，配置完格局位置後，在空間中歸納出一條主要軸線構成主動線，主動線再串起其他空間，形成次動線，在移動時，就能規劃出到各區的最短距離。

衛浴在中宮：中宮指的是房屋的中心位置，如果浴室整個或一部分在那個位置上，即為「衛浴入中宮」，主破財，屋內最容易產生穢氣的地方就是廁所，廁所容易聚陰，若靠近室內中心，因採光、氣場較差，對年紀大的人容易造成心臟問題，對年紀較輕的人則會有腸胃毛病。

穿堂煞：這種大門打開正對後門或窗戶的「一箭穿心」格局，是風水中所謂的「穿堂煞」。

老鳥屋主經驗談

Jacky 第一次裝修就上了「一次簽好工程約、免收設計費」的當！沒想到壞處就是品質有夠差！所以要確保工程品質，惟有「完整的設計圖說明和估價單記載，加上必要的驗收標準及每日落實監工」，才有機會達成，可別讓「噱頭」沖昏頭。

May 在裝潢之前務必多問多看，多比較和搜尋資訊，如果簽約的時候，心裡有一絲絲的疑慮，最好都不要簽字，一定要對設計師非常信任，未來的裝修過程才會很順利。

PART 2 裝修中期

照著做一定會

Point 1 簽「工程約」防止糾紛

Check 01 ▶口頭約定都不算數

「簽約」可說是「確保設計圖說、建材挑選、施作工法符合屋主需求」的最基本觀念。不管屋主面對的是設計師（或設計公司），或者是工班（或工頭），雙方白紙黑字「簽約」絕對都是必要的。甚至可以說，會主動提醒屋主好好簽約的設計師或工頭，才稱得上是專業。

Check 02 ▶確認設計圖再簽工程約開工

如果有現場丈量草率、草圖手稿粗糙、圖說缺漏、圖面資訊不足、屋主看不懂圖說內容、圖面設計錯誤、設計師或工班宣稱可憑經驗施工等情況，千萬別貿然簽工程約、甚至同意開工及先付款。

Check 03 ▶簽工程約前檢查重點

1. 為防止「偷工減料」，合約附件即必須有一份「建材選用確認單「（或材料表），針對各工程細項會用到的建材（包括數量、品牌、型號、批號、產地、年份等資訊）逐一詳細記載。
2. 盡量減少估價單中「一式計價」的情況，且合約條款中必須針對「一式計價」部分作更詳盡規範。
3. 落實初驗、建材查驗，確保施工品質、防堵贗品混充。
4. 若屋主得扣款之金額與未付款之金額，兩者即將失衡，這表示違約罰款已不再有任何「督促」業者確實履約的效果，應考慮及時終止合約。

▼ 有設計師和工班的相互合作，才能打造良好的居家空間。

圖片提供@王俊宏室內設計

Check 04 ▶明確規範工程合約內容

1. 工地位置條款，搭配訴訟時法院管轄條款。
2. 工程總價（含稅金約定、設計費抵工程款）條款。
3. 各期（設計、拆除、泥作、水電、廚房、衛浴、木作、油漆、鋁金、燈具、裝飾及其他）工程具體項目及付款約定條款。
4. 開工及完工期限（含工期）之約定條款。
5. 各期付款約定（包括分期、屋主應付款期限、設計師應完成工作、工程款比例，及各期工程款何時支付的前提：依驗收表列項目，通過「初驗」標準等而定）。
6. 建材選用及查驗條款（含各期開工前先驗、所有權移轉時點、替換必須書面等約定）。
7. 監工責任條款（含監工資格、監工次數、竣工照拍攝等約定）。
8. 工程遲延之違約金及損害賠償條款。
9. 工地安全維護及清潔退場條款。
10. 保證責任條款（含施工安全、建材品質、無違建罰鍰擔保）。
11. 施工瑕疵修補及總完工驗收條款。
12. 工程保險（意外險）條款（含鄰損處理方式）。
13. 約定終止權、「終止暨解約後計價及損害賠償」等約定條款。
14. 關於工程項目追加、變更程序之條款。
15. 保固條款（含保固範圍及期限）。
16. 明定一律以書面簽章始得有效補充合約。
17. 其他履約交涉之聯繫、見證人約定等條款。

Point 2 完整報價單避免追加糾紛

Check 01 ▶詳列工程項目

不論設計公司或工班提供的估價單，包括材料、工法、規格等等，內容愈詳細，對屋主來說，愈有保障，一份詳盡的估價單，軟體跟硬體（如工跟料）應分開列表。

Check 02 ▶逐項註明每種材質名稱

包括規格單位、數量、價格，甚至可更進一步標註品牌等級、型號與產地。另外，施工手法也與報價息息相關，工序、工法的複雜度與難度，都會影響工程品質呈現與整體裝修費用。

▲ 屋主在監工現場若有問題或要調整之處，建議先找設計師溝通，不應該直接指揮師傅。

▼ 計師對於建材的品質應幫屋主嚴格把關，而屋主若對於建材的品質不滿意亦可要求換貨。

Point 3 確實掌握施工過程

必做 01 ▶勤跑工地

積極參與施工過程之逐步驗收，除了作為支付分期工程款的依據，也為每個步驟做好品質監督，避免當最後一切已「木已成舟」時，設計師與業主雙方在成本與品質之間作拉扯爭執。

必做 02 ▶落實各工程階段的「初步驗收」

裝修品質要能確保，也不應該是直到最後階段屋主才來一次「總驗收」，而是在各工程階段即不斷進行「初步驗收」（初驗），以能夠即時修正錯誤、瑕疵。

必做 03 ▶要求每日記錄監工日誌

「監工日誌」是每日施工進度及內容的摘要，也是反映每天施工現場問題及處理的紀錄，可在合約中載明要求業者應該每日填載，並由雙方即時簽認，透過電子郵件傳送監工日誌的同時，也應一併附上現場照片（尤其針對隱蔽工項部分）給屋主。

必做 04 ▶以合約督促設計師善盡監工責任

1.「乙方得選派具有裝修專業及經驗之監工人員常駐工地負責管理施工之一切事宜，並接受甲方監督。但本合約附件之監工需求表所列項目，應由乙方或○○○（姓名）設計師親自到場監工」。

2.「本工程之監工報酬已包含於總工程款內，惟乙方未履行第七條所定監工責任時，甲方得依乙方迨於履行監工責任之工程項目範圍、比例，自工程總價款中扣除至多 __（10%）__ 作為違約金。」。

▲ 衛浴設備與燈具的等級差很多，想要不被追加預算，估價單愈細是最好的方法。

必做 05 ▶要求業者逐步拍照供查驗，尤其涉及「隱蔽工項」（如防水、水電管路上泥作、封板前）的施作。

Point 4 親自驗收建材

必做 01 ▶檢附進場建材證明

建材進場時即要求交付各項防火、防潮、防水、防蟲蛀、綠環保證明、進口憑證及產地證明，無法提供者不予驗收。

必做 02 ▶驗收進場建材必須符合合約規格

按施工進度、依施工順序，在各期工程開工前針對「進場建材」逐一檢查，確認施作建材與設計圖中建材選用表相符合，並拍照存證。

Point 5 每一工程階段需經過初驗合格再付次期款項

屋主在分期付款的同時，應有權利針對前一期業者應該完成的工項部份先進行初驗，待初驗合格後再給付次期款項，確保每一筆付款的價值。亦可於工程約中制訂下列條款：「各期工程項目經乙方檢附前期工程項目之完整竣工照片予甲方，經甲方初驗合格，且甲方依本合約第 X 條檢查材料合格後，甲方應於三日內將乙方請款匯入指定帳戶。」。

▶ 新成屋要保留的衛浴設備，裝潢時要做好保護措施。

Point 6 工地糾紛或異狀的處理

必做 01 ▶發現問題先溝通

在施工過程若發現異狀，建議先與現場監工人員或設計師溝通，若雙方對問題爭執不下而各持己見時，可對發現爭議的問題作蒐證，例如拍照存證或錄音等，作為後續在法律上協調爭議的保障點。

必做 02 ▶要求立刻修補瑕疵

發現瑕疵，立即要求補正、重作，並行使法律上、合約上的「同時履行抗辯」權利，暫停支付次期的請款。

? 裝修迷思 Q&A

Q. 鄭小姐請設計師做設計後，為了省錢，決定自己找發小包。但木工師傅做到一半，就跑來告訴她這設計圖畫得不對，實際施工碰到困難，無法這樣施工。

A. 很多工班師傅覺得設計師的設計太複雜又麻煩，會要求改設計或假裝做不到。所以別輕信他們的話而改設計，最好自己實地了解並請教設計師。而設計約的服務裡包含設計師必須幫屋主跟工班解釋圖面，若所畫的圖無法施工，也要協助修改解決。建議與設計師簽約時，可先確認設計師協調處理的意願、次數及費用。

Q. 設計師說陽台可外推，現在被舉報拆除，這責任該誰負？

A. 關於違建之設計，如果裝修業者沒有即時告知，就直接施工，不論是後來屋主發現，或裝修業者主動告知，或遭第三人舉報，因此後續產生的拆除、修改或復原費用，還包括波及其他「無辜工項」，只要是必要拆改工項範圍內的費用支出，在法律上均應由裝修業者吸收、承擔之。

裝修名詞小百科

隱蔽工項：指無法以肉眼驗收的工程項目，如地坪防水、水電管路上泥作、封板前的施作等。因此隱蔽工項在施作時，建議屋主可到場親自查驗工班的施工步驟，或是請設計師拍照驗證。

一底三度：底是指批土程序，三度是指刷油漆面漆的次數。

粗清：清潔工程的其中一項，指的是將現場的施工廢料，以及現場的粉塵，像是因為高壓噴漆帶來的白色粉末灰塵、鋁窗或泥作施工時的水泥泥塊、現場保護板的清除，只要現場看得到的平面表面粉塵，像是地板、櫃子表面等等，用掃把或雞毛撢子清乾淨而已，一般稱為粗清。

老鳥屋主經驗談

May 我的經驗是不要隨意的亂砍價，除了對於裝潢行情要有一些了解之外，也要給廠商合理的利潤空間，如果殺價殺得太誇張也很容易引起糾紛。

樂樂 我們是自己找工班施作，其中有一個報價單計價單位幾乎都是「一式」，很多項目也沒有詳細說明使用的建材，為了避免未來有更多爭議，就沒有納入考慮了。

PART 3 裝修後期

照著做一定會

Point 1 合約中明載「工期」相關條款以確保準時交屋

Check 01 ▶「開工」、「工期」、「預定何時完工且通過驗收」

「時間」往往是契約的重要條件，包括：何時開工（動工）、何時完工（或驗收通過）、工期計算標準採「工作天」或「日曆天」、變更及追加工程時之工期展延等，尤其攸關屋主權益。

Check 02 ▶明確約定「工期延宕的違約效果」

鑑於屋主實際上要舉證「遲延交屋造成的損害數額」並不容易，因此施工約中應該一併註明：「依本合約第四條第（一）項所定總驗收期限，乙方每逾一日，應按工程總價款之千分之＿＿計算遲延違約金，逾期達二十日以上時，甲方並得解除契約。」。

此外，鑑於屋主可能因為業者延宕施工、無法準時交屋，而必須繼續在外租屋、支付租金，施工約中也可以一併註明：「乙方未依本合約第四條第（一）項所定總驗收期限履約時，除依前項賠償甲方遲延違約金外，乙方另須賠償甲方因完工日延宕需向第三人承租房屋所支付之租金。」

Check 03 ▶完工驗收定義要寫明確

合約上所註明「工程驗收後」支付尾款的地方要注意，最好寫清楚為「驗收通過之後」，避免因為設計師和屋主對「驗收標準」的認定不同，或者裝潢仍有諸多瑕疵問題未解決，屋主就要被要求支付尾款。

▼完工、驗收後，還能繼續保障業主權益的就是「保固條款」。

圖片提供@禾築國際設計

▲ 簽約盡量選擇有信譽、口碑且經營有一段時間的公司，才能為居家提供完整的保固服務。

Point 2 合約用字要更精準

Check 01 ▶「完工」與「總驗收」的認定

由於法律上認定的「完工」與「總驗收」為不同之定義，目前法院實務上認為，完工即使沒有通過驗收、還有瑕疵，也只是民法瑕疵擔保責任的問題，業主不能以未完工為由，拒絕付款給廠商。

Check 02 ▶以「驗收通過」做為付款的保證

合約中使用「驗收通過」做為「尾款支付」、「逾期違約計算」、「保固」等條款的起算點。並針對之前各項工程階段初驗不通過的部分，逐項檢驗進行總驗收完成後，再付最後尾款，並將付款條件和逐步驗收通過結合在一起，更能避免雙方對完工認知差異所衍生的爭議。

Check 03 ▶「驗收後」or「驗收通過後」？合約上寫清楚

合約常見註明「尾款 10% 於驗收後支付」，解釋上當然是指「驗收通過之後」，但會有不肖業者故意曲解為「驗收這個動作做了之後」，昧著現場存在一堆瑕疵未處理，竟厚起臉皮向屋主要求尾款。因此，如果合約中只是寫「驗收後」，建議屋主一定要確實修改為「經甲方（屋主）驗收通過後」，否則將來仍恐生爭議，導致「尾款」的擔保功能喪失。

Point 3 總驗收處理絕招跟著做

必做 01 ▶拍照存證、逐項列出並簽字確認

驗收當日不只拍照，更重要的是，雙方必須要簽立驗收紀錄，將所有需要修補的瑕疵都條列出來，由雙方簽字確認為憑，以作為事後修繕的依據。一旦對方曲解合約條款起訴請求尾款時，屋主也才有書面證據可提出，以便向法院說明「尾款付款之條件尚未成立」。

必做 02 ▶破解「屋主入住視同驗收通過」說法

有鑑於合約條款第八條常會被不肖設計公司曲解：「屋主未經驗收而進入使用時，視同工作物已驗收完成。」，如果屋主遷入前已先行拍照存證，則遷入前已經紀錄的瑕疵，自然不會因為屋主遷入而被認不構成瑕疵。從而，針對這些已紀錄的瑕疵，業者還是要負起修繕責任。或在簽約時將條款調整為：「甲方（指屋主）未經驗收而進入使用時，視同工作物之驗收完成。但甲方入住係因乙方遲延完工、自行停工、拖延驗收或甲方已拍照記錄瑕疵時，則不在此限。」

必做 03 ▶以條款避免「雖堪用卻不美觀」與「施工品質不良」

目前關於室內裝修「工項的品質」（應該符合什麼樣的驗收標準），並沒有相關明確法令標準。對於大多數屋主而言，「室內裝修」的品質要求不只是「堪用」，而還應該達到「美感」的層次。因此，屋主（消費者）只能藉助在「室內裝修合約」內容中訂具體、清楚、明確，特別是針對「驗收標準」這部分，才能「更有效」保障自己的權益。以及或許不影響裝修項目的堪用性，但無疑會影響美感或視覺效果。

Point 4 預防「保固有名無實」跟著做

必做 01 ▶對簽約廠商要事前徵信

簽約盡量選擇有一定信譽、口碑的公司，且落實簽約對象之事先徵信，例如，從「票據信用紀錄」中的「關係戶資訊」，如果可以看出對方開過很多家公司，而「公司及分公司基本資料查詢」結果，各家公司經營時間均不長，則對方很明顯是利用不斷設立不同公司的手法，規避法律上應負的責任。

必做 02 ▶引入個人（設計師）連帶保證責任

要求設計師個人也一併在合約中簽字負起保固責任。

▼ 有購買建材或材料時廠商所給的保固書，加上裝修業者應負保固條款的雙重保障，讓居家常保良好的生活品質。

圖片提供@演拓空間室內設計

必做 03 ▶協議採用「保固款」之保留或扣款制度

在合約中保留部份比例之「保固款」（總工程款之 5%～ 10 %），暫先不給付予業者，嗣保固期滿始為給付。

必做 04 ▶檢視您的保固條款

瞭解保固意義及正確保固條款文字。以及比照逾期違約金之設計，註明不履行保固責任之違約罰款。

圖片提供@ Sam

▲「不能完全打開」屬於明顯施工瑕疵，可要求修補。

? 裝修迷思 Q&A

Q. 我拿雜誌跟設計師說「我要類似這樣的傢具」，他居然叫我自己去找，請設計師陪同居然一直推拖沒空，要底設計師有沒有義務陪我選購家具呢？

A. 設計師究竟有無「義務」協助採購你要的傢具，端視「雙方合約中是否明列傢具工程」、「設計圖、估價單內容是否已指名雜誌上的這個特定傢具」而定。如果雙方已明訂「採購特定傢具」為合約內容一部分，而設計師仍一再推拖、衍生工程遲延，不僅業主可以要求扣除「傢具項目」工程款，還可以主張計算遲延完工的違約金。

Q. 在保固期間內發現公司竟然倒閉了，難道只能自認倒楣？

A. 以「公司名義」進行簽約，且公司於收款後旋即倒閉之情況，即使合約中提供再長、再全面的保固範圍，對屋主而言，也完全不具任何意義，此時屋主就只能自己承擔損失。這就是為何簽約還是必須多加考慮業者信譽（經營多久）的原因。

裝修名詞小百科

完工：法律上講求人證物證來佐證，在法律上對「完工」二字的定義標準會因不同人之認定而有差別，而驗收會配合驗收表輔助證明，可以明確地在法律上帶有效力。

油漆驗收：即驗收油漆成效、有無瑕疵，驗收方法可分「開燈驗收」與「關燈驗收」兩次，前者需注意破洞、黑點、顏色不均如刷痕等。後者需注意陰影、凹陷和裂痕。

防水驗收：可將浴室排水孔塞住後放水，觀察是否會滲漏，但這種方式耗時又耗水，建議放水時淺淺的約高 2c m 即可，再約好樓下屋主在 24 小時後查看其家廁衛的天花板有無漏水。防水驗收的技巧可以直接潑水於地面及牆面，觀察是否有滲漏情形，而浴缸在施作時會進行試水測試，業主若有空也可以到現場監工，另外防水塗料是否塗抹均勻也要注意。

老鳥屋主經驗談

May

若設計師真的無法協助業主採購心目中的傢具時，建議屋主自已花一點時間在網路上做功課。有時也會發現一些品牌傢具的「代工廠」資訊，將喜歡的傢具照片拍下來提供給傢具代工廠下單訂做。

Tina

裝潢也有淡旺季之分，一般年前是旺季，年後則是淡季，愈是功夫好的師父，檔期愈滿，多問朋友介紹熟識泥作師傅，或是早點 Booking 檔期，都會比較安心。

Project 25

結構

掌握修復關鍵，提高居住安全

屋齡超過 20 年以上的老房子，最容易發生鋼筋外露、裂樑、窗框歪斜等問題，甚至由於早期建築施工的不確實，牆體出現蜂窩現象，這些問題將會嚴重影響居住安全，建築、結構專家們傳授修復方法、關鍵，讓你就算買到老屋也不怕。

重點提示！

PART 1 鋼筋外露

外露的鋼筋要進行除鏽、清洗的動作，填補的水泥砂漿也需添加七厘石以增加強度，或使用磁磚專用的易膠泥（內有添加樹酯）來填補。→詳見 P300

PART 2 窗框歪斜

老屋的舊式鋁門窗框體較薄，很可能因為長年每天拖拉而變形，內框變形可直接替換。舊型的窗戶為鋁擠型，如果只是框內的門片或紗窗、玻璃窗變形，可以修復或換新的。→詳見 P302

PART 3 裂樑

牆面或樑柱出現裂痕，可採用 EPOXY 灌注、鋼板補強、FRP 貼片補強解決。→詳見 P304

PART 4 牆體蜂窩

蜂窩出現在樑柱或承重牆，最好改用無收縮混凝土來填補，以確保牆裡面的鋼筋能與混凝土塊體能緊密結合。→詳見 P306

PART 5 露台、陽台承重

陽台與露台的承重力在結構設計時不如室內樓地板會考慮較大的荷重。它們雖不屬於結構主體，但其重量仍需建物結構來支撐。→詳見 P308

職人應援團出馬

結構職人

台北市結構技師公會理事長 江世雄

1. 調出建築原始圖檢視結構牆。對於空間裡是否會影響結構的牆面，最好還是跟建商或管委會調出當時興建的建築原始圖來檢視會比較準確。其中，若是結構牆面多半比較厚，從建築圖面上一看即知。

2. 分租套房承重需計算。其實已證實即便是空間裡的隔戶牆對於地震也有緩衝效果，因此不建議隨意拆除任一牆面，尤其是都會地區流行將原本空間隔成小套房出租，為隔音效果好，多半採用磚牆設計，導致上重下輕，在地震來臨時易發生危險，建議若鄰居有做此施工，最好還是函請營建單位來檢測，以保全棟樓的結構安全性。

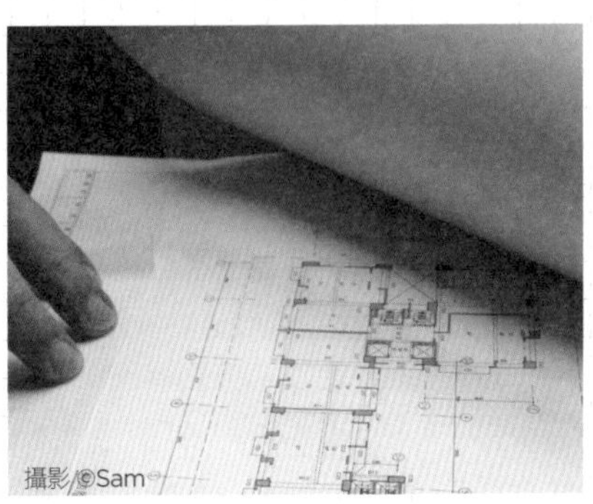
攝影©Sam

節能職人

澄毓綠建築設計顧問公司總經理 陳重仁

圖片提供 © 澄毓綠建築設計

1. 不隨意開窗動門，以免影響結構。建築物的窗戶及門都是一種開口部，因此不能隨意挖洞開啟，而且根據法規限定，住宅開口率以不超過 30%為原則。但有些中古屋在裝修時，設計師會刻意將開口加大，其實仍會影響結構面，建議最好透過建築師及結構技師詳加計算。

2. 力推中空層牆體結構，隔熱又防潮。在牆與牆中間設計一10 公分以下的空氣層，除了可隔熱，更因中空層有空氣及水分進出路徑，便不易產生發霉現象，尤其是現推老屋拉皮，不妨可以將外牆選用中空材質如空心磚。

材質職人

大涵空間設計 趙東洲

1. 樑柱有整條或 45 度角裂縫，小心耐震度不足。留意樑柱與牆面是否有龜裂、出現縫隙等現象，以及拿工具輕輕敲打一番，辨別是否有局部空心、建材不實等問題。但在房子蓋好後才開始檢查，就算發現結構有施作不良的現象，事後也只能盡量做補救。

2.5 分鐘教你辨識海砂屋。可觀察大樓公共設施或地下室停車場混凝土塊的附著情形不好，同時注意天花板、牆面的裂縫，如果跟鋼筋的走向相同時，就要特別注意。最好要求前屋主提供海砂屋的檢測報告，或是自行委託專業檢測單位作檢測，判別是否為海砂屋。

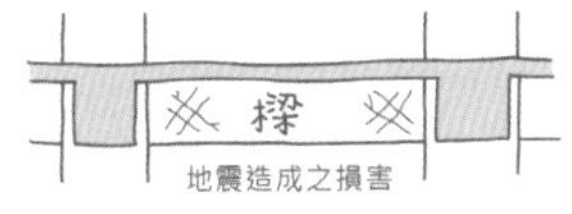

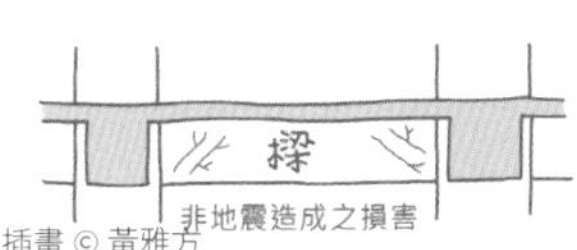

插畫 © 黃雅方

PART 1 鋼筋外露

照著做一定會

Point 1 引發鋼筋外露的可能原因

原因 01 ▶建築濕氣過重或漏水

混凝土塊若經常遇水，裡面儲存的濕氣會導致鋼筋生鏽；而鋼筋一旦生鏽，體積就會膨脹，進而撐開外圍的混凝土。一開始先是混凝土層鼓起，接著爆裂。如果建築物的戶外防水有漏洞，大雨的水氣侵入牆壁，裡面的鋼筋就會受潮而生銹。如果樓上漏水，也會導致相同問題。

原因 02 ▶混凝土含有高量的氯離子

海砂裡的高量氯離子 (※) 遇水時會促使鋼筋生鏽。鋼筋一旦生鏽，含腐蝕生成物的體積就會變大，進而擠壓週遭的混凝土塊，從而導致混凝土崩落、露出裡面的鋼筋。※ 一般規定，混凝土塊每立方公尺的氯離子含量應小於 0.3kg/m3 ~ 0.6kg。

原因 03 ▶混凝土層過薄或強度不足

蓋房子在灌漿時，保護層的厚度不夠或震動棒的搗實不確實，或坍度不足等，都會引起鋼筋外露或蜂窩。由於鋼筋需要混凝土層的保護，若保護層不足，就導致空氣裡的濕氣接觸鋼筋，並引發鋼筋鏽蝕膨脹導致混凝土塊剝落。

原因 04 ▶地震搖晃或外力影響

鋼筋具有彈性，外覆的混凝土塊則很剛硬。混凝土建築若沒算好結構應力，遇到強大地震時，樑柱裡的鋼筋會因應拉力而彎曲，周圍的混凝土塊卻因為欠缺彈性而被兩側剪力牆的應力給扯裂。倘若混凝土塊裂得太厲害就會剝落、進而露出裡面的鋼筋。如果鄰居裝潢施工時敲打太用力，也可能導致類似情形。

圖片提供 © 禾方設計

▲ 大樑露出鋼筋，是因為混凝土石澆灌得不夠厚實所致。

Tips1：混凝土牆、地板出現鼓起或裂縫，都是一種警訊。

Tips2：房屋若多年無人居住，很容易有溼氣過重的問題，也可能導致鋼筋外露。

Tips3：若灌漿時混凝土層厚度不足而導致鋼筋裸露，通常僅為局部出現，並不會影響到結構安全。

Tips4：一般人以為鋼筋外露的房子就是海砂屋，其實不然！得請專業廠商針對混凝土塊來檢驗氯離子濃度。氯離子濃度超出標準的，才能算是海砂屋。

Point 2 修補鋼筋外露的工法

方法 01 ▶當鋼筋外露不影響結構時

通常只需針對外露的鋼筋進行除鏽，清洗後塗上紅丹或 Epoxy 保護，就可避免鋼筋繼續鏽蝕。最後再用混凝土砂漿修補。

Tips

如果檢驗證實為海砂屋，就得打除整面牆壁或樓板並從新施作。否則，補強後，過一陣子仍會出現混凝土塊體崩塌、鋼筋外露的問題。

圖片提供 © 力口建築

▲ 鋼筋保護層不足的天花大片露出鋼筋，敲打掉不扎實的塊面，幫鋼筋除鏽並塗上紅丹作隔絕。

方法 02 ▶當鋼筋會影響到結構安全時

除了外露的鋼筋要進行除鏽、清洗動作，填補的水泥砂漿也需添加七厘石以增加強度，或使用磁磚專用的易膠泥（內有添加樹酯）填補。

Tips1：鋼筋混凝土建物的結構，由耐拉力的鋼筋與耐壓力的混凝土來組成完整的結構體；因此，鋼筋與混凝土不應分開。如果其中一個失去作用，就會大幅降低整體的抗震或承重力。

Tips2：若是樓板／天花裡的鋼筋外露且鏽蝕嚴重，必須用鐵件來補強整個樓板／天花的結構。

Tips3：修繕時該採用何種工法與材料，必須先經由專業廠商或技師等專業人員來下判斷，再依照業主預算及修繕後可使用年限等考量。

圖片提供 © 力口建築

▲ 由於鋼筋腐蝕嚴重，泥作填補後又加上鐵件以補強結構。圖中案例施作約兩週。

? 裝修迷思 Q&A

Q. 海砂屋一定會出現天花混凝土脫落、露出裡面的鋼筋的情形嗎？

A. 未必。若沒有過高濕氣，海砂裡的氯離子也不會導致鋼筋生鏽。但由於台灣潮濕多雨，海砂屋日久通常會出現天花板崩落混凝土的狀況。

Q. 為何海砂屋的樓板掉落混凝土塊，不能直接填補或補強呢？

A. 海砂屋的問題不僅止於樓板或局部鋼筋裸露的問題，而是整棟建物的混凝土的氯離子含量全都過高。最好先經過技師公會等專業人員鑑定後再作決定，才能正確找到問題及解決辦法。

裝修名詞小百科

碳纖維貼片：碳纖維複合貼片（©FRP），由碳素纖維與常溫硬化型樹脂組成，質輕、強度高，若能緊密貼覆於混凝土結構體，不必大幅增加結構重量，就能高效地提高發揮鋼筋混凝土構件之勁度與承載力，且強度隨著貼覆層數而提高。

海砂屋：民國 70 年代，由於建築業過度蓬勃導致河砂供不應求，有不肖業者用未經處理的海砂來蓋屋。海砂由於含有過高的氯離子（一般標準為每立方公尺鋼筋混凝土的氯離子含量低於零點六公斤），遇水特別容易產生壁癌，並使裡面包覆的鋼筋生鏽，日久就容易出現天花到處崩落大片混凝土、露出裡面的鋼筋的情況。

老鳥屋主經驗談

阿甫　先前買房子時，幸好有跟鄰居打聽並上當地政府建管單位的網站查詢，否則就買下海砂屋。聽朋友說，若懷疑自家是海砂屋，也可委託建築師公會或土木技師公會等單位派專業人士事前來鑑定；或是敲下一塊混凝土寄給新竹工研院材料所來檢驗氯離子含量，電話：035-9168335。

威廉　我家被驗出是海砂屋，但由於有預算等考量而不能立即重建，室內設計師跟我說權宜之計就是：依照我們能負擔的預算以及希望補強後希望還能住上多久，再商量客廳天花大面積鋼筋外露的情況該施作哪種工法。

PART 2 窗框歪斜

照著做一定會

Point 1 門窗不能密合的原因

狀況 01 ▶外框材質差，日久變形
廉價鋁框的材質太薄，由於長年拉動與材料老化而導致窗體變形。

狀況 02 ▶框的週遭有縫隙
窗框與窗洞之間原本就存有細小裂縫或有空穴，或是用來填補縫隙的材料日久脱落，導致框體與牆體失去密合度。

狀況 03 ▶五金損壞導致框體變形
如果鉸鏈、滑輪等五金壞了，門片或窗戶在拉動之間也容易跟著變形。如果門窗無法密閉，也可能因為遭受強風的壓力而變形。

狀況 04 ▶牆面傾斜導致門窗跟著歪斜
地基下陷、牆面歪斜或是整棟建築傾斜，都會導致門窗地位置脱離原有準度。通常，多半是因地震導致建築歪斜才發現有門窗變形的情況。

Point 2 補正方法

方法 01 ▶內框變形，換新的即可
內框變形可直接替換。舊型的窗戶為鋁擠型，如果只是框內的門片或紗窗、玻璃窗變形，可以修復或換新的。尤其是老屋的舊式鋁門窗，因為框體較薄，很可能因為長年每天拖拉而變形。

方法 02 ▶若外框也變形，通常如何處理？
若只是單純的框體變形，整組換新即可。但若是外框變形，尤其是新外框若突然變得會漏水漏風，那就代表有外力施加而導致外框與壁體之間已經產生裂縫。若確認這面牆壁真的已經變形了，就得將整座門片連框或是整個窗戶打掉，重新立框。

▼ 外牆置換新窗戶，倘若有壁癌問題，必須敲掉周遭牆面以便重新做防水、四周亦以鋼板加強角隅抵抗剪力破壞。

Tips1：打掉窗戶時，必須連同外框週遭（上下左右）的舊有填縫水泥沙漿和牆面上的磁磚等表面層也一併敲掉。通常約莫敲掉 10 至 15 公分的寬度，一定要敲到結構層，以便重新作防水層。

Tips2：門窗立框的程序，通常在建築興建時，完成建築本體的時候進行。依序為 1. 立框→ 2. 填縫→ 3. 防水→ 4. 表層粉光、貼磚。重新立框時，必須從步驟 1. 立框開始做起。

Tips3：如果外牆的窗框左右或下方有壁癌，代表牆壁已有裂縫故導致滲水。即使外表看不出來，治本的作法仍是得敲開牆壁、重新立框。

方法 03 ▶新框直接包覆在舊框表面
若要整扇門窗都替換，卻又不想敲掉牆面重新立框，其實也可將新框架在舊框內側。不過，若舊框本身就與建築體出現縫隙的話，這只是治標的作法；即使做了防水與填縫，還是會有漏風漏水的風險。此外，這種作法還有個缺點：因為是架在舊有的門窗之內，因此新的門窗會變得稍小些。

Tips
立框後，要將外牆刷上一層防水劑，然後在新的框體與牆體之間填入填縫劑。

? 裝修迷思 Q&A

Q. 為何門窗歪斜不能只換門窗，還要檢查壁癌甚至建築結構呢？

A. 門窗理應與建築體密合，若有歪斜，就代表它受到外力影響。當然，這外力可能是人為操作不當，也可能是高樓層受強風壓力所致；更常見的原因，則是地震導致建築歪斜或受損。室內窗戶週圍牆面有壁癌、白華或是下雨時窗框下方也有水痕者，這是因為牆壁有了縫隙的關係；可請有經驗的室內設計師或口碑良好的防水工程公司來處理。至於門窗嚴重歪斜，則多半是建築物傾斜所致，應該先找結構技師來檢驗建築物。

Q. 買堅固的氣密窗就不會歪斜？

A. 氣密窗能隔絕水氣與風壓，是因為內外框之間的縫隙加裝了很多道的橡膠條；此外，框體也為了裝設橡膠條而變厚，但，比較厚並不代表它不會變形。事實上，若牆面歪掉的話，就連最高檔的氣密窗也可能因為強力拉扯而變形。

▲ 外窗必須做滴水線。施作完畢，必須校正窗緣的滴水線是否做得精準。

▲ 舊窗戶外框拆除後，四週牆面略為打除，窗戶外框站立完成後以水泥砂漿確實填縫（室內側無需施作防水故不需打除表面施作防水）。

裝修名詞小百科

應力：應力（stress），當物體受到外力時，內部所產生的抵抗力。每單位承受的內部抵抗力就稱為應力。可分成正向應力與剪應力。

剪力牆：剪力（ Shear For©e）就是作用力的方向與作用面平行的應力。剪力牆（shear wall）則是建築物用來承受風壓或地震所產生的水平剪力的牆體，通常厚度超過 20 公分，上下或左右並可有樑柱，牆面也不會開門或開窗。一般來說，用來隔間的牆，厚度約 15 公分，裝修時可因應格局調整而拆除。

房屋的傾斜率：計算方法是以建築物傾斜的水平位移距離除以建築的地表高度。如果一棟公寓高 1500 公分、外牆傾斜 5 公分，傾斜率＝5/1500=1/300。，傾斜率≧ 1/40 有嚴重的危險性，必需拆除；≦ 1/200，通常較無害；至於傾斜率介於 1/200~1/40 之間，則必須補強、修復。

老鳥屋主經驗談

May 很想整個換掉老公寓前陽台的落地窗，但又不想大費周章地敲牆。室內設計師建議我不妨在舊框內安裝新框，真的省事多了。

King 老家的舊式格子拉門想換新的玻璃，設計師建議我最好能換強化玻璃。理由是，因為一旦有破損，較不會有碎片傷人的問題。

PART 3 裂樑

照著做一定會

Point 1 如何判別裂痕屬於結構性問題

判斷 01 ▶從位置來判別是否屬於結構性裂痕

發生在樑、柱、樓板、剪力牆等結構體上的裂痕稱為結構性裂痕。通常要敲掉的表面粉刷層才能得知到底是結構體也裂開，或是僅有表面粉刷層裂開。但理論上，如果縫隙寬度超過 0.3 公厘，就可能降低結構強度、縮短建築壽命，甚至在地震時會因為建物承受力不夠而有崩塌之虞。發生在隔間牆等非結構體的細紋，多半是因為水泥表層乾縮的細紋，或是水泥澆灌時間不同所產生的冷縫，不至於影響到結構安全。

判斷 02 ▶從裂痕形狀與走向來判斷

如果縫隙過大，甚至已經大到鋼筋裸露的程度，極可能是結構體已遭受破壞。還有，如果樑柱出現裂縫且呈現 45 度斜向（剪力裂縫）或有兩條以上裂縫交叉（交叉裂縫）時，就要趕快請結構技師前來鑑定，否則很容易因為地震而影響安危。裂痕呈 45 度，代表結構體的剪力遭受破壞。至於強烈地震過後，從門框或窗框轉角處往牆面延伸而出的斜向裂痕，則是因為牆面遭受水平向度的外力拉扯所致。

▲ 呈 45 度裂縫多半是剪力所造成。由於圖中裂縫深可見鋼筋，應及早請結構技師前來鑑定。

以下裂痕應盡速找專家鑑定、修復

位置		形狀	備註
柱	樑柱接合處、柱子的頂端或底部	斜向裂縫	嚴重者可能伴有水泥剝落或鋼筋外露的現象
	緊靠門窗的柱子	斜向裂縫	
	柱子頂端或底部	水平裂縫	嚴重者甚可看出明顯的位移
樑	樑與柱的交接處	斜向裂縫	
	樑與牆的交接處	垂直裂痕	
牆（剪力牆）	與樑柱的交接處	斜向裂縫	嚴重者甚至會導致磁磚崩落
門窗旁	從門框或窗框轉角處往牆面延伸	斜向裂縫	嚴重者可能伴有門窗歪斜的問題

Point 2 避免樑柱裂痕擴大的幾種補強手法

方法 01 ▶ EPOXY 灌注

當裂縫寬度＞ 0.3mm 時，適用 EPOXY（環氧樹脂）裂縫注射，施工步驟如下。1. 清除表面雜物→ 2. 標示注入孔的位置→ 3. 安裝注入孔的底座→ 4. 從裂痕外表進行密封→ 5. 等待密封劑硬化→ 6. 將藥劑裝入注射筒→ 7. 從注入孔灌入裂縫內→ 8. 等待藥劑硬化→ 9. 拆掉注入孔的底座，磨平表面

Tips

EPOXY 灌注法又分成高壓灌注、低壓灌注。

Tips

如果是外牆出現裂縫，在牆面依此法灌注 EPOXY 藥劑，也能避免縫隙變大。

方法 02 ▶鋼板補強

當裂縫已經大到會危及結構安全時，還需要做補強動作。1. 先去除表面的粉刷層→ 2. 打除鬆脫或不牢固的混凝土→ 3. 清除乾淨後，以注射劑修補裂縫→ 4. 再將鋼板預組在樑上，包覆樑柱→ 5. 之後再於鋼板鑽孔、施打化學錨栓→ 6. 再於化學錨栓及鋼鈑邊封口→ 7. 最後，灌注 EPOXY 以結合鋼板與樑柱。

方法 03 ▶ FRP 貼片補強

以前，若要加強樑柱結構多會採用鋼板來包覆。由於鋼板厚又硬且要緊密包覆才能發揮效用，導致施工難度很高。現多改用碳纖製成的 FRP 貼片取代，強度甚至可高過鋼板，且由於材質輕薄，狹窄空間亦能施作。

施工步驟約如上 1 至 3，接著，4. 塗布黏著劑→ 5. 黏貼貼片→ 6. 等待硬化（約需 1-2 週）→ 7. 表面噴塗保護層（如耐候漆或樹脂砂漿）

圖片提供 © 禾方設計

▲ 以鋼板補強結構柱體的裂縫，可以提供足夠的支撐力。

? 裝修迷思 Q&A

Q. 為何不管哪種裂痕，只要寬度過 0.3 公厘就得注意結構安全問題？

A. 因為這樣的寬度會讓空氣中的溼度很容易就滲入混凝土裡，導致鋼筋生鏽並進而撐破表面的混凝土，最後演變成鋼筋外露的問題。關於鋼筋外露，可參見 PART1. 鋼筋外露。

Q. 為何我家大樑出現裂縫，來勘驗的結構技師卻說整棟樓都要做檢查？

A. 社區大樓若發現自家樑柱（結構體）出現裂縫，代表建築體受力不均所引起，問題不是只出現在某一樓層，而是整棟建築的問題。

裝修名詞小百科

撓曲裂縫：樑或柱上出現的垂直裂痕，代表樑柱受損程度約有三成。還不至於有立即危險。

剪力裂縫：樑柱表面出現 45° 的裂縫，意味樑柱的損害度已達九成，可能會有瞬間破壞的危險。

老鳥屋主經驗談

Robert 從沒覺得樑柱上的那些細紋有什麼好怕的。沒想到地震一來，它們竟然變長、變深了。請結構技師來鑑定，竟然說要趕快補強，免得地震來時可能會倒塌。

Emily 我家橫樑在大地震過後出現裂縫，先前找的設計師很快就幫我們補平。沒想到，最近地震來了它又裂開。這次找的設計師跟我說，樑柱裂縫一定要找結構技師共同來評估，先前由室內設計師直接填平再做裝潢的做法其實很危險。

PART 4 牆體蜂窩現象

照著做一定會

Point 1 檢查有無蜂窩的撇步

撇步 01 ▶自建者在營造現場作重點檢查
混凝土有稠度；混凝土塊體裡的蜂窩，主要是因為灌漿過程中搗實不夠所致。如果混凝土的配比不對（骨材太大）、或是灌注速度忽快忽慢，或是鋼筋、管線排得過於緊密，混凝土漿都很容易因為沒有充分流入板模內，而在樑柱、管線密集處或電箱週遭出現空洞。所以，在拆了模版之後要特別注意這些地方。自建的屋主，不妨在巡視時用鐵鎚輕敲，注意是否有混凝土塊體掉落或有空洞回音的情況。

撇步 02 ▶新成屋，壁磚或磁磚貼不平
如果是全新的房子，磁磚鋪面可看出不夠服貼，或用起子輕敲時，聲音空空、悶悶的，甚至地面踩起來浮浮的，最好拆掉磁磚鋪面做檢查。

▲ 興建中的鋼筋混凝土建築，常因為灌漿時搗實不足而導致牆體出現蜂窩。

撇步 03 ▶中古屋，嚴重壁癌老治不好
蜂窩比紮實的混凝土牆體更容易儲藏水份，是引發壁癌的元兇一；且，蜂窩引發的壁癌往往很嚴重，即使做了內外防水仍然會吐出白華。若老屋有難以根治的壁癌，最好確認牆壁裡是否有蜂窩。

Point 2 修補蜂窩方法看位置與程度輕重

方法 01 ▶非結構體可直接填補混凝土砂漿
新作工程若只有局部出現蜂窩，只要針對局部部分用水泥砂漿等修補即可。在興建過程中，營造廠在粉光混凝土牆之前會檢查整棟建物是否有無蜂窩。若蜂窩出現在非結構體（一般隔間牆），直接填補相同強度的水泥砂漿即可。如果深度很深（超過三公分），則灌注相同強度的混凝土。

方法 02 ▶結構體要用無收縮混凝土來填平
若是蜂窩出現在樑柱或承重牆，最好改用無收縮混凝土來填補，以確保牆裡面的鋼筋能與混凝土塊體能緊密結合。結構體的重要性依序為：柱 > 樑 > 牆 > 板。所以，如果樑柱或牆面有蜂窩，可先找專業廠商來判斷判斷。如果情況很嚴重，則需請專業技師公會來鑑定，他們會建議合適的修繕方案。

方法 03 ▶嚴重蜂窩要打掉、重新灌漿
如果蜂窩很大，必須經過結構技師鑑定是否會影響到結構，依實際狀況來決定是否要打掉整道牆、拆除鋼筋並重新築板模、灌漿。這有重作結構體的必要，必須要提出結構補強計畫。

Tips1：填補蜂窩蜂窩時，要先打除不夠緊實的組織，並用高壓水柱來沖掉雜質。

Tips2：由於新舊的混凝土塊體無法百分百地密合，填補材與原有塊體之間要先打濕、塗上結合藥劑，以促進新舊塊體的密合。

Tips3：用無收縮混凝土填補空洞時，無論孔洞大小，外側都要封板模以免填補材料流失。特別是無收縮混凝土的流動性很強，一定要封板。

Tips4：因為新舊混凝土交界處很容易出現裂縫（冷縫）。填補完封窩後，要注意是否會再出現裂縫或是外牆與窗框處是否會漏水。

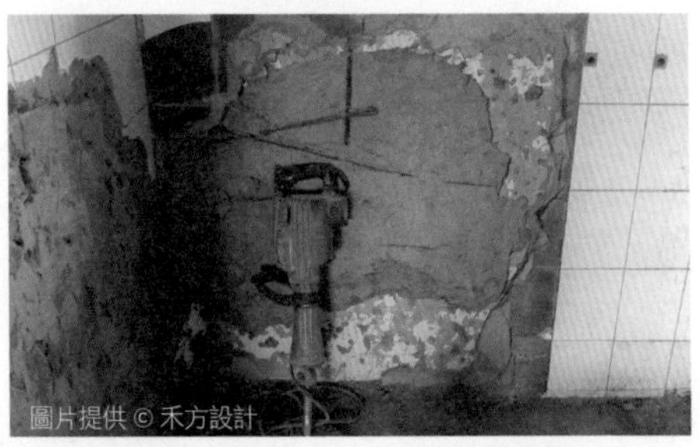

▲ 中古屋因壁癌而拆除外牆，卻發現裡面既有蜂窩且沒配置鋼筋。

？裝修迷思 Q&A

Q. 水泥砂漿較好操控，但為什麼要使用無收縮水泥來填補蜂窩？

A. 無收縮混凝土的延展性佳、流動性大，故能自動流入空洞底部進行緊密的填補。而水泥砂漿由於加入沙子這項骨材，雖然整體較容易塑形，但也因此失去高度流動性。簡言之，材料的骨材越大，填補的效果就越差。補蜂窩一般常見的材料為水泥砂漿，比較少用到無收縮水泥。這是因為無收縮水泥成本較高的關係。填補蜂窩時，若無模板來封住洞口就無法施作，通常要在現場工地請模板師父來組模。

Q. 中古屋牆裡的蜂窩為何不直接用鋼板遮住就好了？

A. 用鋼板遮住雖能避免壁癌導致室內空氣溼度提高或有霉菌汙染等問題，但卻無益於結構補強或徹底終結問題。最好還是能填補牆內的空洞，並做好內外防水。

圖片提供 © 力口建築

▲ 由於這間中古屋的外牆拆除後發現沒有鋼筋，故用鋼構結構補強；再植筋、使用免拆模板組模之後再灌漿。

圖片提供 © 禾方設計

▲ 填補牆面蜂窩，在重新澆灌水泥砂漿之前得先封板。

裝修名詞小百科

孔洞：混凝土塊體表面不均勻的凹凸。

蜂窩：凹凸深入牆體內，甚至是在混凝土塊體裡面的空洞。由於空洞的形狀而俗稱爆米花或蜂窩，又稱為「材料分離」或「粒料分離」主要是因為骨材與砂漿因震動搗實不確實或坍度過高所造成。

無收縮水泥：骨材含有緩凝劑與膨脹劑，可避免一般混凝土在乾燥過程中出現收縮的問題。且由於延展性佳，能自動流入空洞底部，緊密地填補空洞；效果會比骨材較大的水泥砂漿優越。無收縮水尼也可用來澆灌主結構，但由於價位高，多半拿來填補蜂窩。

老鳥屋主經驗談

大叔 在自地自建時，除要在每次拆板模之後都要到現場檢查，跟營造商簽約也要註明用無收縮混凝土來填補蜂窩。不然，營造商為了成本考量與方便作業，不管蜂窩的大小或位置，通常都一律用混凝土砂漿填補了事。

阿元 買入的二手屋有面牆總會出現大片壁癌，做了防水後不到一年又冒出白華。敲掉混凝土表層，發現裡面是個蜂窩。具有土木工程背景的設計師幫我規劃用水泥砂漿來填補；長寬 50 公分的蜂窩差不多一、兩個小時就完成填補的工作了。

PART 5 露台、陽台承重

照著做一定會

Point 1 小心露台或陽台的承重力

狀況 01 ▶底下懸空或缺乏小樑支撐

露台是沒有頂蓋的正常樓板。至於陽台，底下通常會有從結構樑柱橫向延伸的小樑來支撐，有些建商甚至會在陽台的左右側加入牆體來加強承重力。如果陽台有收樑，通常每米平方可載重 200 公斤。但如果陽台很小（比如深度僅有一公尺），也可能地板下方沒有收樑，而是以較薄的地板來減輕負重。

狀況 02 ▶當你想在陽台或露台放超重物品時

一般來說，陽台與露台的承重力在結構設計時不如室內樓地板會考慮較大的荷重。它們雖不屬於結構主體，但其重量仍需建物結構來支撐。因此，陽台周遭通常會有橫樑或承重柱。如果想在陽台放置水塔、水箱、大型水族箱，或是改成廁所而用到水泥來墊高地板，多出的負重可能高達上百公斤，這時就得注意相鄰樑柱的承重範圍。至於要在露台上放像水塔之類的超重物時，也是要請專家來判斷這棟建物的結構是否可承受。

狀況 03 ▶外推陽台時想敲掉結構牆

有時，陽台左右兩邊會配置短牆以承重。若想將陽台納入室內，這兩道短牆就會顯得礙事。但，這兩道牆不應打掉，以免降低對頂上的陽台支撐力。嚴重者，樓上的陽台恐有變形、崩塌之虞，最後還是自己受害。

Point 2 補強露台或陽台的工法

方法 01 ▶植鋼筋補強地板承重力

陽台是靠一根根從室內樑柱結構往外延伸的小橫樑來撐住。若要加強陽台負重力，理論上應增加地板裡的小樑數量，單純植筋補強力量有限。然而，植鋼筋得先敲開陽台地板的原有結構，其實補強前就先破壞既有結構了，補強的效果很難評估。從施工的角度來說，這也很難辦得到。

方法 02 ▶在下方牆面做斜撐來補強

在不破壞陽台原有地板的情況下，可從地板的下方做斜撐來補強；將新增的斜撐固定在大樑或柱子上，陽台的重量也能轉至建築物的樑柱。從施工層面來說，這方案較可行；但由於這得從陽台的下方來施工，倘若樓下並非你家所屬，必須先徵求對方同意。

▼ 採光罩周圍要打上矽利康，以阻斷雨水滲入的路徑陽台最好不要外推；若要外推，也盡量避免放置書櫃等重物為妥。

圖片提供 © 禾方設計

? 裝修迷思 Q&A

Q. 為何陽台外推或露台加蓋在全台灣都不合法？

A. 就法規上來說，陽台屬於附屬建物，故不計入建築面積與樓地板面積。如果外推陽台，增加的樓地板面積就會與當初申請的執照不相符，因此屬於違建。

Q. 外推陽台或露台為何會有結構問題？

A. 陽台的配筋量通常不像室內樓板那樣多，通常為後者的一半，因此承重強度遠不如後者。如果要外推增加室內空間，勢必要砌牆、裝設鋁窗，甚至會敲掉左右兩邊的承重短牆；這不但增加了陽台的負重，還會導致整體建築結構失衡。

▲ 頂樓露台施作採光罩，不至於對整棟建物帶來過重的負擔。圖中牆角為預埋完成的立柱鐵件。

▲ 採光罩四週，確實填縫後，表面防水層施作完成才能貼磚。固定好玻璃罩，外側先鋪設中空板，以免下雨進水。

裝修名詞小百科

小樑：簡單地說，直接銜接結構柱的是大樑；大樑匯集小樑的重量。而小樑通常不接柱，而是位於大樑之間、承接部分的樓板或牆體。許多小樑所承接的重量會轉至大樑，再由大樑轉到結構柱。 所以，建築的重量是從樓板→小樑→大樑→結構柱，依序往下累積承載。

配筋：鋼筋配置。陽台地板通常以短向鋼筋為主筋，插入陽台跟室內交界處的橫樑的上層與下層以構成雙層配筋。但如果陽台深度不夠，則多半會採單層配筋，只插入橫樑上層以提供抗拉力。

老鳥屋主經驗談

May 先前買房時曾看中一棟社區大樓，但我的建築師朋友提醒：這裡每層住戶幾乎都外推陽台，很可能超出這棟大樓當初設計時所計算的結構載重；若遇地震，當整棟建築隨震波左右扭轉時，失衡的承重結構較容易出問題。

Sandy 買下小套房時曾想將衛浴間拉到外面陽台，室內設計師卻跟我說這會違法，且，裝馬桶時得用水泥層墊高地板並同時作防水以便配置糞管，這會大幅增加陽台負重。後來就打消念頭。沒多久，就聽說鄰居因外推陽台被強制拆除。

Project 26

法規

免觸法好放心，保障住的安全

室內裝修涉及許多法規限定，一個不小心很容易出錯，特別是自己發包找工班最好對法規有所了解，最基本的就是必須申請室內裝修審查，自有樓梯變更設計也要重新申請審查、執照，陽台外推也絕對不合法，更多法規問題一次搞懂。

PART 1 室內篇

進行隔間變更時，必須審視整體結構安全性，特別是在分戶牆有更動時，可能造成結構安全的疑慮，除須請專業技師檢證外，還必須要取得該大樓之區分所有權人之同意，才能避免衍生法規問題及日後相處糾紛。→詳見 P312

PART 2 戶外篇

雖然過去曾有判例判決分管契約有效，但並不代表屋主可將原有的頂加重新裝修。另外，在頂樓住戶雖然擁有屋頂平台管理使用權，不過這不包含頂樓加蓋，所以其他住戶有權訴請拆除。→詳見 P314

職人應援團出馬

結構職人

台北市結構技師公會理事長 江世雄

1. 裝修不可破壞主要結構。室內裝修不得破壞防火避難設施，及消防設備，在主要結構方面，涉及到基礎、主要樑柱、承重牆壁、樓地板及屋頂，均不可被破壞。因此若裝修過程中，涉及到要在樓地板或牆面開口，建議還是要找專業的結構技師及建築師一同審核，對住戶才有保障。

2. 陽台外推、夾層及陽台加窗均是違建。受限於公寓大樓管理法及建築法規的限制， 民國 89 年前的陽台幾乎不可外推處理，頂樓增建及夾層等都屬有條件的違建，因此在處理時要小心！另外民國 95 年新領建造執照的建築物陽台加窗，也是違建。這些屋主及設計師都必須注意。

攝影 ©Patricia

法規職人

反詐騙裝潢監督聯盟講座律師 吳俊達

圖片提供 © 王俊宏室內裝修設計

1. 室內裝修業者應具備足夠專業。根據建築法規第 77 條之 1，要求室內裝修應由內政部登記許可之室內裝修從事業者辦理之立法理由，是為確保室內裝修業者具備足夠專業，依據相關建築、消防等法令施工，避免產生違章建築或違反公共安全的行為。

2. 專業設計師應付起告知違建之義務。依照法律上的要求，合格的室內設計師應在設計圖定稿前，付起「違建告知」的義務，而且「不得推諉要求屋主自行研究建築法規」。為避免未來的紛爭，建議最好在合約裡註明。

材質職人

大涵空間設計 趙東洲

1. 了解建築法規避免觸法上當。在購屋及裝修之前，應上網了解一下，各地方政府對裝修相關法規的標準為何？並在裝修前，屋主應參考相關建築法規，並與設計裝修業者協調是否有變通的可能性。

2. 由專業確認工程安全性。當需拆除牆面、更動結構等對公共安全有重大影響的工程時，專業設計師應提供告知義務外，屋主也應事先進行詳細評估，尤其是花點錢請建築師或結構技師以其專業儀器檢測，避免讓自己的家變成危樓。

圖片提供 © 大涵空間設計

PART 1 室內篇

照著做一定會

Point 1 兩戶打通

重點 01 ▶更動隔間一定要申請執照
不論大樓或是公寓，進行室內裝修工程，都要申請室內裝修審查許可。當要更動隔間時，必須注意不可更動到建築的主要結構如承重牆、剪力牆。

重點 02 ▶分戶牆變更需要區分所有權人同意
更動分戶牆時，必須要取得該大樓之區分所有權人之同意，且戶數變更後每1戶都應設有獨立出口。

Point 2 夾層

重點 01 ▶二次施工均屬違法行為
不管挑高空間有多少，只要最初申請建造執照時不是合法夾層，在屋內作夾層就屬於增加樓地板面積。若想知道建築物夾層是否合法，可要求建商出示建造執照，再依執照號碼向當地主管建築機關查詢即可。

重點 02 ▶從面積設定來區隔夾層與樓中樓
若建築物在最初建造時，就已經包含了「夾層」結構體，也已經取得使用執照，就是合法的「樓中樓」；反之，就是非法的「夾層屋」。只需要請領該建築物的「使用執照原核准圖」來比對樓板範圍就一目了然。

重點 03 ▶買到違章建築會面臨即報即拆狀況
如果是在民國 83 年底之前就購買的，可拍照後跟主管機關報備，但如果是民國 84 年初以後蓋好的大樓，可能會面臨被認定為違章建築的狀況，因此如果你屆時申請室內裝修審查許可時，可能會因為圖面設計不合格而被認定為違法，會面臨即報即拆的情況。

重點 04 ▶透天別墅自設夾層需檢討容積率
自有透天別墅在增設夾層設計之前，必須請專業人員檢討建物的容積率是否足夠。若自有住宅的容積率足夠，建築條件也符合法規，那麼務必委請建築師或是結構技師計算荷重是否符合安全標準，方可進行施工。

▼ 購屋前必須確認建照內容是否包含夾層，自行增建可能會面臨被舉報拆除的情形。

圖片提供 © 彗星設計

Point 3 新增室內梯

重點 01 ▶樓層打通配置樓梯要變更使用執照

若挖空或是施工時之變動面積大於一半，必須另外申請修建執照。另外，兩樓打通也涉及戶數變更，因此也別忘記要申請變更戶數。也請別忘記要請專業人員如建築師、結構技師簽證，進行結構安全鑑定的工作。

重點 02 ▶自有樓梯也要申請變更使用執照

若住家屬於透天別墅或樓中樓，不論要變更樓梯位置或新增電梯，皆需申請變更使用執照。另外，樓中樓只要沒有增加面積之行為，那麼進行樓梯的變更也就不會有問題。

重點 03 ▶樓梯改方向，要確認無損害主要結構

樓梯變更造型或僅是轉向，並非位移，只要確認不損害主要結構，申請簡易室內裝修審查許可就可施工，可免辦理變更使用執照。

圖片提供 © 彗星設計

▲ 上下相連的兩戶做樓梯屬於主要結構修改，要請專業人員如建築師、結構技師簽證，進行結構安全鑑定的工作。

? 裝修迷思 Q&A

Q. 室內裝修是私人行為不需經過其他住戶同意？

A. 進行隔間變更時，必須審視整體結構安全性，特別是在分戶牆有更動時，可能造成結構安全的疑慮，除須請專業技師檢證外，還必須要取得該大樓之區分所有權人之同意，才能避免衍生法規問題及日後相處糾紛。

Q. 建商說挑高的部份可以自行搭建夾層，但又有人說這是違法的，到底哪一種說法可信呢？

A. 基本上，只要最初申請建造執照時沒有將夾層納入申請範圍，任何二次施工均屬違法行為。若自行搭建夾層，即屬於不合法違章建築，將有即報即拆的風險。

裝修名詞小百科

二次施工：是指取得使用執照後，在私自增建，或將部分面積修改用途，因這些行為都會影響房屋結構安全，影響建物抗震能力。若增建違反建管法令，仍須強制拆除。

承重牆：承受本身重量及本身所受地震、風力外並承載及傳導其他外壓力及載重之牆壁。

老鳥屋主經驗談

May 我買了合法的樓中樓大廈，想趁著客變期間把夾層邊界造型從直線改為曲線，後來才知夾層對挑空部份的位置、面積均有規定，得就變更造型後的地板面積作檢討才可進行變更。

Robert 為節省空間，裝修時想請工班將樓梯寬度盡量壓縮倒最小，還好有設計師提醒，樓梯寬度至少應要有 120 公分才合法；事後證明，預留足夠的幅寬上下樓時感覺舒適也安全多了。

PART 2 戶外篇

照著做一定會

Point 1 陽台

重點 01 ▶陽台外推行為絕不合法
不論是舊屋已外推或是新屋外推均屬違法。買到已有陽台外推的房子，若過去沒有被查報的紀錄，可在申請室內裝修時附上照片以及平面圖，證明並非自行外推可列為緩拆。如果曾被查報，那麼已屬違建，最好能恢復原狀。

重點 02 ▶室內裝修不可影響消防安全
屋況現狀已為陽台外推時，在裝修時務必注意不可影響消防及逃生路徑的安全；一來是因為既有違建有違法情事，在室內裝修審查許可申請不會過；二來是陽台被設定為逃生空間，除了要維持路徑暢通外，也不可將設備或設施，擺置於陽台上，影響逃生安全。

重點 03 ▶新建物的陽台不可加裝鐵窗
台北市、新北市民國 95 年以後新落成的建築物，一律不可裝設鐵窗、鐵捲門、落地門窗，此外，依公寓大廈管理條例管委會對於公寓大樓的外牆有限制權利，若要在窗戶外加設鐵窗，須由住戶大會通過方可進行施工，以不影響外觀為前提。

圖片提供 © 寬月空間創意

▲ 陽台空間有安全考量，千萬不可作多餘的裝修影響逃生功能。

重點 04 ▶確認規格是否合法
民國 95 年以前落成的建築物，只要是完整保留陽台空間，沒有將牆面作更動，又符合 50 公分深以內的規格，原則上安裝防盜窗是不會有問題的。

Point 2 頂樓

重點 01 ▶新的不能蓋，舊的不重建
頂樓加蓋屬於違章建築，法令規定民國 84 年 1 月 1 日以後的新違建全都查報拆除，而民國 83 年 12 月 31 日以前的既存違建原則上僅須拍照列管。

重點 02 ▶修繕行為必須有專業檢定，且範圍小於二分之一的結構
頂樓加若因老舊或有破損需要修繕，只可就材料上進行更換，而不可有結構上的重建行為，或者進行任何改建。
修繕行為必須請結構技師進行鑑定，且必須有建築物結構安全簽證以及既有違建證明才可進行修繕工程。

重點 03 ▶頂樓加蓋不屬於私人所有
按照公寓大廈管理條例，屋頂平台是屬於公有空間，不可佔為私有，若想增加頂樓利用率，除了預留的避難面積不得小於建築面積之二分之一外，在該面積範圍內亦不得建造其他設施（如鴿舍），也要獲得鄰居（區分所有權人）開會決議同意之後，才可以使用。

圖片提供 © 緯傑設計

▲ 頂樓加若因老舊或有破損需要修繕，更換材料，不可有結構上的重建行為，或者進行任何改建。

Point 3 雨遮、花架

重點 01 ▶加蓋斜屋頂屋脊 以 150 公分為上限
有些大樓會在頂樓加蓋鐵皮屋頂以防漏水，屋頂的加蓋在台北市有規定合法的斜屋頂屋脊以 150 公分高為上限，內部女兒牆則為 120 公分為限，同時也必須保留一定面積的平台以作為逃生之用。

重點 02 ▶搭建花架要依照法定規格
若要在頂樓作庭園，首先是要樓下的住戶簽署同意書，再來是結構只能以竹、木或輕鋼架搭建沒有壁體，且頂蓋透空率在三分之二以上的花架，面積在 30 平方公尺。另外，高度不得超過 2 公尺，否則會被視為違建。

重點 03 ▶修建露台不可納為私用
所謂的露台是指正上方無任何頂遮蓋物之平台。當露台只可由你家進出，雖然權狀不是你的，但是屬於約定專有的區域，因此你可擁有使用權。按照法規此處只能有臨時性的花架，若打算在露台設置鋁門窗增加室內面積屬違法行為，如被檢舉可即報即拆。

重點 04 ▶雨遮大小有規定，不可誤觸法規
如果想在窗戶上加蓋雨遮，依照法律規定，最多伸出去可達 60 公分，但如果窗戶的位置面向防火巷，則只能有 50 公分。

? 裝修迷思 Q&A

Q. 大廈與其他建物緊鄰，住戶全都同意加裝欄杆來維護大樓的安全。
A. 雖然此舉是為了全體住戶的安全，也已經取得共識，但遺憾的是，在屋頂的既有欄杆或是牆上增加高度是不可以的，主管單位可即報即拆，所以建議你們在屋頂的平台上勿裝設欄杆。

Q.30 年的老公寓想把舊有的鐵窗改為密閉的八角窗防止雨水侵蝕，應該沒問題吧？
A. 裝設密閉的八角窗、氣密窗都屬於外推行為，裝設的位置又位於陽台，會被視為增加樓地板面積的行為而被取締，面臨即報即拆的狀況。另外，如果你住的是公寓大樓，還要向管委會確認是否有規約，以避免受罰。

裝修名詞小百科

分管契約：共有物之管理，依《民法 820 條》，原則上由共有人共同管理，但共有人另訂有契約，則依契約。分管契約為共有人約定各自分別就共有物之「特定」部分為使用、收益者，稱為「分管契約」。

老鳥屋主經驗談

King 本來不想在鐵窗上預留開口給小偷可趁之機，但考量到逃生安全，法規仍規定須留有一定大小的開口，所以裝設鐵窗時記得留下約 70cm×120cm 的開口，以符合法令規定。

May 我知道陽台不能外推，原本想做外推希望擴大室內空間，後來只好作罷，而且我覺得外推也比較會有漏水的問題。

附錄 設計師

IS國際設計
地址：台北市民生東路5段274號1樓
電話：02-2767-4000

PartiDesign Studio
地址：新北市板橋區新府路1號4F
電話：0988-078-972

TBDC台北基礎設計中心
地址：台北市大安路一段176巷4號1樓
電話：02-2325-2316

力口建築
地址：台北市復興南路二段195號4樓
電話：02-2705-9983

大涵國際設計
地址：台北市敦化北路141號4樓
電話：02-27135808

大雄設計
地址：台北市中山區敬業一路128巷20號1樓
電話：02-8502-0155

山木生設計
地址：新北市永和區保福路二段97號3樓
電話：0955-119-068

王俊宏設計
地址：台北市信義路二段247號9樓
電話：02-2391-6888

水相設計
地址：台北市大安區仁愛路三段24巷1弄7號1樓
電話：02-2700-5007

禾築設計
地址：台北市濟南路三段9號5樓
電話：02-2731-6671

禾方設計
地址：台中市遊園北路445號
電話：04- 2652 -4542

石坊空間設計研究
地址：台北市松山區民生東路五段69巷3弄7號1樓
電話：02-2528-8468

白金里居設計
地址：台北市大安區新生南路三段2號13樓A之3
電話：02-2362-9805

緯傑設計
電話：0922-791-941

奇逸空間設計
地址：台北市大安區忠孝東路三段251巷12弄2號1樓
電話：02-2752-8522

采荷室內設計工作室
地址：高雄市三民區河堤路532號11樓
台北市服務專線：02-2311-5549
高雄市服務專線：07-236-4529

相即設計
地址：台北市信義區仁愛路四段436號3樓
電話：02-2725-1701

建構線設計
地址：台北市內湖區康寧路三段75巷36號
電話：02-2631-5955

翎格設計
地址：台北市大安區忠孝東路三段251巷11弄1號1樓
電話：02-8773-8189

雲墨空間設計
地址：新北市淡水區大仁街6巷23號3F
電話：02-2620-9190

鼎睿設計
地址：桃園縣中壢市慈惠三街157巷8號1樓
電話：03-4272112

演拓設計
地址：台北市松山區八德路四段72巷10弄2號1樓
電話：02-2766-2589

瑪黑設計
地址：台北市光復南路32巷19號1樓
電話：02-2570-2360

齊舍設計
地址：台北市赤峰街41巷7號2F
電話：02-25505887

齊禾設計
地址：台北市松山區八德路四段245巷52弄26號
電話：02-2748-7701

嘉德空間設計
地址：台北市忠孝西路一段122號6樓
電話：02-25079595

寬月空間創意
地址：台北市大直重劃區基湖路&堤頂大道口
電話：02-8502-3539

養樂多_木艮
地址：台北市大同區赤峰街47巷8號2F
電話：0921152448

摩登雅舍設計
地址：台北市大安區羅斯福路2段93號6樓-5
電話：02-2234-7886

澄毓線建築設計顧問
地址：台北市大安區復興南路二段268號4樓之5
(近捷運科技大樓站)
服務專線：02-7711-8889

隱巷設計顧問有限公司
地址：台北市四維路134巷7號
電話：02-23257670

豐聚設計
地址：台中市西屯區大墩19街186號11樓之1
電話：04-2319-6588

馥閣設計 | FOLK DESIGN
地址：台北市大安區建國南路一段258巷7號1樓
電話：02-2325-5019

懷特設計
地址：新北市林口區民族路16巷2號13樓
電話：02-2600-2817

藝念集私設計
地址：台北市松山區健康路 325巷6弄21號1 樓
電話：02-8787-2906

廠商

HOLA特力和樂
電話：0800-003-888

IKEA
敦北店電話：02-2716-8900
新莊店電話：02-2276-5388
桃園店電話：03-379-7006
高雄店電話：07-537-7688

MUJI無印良品
地址：台北市信義區東興路65號3F
客服專線：02-2762-8151

大金空調
客服專線：0800-060-580

生原家電股份有限公司
地址：台中市豐原區水源路490號
電話：04-2522-2186

弘第企業
地址：台北市松山區長春路451號1樓
電話：02-2546-3000

立肯隆歐美進口建材
地址：桃園縣龜山鄉忠義路二段714號
高雄縣仁武鄉澄觀路555號
電話：03-318-2965； 07-374-0256

台灣洛拉
地址：台北市大安區忠孝東路四段45號9樓
電話： 02-2740-9662

台煒雷明
地址：桃園縣八德市廣福路451巷5弄1-7號
電話：03-3620618

百德門窗科技股份有限公司
地址：桃園縣中壢市聖德路一段17號
電話：03-427-6921

紀氏五金
地址：台北市長安東路一段39-1號 & 41-2 號
電話：02-2551-1501

思夢軒寢室精品館
全省客服專線：0800-212-107

飛利浦照明
地址：台北市南港區園區街三之一號14 - 15樓
客服專線：0800-231-099

原景實業
地址： 台北市基隆路一段 1 4 1 號 6 樓之 3
電話： 02- 2756-2218

得利塗料
服務專線：0800-321-131

唯康軟木地板
地址：桃園縣新屋鄉青田路376巷39-1號
電話：03-4206686

畢卡索石材
地址：新北市五股區凌雲路2段37-7號
電話：02-2291-7851

崔媽媽基金會
地址： 臺北市大安區羅斯福路三段269巷2-3號2樓
電話：02-2365-8140

舒眠室
地址：台北市仁愛路二段89號
電話：02-2358-7166

僑蒂絲
地址：台北市內湖區新湖三路23號6樓
電話：02-8791-5888

廣蒼實業
地址：高雄縣大寮鄉民智街139號
電話：07-703-1523

寬庭Kuan's Living
客服專線：0800-018-333

優墅科技門窗股份有限公司
地址：桃園縣八德市和平路704巷19號
消費者服務專線：03-363-2566

賽寧（總代理：愼達貿易有限公司）
電話：02-8913-2086

藍鯨國際
地址：台北市內湖區安康路28-8號
電話 ：02-2793-6281

麗舍生活國際
地址：台北市敦化北路260號
電話：02-2713-0055

麗居國際傢具
地址：台北市建國南路二段201號
電話：02-2754-1177

國家圖書館出版品預行編目 (CIP) 資料

拒當菜鳥 我的第一本裝潢計劃書【暢銷典藏版】：100 種裝潢事件 180 個裝修名詞小百科一次學會／漂亮家居編輯部作 . -- 3 版 . -- 臺北市：麥浩斯出版：家庭傳媒城邦分公司發行 , 2020.03
面； 公分 . -- (Solution book ; 123)
ISBN 978-986-408-573-6(平裝)

1. 房屋 2. 建築物維修 3. 室內設計

422.9 108022602

Solution Book 123

拒當菜鳥 我的第一本裝潢計劃書【暢銷典藏版】

100 種裝潢事件 180 個裝修名詞小百科一次學會

作　　者｜漂亮家居編輯部
責任編輯｜許嘉芬
採訪編輯｜張華承、劉禹伶、黃婉貞、鄭雅分、陳佩宜、蔡婷如、柯霈婕
攝　　影｜Sam、Yvonne、沈仲達、江建勳、王正毅
封面設計｜FE 設計工作室
美術設計｜詹淑娟
行銷企劃｜李翊綾、張瑋秦

發 行 人｜何飛鵬
總 經 理｜李淑霞
社　　長｜林孟葦
總 編 輯｜張麗寶
副總編輯｜楊宜倩
圖書主編｜許嘉芬

出　　版｜城邦文化事業股份有限公司 麥浩斯出版
地　　址｜104 台北市中山區民生東路二段 141 號 8 樓
電　　話｜02-2500-7578
傳　　真｜02-2500-1916
E-mail｜cs@myhomelife.com.tw
發　　行｜英屬蓋曼群島商家庭傳媒股份有限公司城邦分公司
地　　址｜104 台北市民生東路二段 141 號 2 樓
讀者服務 電話｜02-2500-7397；0800-033-866　傳真｜02-2578-9337
訂購專線｜0800-020-299（週一至週五上午 09:30 ～ 12:00；下午 13:30 ～ 17:00）
劃撥帳號｜1983-3516
劃撥戶名｜英屬蓋曼群島商家庭傳媒股份有限公司城邦分公司
香港發行｜城邦（香港）出版集團有限公司
地　　址｜香港灣仔駱克道 193 號東超商業中心 1 樓
電　　話｜852-2508-6231
傳　　真｜852-2578-9337
電子信箱｜hkcite@biznetvigator.com
馬新發行｜城邦〈馬新〉出版集團 Cite（M）Sdn.Bhd.
地　　址｜41, Jalan Radin Anum, Bandar Baru Sri Petaling,57000 Kuala Lumpur, Malaysia
電　　話｜603-9057-8822
傳　　真｜603-9057-6622
總 經 銷｜聯合發行股份有限公司
電　　話｜02-2917-8022
傳　　真｜02-2915-6275
製版印刷｜凱林彩印股份有限公司
版　　次｜2020 年 3 月 3 版一刷
定　　價｜新台幣 480 元
Printed in Taiwan

漂亮家居 麥浩斯

讀者回函

SOLUTION BOOK 書系

拒當菜鳥 我的第一本裝潢計劃書【暢銷典藏版】
100種裝潢事件、180個裝修名詞小百科一次學會

個人資訊

姓名：＿＿＿＿＿＿＿＿ □女　□男

年齡：□22歲以下　□23～30歲　□31～40歲　□40～50歲　□51歲以上

通訊地址：□□□－□□ ＿＿＿＿＿＿＿＿＿＿＿＿＿＿＿＿＿

連絡電話：日＿＿＿＿＿＿＿　夜＿＿＿＿＿＿＿　手機＿＿＿＿＿＿＿

電子信箱：＿＿＿＿＿＿＿＿＿＿＿＿＿＿＿＿

職業：□設計師　□設計相關產業人員　□媒體傳播　□軍公教人員
□家管/自由　□醫療保健　□服務/仲介　□教育文化　□學生　□其他＿＿＿＿

請問您從何處得知本書？
□網路書店　□實體書店　□部落格　□Facebook　□親友介紹
□論壇網站　□其它＿＿＿＿＿＿＿

請問您從何處購得此書？
□網路書店　□實體書店　□量販店　□其它

請問您購買本書的原因為？
□主題符合需求　□封面吸引力　□內容豐富度　□其它＿＿＿＿＿＿＿

請問您對本書的評價？
（請填代碼： 1 尚待改進　2 普通　3 滿意　4 非常滿意）
書名：＿　封面設計：＿　內頁編排：＿　印刷品質：＿　內容：＿
整體評價：＿

歡迎您寫下對本書的回饋建議：

＿＿＿＿＿＿＿＿＿＿＿＿＿＿＿＿＿＿＿＿＿＿＿＿＿＿＿＿＿＿＿＿

□同意　□不同意　收到麥浩斯出版社活動電子報

漂亮家居 麥浩斯

請貼
郵票

10483

台北市中山區民生東路二段141號8樓

漂亮家居 圖書編輯部 #3395收

請將此頁撕下對折寄回（或將前頁填寫完拍照私訊漂亮家居好生活FB粉絲團）

書名：拒當菜鳥 我的第一本裝潢計畫書【暢銷典藏版】

寄回函

抽OPUS LOFT純真年代 三腳實木皮革矮凳 (共3名)

（市價：NT.$3300）
商品尺寸：W: 36cm／H: 47cm
材質：皮革、木頭、帆布（※不可拆洗）
顏色：如實拍圖

2020年6月30日前（以郵戳或訊息時間為憑）寄回本折頁讀者回函卡。

2020年7月10日抽出3位幸運讀者。

活動備註：

1. 請務必填妥：姓名、電話、地址及E-mail。
2. 得獎名單於2020年7月10日公告於漂亮家居好生活粉絲團https://www.facbook.com/myhomelifie/
3. 獎品僅限寄送台灣地區，獎品不得兌現。
4. 麥浩斯漂亮家居出版社擁有本活動最終解釋權，如有未竟事宜，以漂亮家居好生活粉絲團公告為主。

漂居粉絲團
QRcode